NOTICES

SUR

LES OBJETS ENVOYÉS A L'EXPOSITION

DES PRODUITS

DE L'INDUSTRIE FRANÇAISE;

RÉDIGÉES ET IMPRIMÉES

PAR ORDRE DE S. E. M. DE CHAMPAGNY,

MINISTRE DE L'INTÉRIEUR.

AN 1806.

A PARIS,

DE L'IMPRIMERIE IMPÉRIALE.

1806.

INTRODUCTION.

Les amis de la prospérité publique ont applaudi à l'idée d'ouvrir un concours aux produits de l'industrie : ils ont vu dans cette institution un moyen de porter nos fabrications au plus haut degré de perfection. On ne lira peut-être pas sans intérêt quelques détails sur son origine : on la doit au desir qu'on avait d'embellir les fêtes données vers la fin de l'an 6. On ne se proposait d'abord que de former un marché qui aurait offert une variété aux divertissemens. Cette idée en suggéra d'autres. On pensa que les arts d'agrément ayant leur exposition, il était naturel de faire jouir les arts mécaniques du même avantage. Ce plan une fois arrêté, on s'occupa des moyens de le mettre à exécution.

L'exposition de l'an 6 n'eut pas un très-grand éclat : faute du temps nécessaire pour y faire participer toute la France, Paris et ses environs fournirent la presque généralité des objets qui furent exposés. Ce premier essai obtint l'approbation universelle. Les distinctions décernées par le jury national excitèrent la plus vive émulation parmi les manufacturiers et les artistes; et deux ans ne s'étaient pas écoulés qu'ils réclamèrent le renouvellement d'une institution à laquelle ils attachaient le plus grand prix. Ce fut dans cette circonstance qu'intervint l'arrêté des Consuls, du 13 ventôse de l'an 9, qui organisa l'exposition sur un plan beaucoup plus vaste. Les manufacturiers et les artistes s'empressèrent de se présenter aux concours des années 9 et 10. De nombreux portiques avaient été construits dans la cour du Louvre, et l'on y vit figurer tout ce que les arts mécaniques produisent de plus utile, et de l'exécution la plus achevée. Depuis, il n'avait pas été possible d'indiquer une nouvelle exposition. Aujourd'hui que la paix continentale permet à l'Empereur de déployer toute sa sollicitude pour les manufactures, il a fait, par son décret du 15 février dernier, un appel à tous les fabricans et artistes. Leur empressement à répondre à cet appel a été plus vif qu'en aucune autre circonstance, et la presque généralité d'entre eux a envoyé des produits. On verra dans les notices rédigées à ce sujet, que les diverses branches composant notre industrie sont nombreuses, et qu'il est peu de fabrications importantes que nous soyons dans le cas d'envier aux étrangers.

Nos fabriques de draps soutiennent toujours la réputation de supériorité qu'elles ont acquise en Europe. Qui ne connaît pas les beaux produits de celles de Louviers, de Sedan, d'Elbeuf et de Verviers! Leur fabrication s'est beaucoup améliorée, et elles viennent de s'enrichir de plusieurs machines intéressantes, entre autres de celles à lainer et à tondre les draps. Elles jouiront incessamment des machines à filer la laine. Déjà quelques manufacturiers en possèdent des assortimens. Les autres ne tarderont pas à s'en procurer; la nécessité de soutenir la concurrence les engagera sans doute à imiter l'exemple qui leur a été donné.

Nos toiles de chanvre et de lin sont toujours

estimées : cette industrie, qui occupe un grand nombre d'ouvriers dans les départemens de la ci-devant Belgique, de l'Isère, du Nord, des Côtes-du-Nord, de l'Orne, du Rhône et de la Mayenne, donne lieu à un commerce considérable. Nos tanneries se sont perfectionnées; quelques-unes, entre autres celles de Pont-Audemer, établissent des produits qui, s'ils ne sont supérieurs à ceux des tanneries étrangères, les rivalisent au moins avec succès. Nos fabriques de quincaillerie n'ont point dégénéré : celles de Saint-Étienne, de Thiers, de Langres, de Châtelleraut, de Moulins, livrent au commerce des articles remarquables par une bonne exécution et la modicité de leurs prix. Les soieries de Lyon obtiennent toujours la préférence à l'extérieur. On continue de rechercher nos ouvrages en orfévrerie, en bijouterie, en joaillerie, en ébénisterie. Mais l'une des conquêtes les plus utiles que nous ayons faites pendant la révolution, est d'avoir naturalisé parmi nous les machines à filer le coton. Dans tous les points de l'Empire il s'est formé des établissemens où l'on emploie ces machines. Ce n'était pas tout que d'être parvenu à filer , il fallait encore posséder des manufactures de tissage ; ce but est en grande partie atteint : nous avons déjà un grand nombre de fabriques où l'on tisse parfaitement la perkale , le basin , le piqué , la mousselinette ; il s'en forme d'autres où l'on s'occupe avec succès de la fabrication du calicot, si nécessaire à nos manufactures de toiles peintes. Il y a dans la seule ville de Saint-Quentin et dans les environs huit mille métiers en activité. La prohibition des marchandises étrangères de coton, que vient d'ordonner le Gouvernement, ne contribuera pas peu à nous faire obtenir le résultat si desirable de fabriquer nous-mêmes la totalité des articles dont nous avons besoin.

Qu'il nous soit permis de faire ici quelques réflexions sur la préférence que nous donnons au coton dans nos habillemens : cette préférence a causé les plus grands maux à notre industrie ; elle a détruit nos manufactures de petit lainage , où tout était profit pour nous , puisque nous recueillons dans notre territoire la matière première ; elle a porté un coup funeste à nos manufactures de toiles de chanvre et de lin, de linons, de batistes, qu'elle a privées d'une grande partie de leurs débouchés ; enfin elle a diminué considérablement la consommation de nos étoffes de soie, genre d'industrie dans lequel nous l'emportons sur les autres nations, soit par la beauté des couleurs, soit par la variété et la perfection du travail. L'administration ne s'est point dissimulé ces inconvéniens, et elle n'a rien négligé pour y parer ; mais qu'opposer au torrent de la mode ? Ne pouvant empêcher l'usage du coton, elle a dû chercher les moyens de le rendre le moins ruineux possible pour l'État ; elle a fait les dépenses nécessaires pour procurer à nos manufactures les meilleures machines et gagner ainsi la main-d'œuvre. Ce n'est pas exagérer que de dire que la consommation du coton exige une somme annuelle de 150 à 160 millions : les femmes ne s'habillent presque qu'avec des étoffes dont cette matière est le principe ; les hommes en consomment beaucoup pour gilets, cravates, et habillement du matin ; on s'en sert pour les rideaux de croisée et de lit ; on en fait des couvertures, des bas, des bonnets, des mouchoirs, des schals, des chemises, et même des draps. Que résulte-t-il d'un pareil état de choses ? il faut envoyer à l'étranger des sommes considérables pour acheter la matière première. Si une guerre maritime se déclare, il survient des circonstances qui ruinent ou paralysent une foule d'ateliers : le coton augmente de valeur, ou devient rare ; et, dans les deux cas, les manufactures éprouvent une crise. A la paix, les inconvéniens ne sont guère moindres : la matière première baisse ordinairement de prix ; et alors il faut que le fabricant éprouve une perte qui est plus ou moins considérable, suivant son approvisionnement.

On apprendra, sans doute, avec plaisir que les troupeaux de mérinos se sont multipliés dans tous les départemens de l'Empire : ceux de race métisse augmentent aussi dans une proportion bien plus considérable. C'est à l'exemple qu'a donné l'établissement de Rambouillet que nous devons un résultat aussi satisfaisant. Ceux qui l'ont formé et en ont suivi les travaux, ont les plus grands droits à la reconnaissance publique. Grâce à leurs soins, nous pouvons espérer que nos manufactures d draps fins seront un jour affranchies du tribut qu'elles payent aux Espagnols pour la matière première dont elles font usage. La cupidité et la malveillance ont d'abord cherché à décrier la laine provenant des mérinos nouvellement acclimatés : on a insinué qu'elle était d'une qualité inférieure à celle d'Espagne. L'emploi qui en a été fait, l'empressement des fabricans de Louviers, de Sedan, d'Elbeuf et de Verviers à se la procurer, répondent d'une manière victorieuse à cette assertion. Il a été d'ailleurs procédé à des expériences comparatives, et le résultat prouve que cette laine n'a nullement dégénéré de sa qualité première.

L'une de nos fabrications qui ont pris le plus d'accroissement, est celle de la porcelaine. En 1789, il n'y avait à Paris que quatre manufactures en ce genre; aujourd'hui il s'y en trouve trente-trois. Il est vraiment remarquable qu'au milieu des orages d'une révolution qui semblait devoir anéantir le plus grand nombre de nos ateliers, sur-tout ceux de luxe, la fabrication dont il s'agit soit parvenue à ce haut degré de prospérité. Un pareil avantage est dû à la suppression du privilége qu'avait obtenu la manufacture de Sèvres, pour l'exploitation exclusive de la porcelaine. Les entraves résultant de ce privilége ont retardé long-temps le développement de cette industrie ; et si le libre exercice du travail n'eût été proclamé, la porcelaine ne se verrait encore que sur la table des gens riches : on la trouve aujourd'hui dans toutes les maisons, chez les personnes même qui n'ont qu'une fortune médiocre. Son prix, qui n'est pas très-élevé, baisserait bien davantage, si l'on parvenait à découvrir de nouvelles carrières de kaolin. On ne peut songer sans effroi que, si jamais celles de Saint-Yrier sont épuisées, époque qui heureusement n'est pas prochaine, attendu leur abondance, nous risquons sinon de perdre, au moins de voir décliner un art dont l'établissement a coûté des sommes considérables au Gouvernement. On trouve bien du kaolin dans d'autres localités, dans les environs de Valognes,

par exemple ; mais il n'est pas pur, et la porcelaine qui en provient n'a pas la beauté desirable.
La recherche de nouvelles carrières mérite d'occuper les minéralogistes ; et ils auront rendu un
véritable service, s'ils parviennent à en découvrir
qui fournissent une terre égale en qualité à celle
de Saint-Yrier.

Notre horlogerie, principalement celle de
Paris, est la plus parfaite de l'Europe : tout
le monde connaît les beaux ouvrages qu'elle
livre au commerce. Nous n'excellons pas moins
dans la confection des instrumens de précision. Mais, si nos arts en ce genre sont portés
à un haut degré de perfection, nous sommes
tributaires de l'étranger pour trois fabrications
du plus grand intérêt ; celles de l'acier, des
limes, des faux et faucilles. L'administration
n'a rien négligé pour engager les capitalistes à
s'occuper de ces fabrications ; le jury national
des dernières expositions a décerné les distinctions du premier ordre à ceux qui les ont cultivées
avec quelque succès ; la société d'encouragement a proposé des prix ; et, malgré tant de soins,

nous sommes encore en arrière de nos besoins: D'où vient un pareil état de choses? Est-ce de la qualité de nos fers ? Mais plusieurs de nos maîtres de forges en fabriquent qui ont les qualités convenables pour être transformés en bon acier. La fabrication des limes n'est pas inconnue : l'un de nos artistes, M. *Raoul*, a déjà prouvé que nous pouvions, sinon surpasser, au moins égaler les Allemands et les Anglais qui nous les fournissent. Il se fabrique aussi des faux et faucilles dans quelques localités, mais en si petite quantité qu'elles sont loin de suffire à notre consommation. L'exploitation de ces trois branches d'industrie ne peut qu'être avantageuse à ceux qui l'entreprendront, et cette considération nous fait croire qu'il se formera enfin des établissemens qui nous affranchiront du tribut que nous payons à l'industrie étrangère.

Nous ne connaissons point de rivaux dans la fabrication des articles de mode et de goût. Paris s'occupe de cette fabrication avec un succès particulier. Bien des personnes s'imaginent que cette ville ne fait que consommer, sans rien produire : c'est une erreur, que détruira bientôt la lecture de la notice qui la concerne. Elle établit des marchandises dans une infinité de genres. Sa joaillerie, sa porcelaine, sa bijouterie, son orfévrerie, son ébénisterie, sa carrosserie, sa sellerie, sa quincaillerie, ses montres, ses pendules, jouissent dans toute l'Europe d'une réputation méritée ; ses tissus de différentes sortes, ses bas de soie et de coton, ses cuirs, ses peaux chamoisées, ses produits chimiques, ses instrumens d'optique, de physique et de mathématiques, ne sont pas moins estimés ; de sorte qu'on doit la regarder comme la première cité manufacturière de l'Empire, comme elle en est la capitale. C'est aussi dans son sein que se fait la presque généralité des découvertes. On doit un pareil résultat à la facilité qu'ont les artistes de communiquer avec les savans, qui les aident volontiers de leurs conseils ; au conservatoire des arts et métiers, qui, en offrant un point de départ pour les recherches, leur évite des tâtonnemens longs et inutiles ; et enfin à d'autres avantages qui ne peuvent se trouver que dans une ville où il y a de nombreux établissemens d'arts et de sciences.

Les notices des objets envoyés à l'exposition présentent une sorte de statistique industrielle de la France. Nous n'avons pas connaissance que sous la monarchie, et sous les divers gouvernemens qui ont eu lieu pendant la révolution, il ait été fait un travail en ce genre aussi complet ; on y trouve les noms de la presque généralité de nos maisons de fabriques, avec l'indication de la commune où elles sont situées et de la nature des marchandises qu'elles établissent ; et, ne le considérât-on que comme un répertoire d'adresses, il ne mériterait pas moins de l'intérêt : il a été rédigé d'après des renseignemens fournis par les préfets, les chambres consultatives de manufactures, les chambres de commerce et les jurys particuliers nommés pour examiner les objets destinés à l'exposition. On y a joint quelquefois des observations particulières sur la qualité des produits : mais ces observations, qui sont tirées des papiers déposés dans le bureau des arts et manufactures, ne préjugent nullement l'opinion qu'émettra le jury national ; elles ne font qu'exprimer l'idée qu'ont conçue des marchandises les personnes qui les ont examinées avant leur envoi à Paris.

Paris, le 12 septembre 1806.

CL.-ANTHELME COSTAZ, *Chef du Bureau des arts et manufactures au Ministère de l'intérieur.*

NOTICES

SUR

LES OBJETS ENVOYÉS A L'EXPOSITION

DES PRODUITS

DE L'INDUSTRIE FRANÇAISE.

DÉPARTEMENT DE L'AIN.

LA ville de Nantua se distingue par une industrieuse activité. On connaît depuis long-temps ses tanneries, ses corroieries, ses mégisseries, son commerce de cordonnerie. Elle y a joint plus récemment un certain nombre de fabriques de nankins, nankinets et autres tissus de coton, et un établissement où l'on mouline les soies ; elle sut aussi profiter de la dispersion des ouvriers de la manufacture de Saint-Claude, qui eut lieu à la fin de l'an 7 après l'incendie qui réduisit la ville de Saint-Claude en cendres, pour s'enrichir de plusieurs ateliers de fabrication de peignes et d'ouvrages de tour.

Les objets qu'elle envoie à l'exposition, consistent en peaux de veau tannées et corroyées, et en tiges de botte, de la corroierie de M. *Meynier* ; en peaux

B

d'agneau chamoisées , peaux de mouton passées au blanc, par MM. *Butavand* frères ; en nankins, nankinets et autres étoffes de coton , des fabriques de *Maurice Vuarin , Hubert Messiat*, D.^{lle} *Denise Sauthonax* , qui furent mentionnés honorablement à l'exposition de l'an 9, et de celles de *Benoît Greisse , Pierre-Joseph Maissiat* père ; en cotons filés n.ºs 19 et 22, présentés par la même D.^{lle} *Santhonax* ; en coton filé n.° 110, présenté par M. *Secretan* ; en un écheveau de soie grenadine crue, propre à faire de la blonde noire , de la filature de M. *Blanc* ; en peignes de diverses espèces, de MM. *Juillard , Thomas Humbert* ; en ouvrages de tour, tels que tabatières , sucriers , écritoires, &c. , de MM. *Joseph Jantet , Jean-Baptiste David , François-Joseph Blanc , Jean-François Monnier.*

M. *Jean-Pierre Seve* y a ajouté des papiers de sa fabrique, pour impression et pour emballage.

On trouve dans la gorge opposée à celle qui renferme la ville de Nantua , une fabrique de toiles communes, dont la ville de Saint-Rambert est le centre. Ces toiles, que l'on recherche pour leur solidité et le bon usage, portent dans le commerce, et principalement à Lyon, le nom de *toiles de Saint-Rambert.* M. *Joseph Lempereur*, marchand fabricant à Teney, en a adressé deux pièces, l'une pour draps de domestique, et l'autre pour chemises de soldat.

M. *Ballaguy* établit à Pont-de-Veyle, en 1792, une filature, une fabrique de tissus de coton, et un atelier pour l'impression des toiles et pour la teinture des cotons filés, qui occupent environ deux cents personnes. Il offre divers produits, parmi lesquels on remarque une toile de coton imprimée pour meuble.

Son exemple a été suivi par M. *Alex*, fabricant de toiles peintes à Montluel.

MM. *Secretan* et *Olivier*, concessionnaires de la mine d'asphalte du Parc, commune de Surjoux, près Seyssel, ont envoyé du minérai d'asphalte ; du brai gras ou goudron minéral épuré, que l'on emploie au carénage des vaisseaux ; de la graisse d'asphalte clarifiée pour graisser les voitures, moulins et usines ; une pierre calcaire imprégnée d'asphalte, servant de combustible ; et de laquelle on retire de l'huile propre à divers usages ; de l'huile d'asphalte ; et un ciment composé d'asphalte, de sable et de terre, que l'on peut employer dans les terrains humides, où il se conserve sans altération.

La ville de Trévoux possède une manufacture, la seule de son genre que l'on connaisse dans tout l'Empire : on y fait des rouleaux qui remplacent les verges de balanciers pour les montres. M. *Desblancs*, horloger mécanicien, inventeur de ces rouleaux, emploie pour leur fabrication des outils et instrumens qu'il a créés, et dont la précision est telle, qu'ils peuvent être mis en œuvre par un jeune homme de douze à treize ans, qui n'a aucune notion de l'art de l'horlogerie. Les échantillons qu'il présente, attireront sans doute l'attention des connaisseurs et des célèbres horlogers de la capitale.

DÉPARTEMENT DE L'AISNE.

LES fabriques de toiles de Saint-Quentin se divisent maintenant en deux branches d'exploitations distinctes; les toiles tissues en fil, et les toiles tissues en coton.

Les toiles tissues en fil sont depuis long - temps connues sous les noms de *batistes*, *linons*, *&c.* La fabrication en est portée au plus haut degré de perfection; et les articles que MM. *Paillette*, *Bernoville*, *Dumont* et compagnie, *Nicolas Carpentier*, *Leuba de la Haye* et compagnie, *G. Paulet*, *Houel* et compagnie, *Duboscq-Rigault*, *Cavel-Deudon* et compagnie, *Quenesson-Hennequières*, *Dumoutier-Devatre* et compagnie, *Macé*, *Étienne Fiseaux* et compagnie, tous fabricans à Saint-Quentin, présentent au concours, doivent ajouter encore à une réputation si justement méritée.

Il y a trois ans que la ville de Saint - Quentin cherche à concentrer dans ses murs la fabrique des toiles de coton : quatre belles filatures, qui occupent neuf cents personnes et filent jusqu'au n.° 100, s'y sont élevées en très-peu de temps; un nombre considérable de maisons de commerce s'est empressé de faire manufacturer les basins, perkales, mousselines, piqués, calicots, et généralement toutes les toiles dont l'Angleterre avait le monopole en Europe. Depuis le décret du 22 février dernier cette fabrication devient de jour en jour plus importante : on y emploie déjà près de huit mille métiers; et, avant peu, le seul arrondissement de Saint-Quentin donnera un produit annuel d'environ trois cent mille pièces, qui ne laisseront rien à desirer relativement à la main-d'œuvre, et pour lesquelles la concurrence étrangère ne sera pas à craindre, les prix n'en étant, en aucune manière, exorbitans. On sera à portée d'en juger par l'inspection des objets de cette nature que MM. *Lefevre-Grégoire* et *Grégoire, Pluvinage* et *Arpin, Lemercier-Paillette, Duboscq-Rigault J.* et *J. Joly* et leurs fils, *Houel* et compagnie, *J.* *Dollfus* et compagnie, de Saint-Quentin, envoient à l'exposition. On distinguera sur-tout les mousselines de M. *Lemercier-Paillette,* et plus encore celles de MM. *Pluvinage* et *Arpin,* qui en ont fourni deux pièces parfaites sous tous les rapports.

Les articles expédiés par MM. *Ferdinand Ladrière* et compagnie, de la même ville, méritent aussi de fixer l'attention : ils sont au nombre de cinquante-deux, et ils embrassent tous les genres de la fabrication soit en coton, soit en fil. L'industrie de ces négocians s'est également exercée sur les modes et les broderies : ils ont fait exécuter des robes de linon brodées en or, en argent, en soie, &c., des tabliers, mouchoirs, fonds de bonnet, &c., pour la consommation intérieure et pour l'étranger, dans lesquels on ne sait si l'on doit admirer le plus la magnificence de la broderie, le bon goût et le choix des dessins, ou la finesse du tissu des toiles. MM. *Ladrière* et compagnie prient S. E. le Ministre de l'intérieur d'offrir en hommage à S. M. l'Impératrice la plus belle des robes de linon brodées en or qui font partie de leur envoi.

Les arrondissemens de Vervins, de Château-Thierry, de Laon et de Soissons, quoique moins riches en industrie que celui de Saint-Quentin, ont voulu prendre part au concours, suivant leurs moyens respectifs.

L'arrondissement de Vervins offre des toiles pour chemises, de la fabrique de M. *Vermont* de Plomion, qui se propose d'en vendre deux cents pièces à la foire dont l'exposition sera suivie; des chaussons fabriqués à Vervins; des papiers de diverses espèces, des papeteries de M. *Hardy* de Voulpaix et de M. *Dussart* de Gercy; des caisses de verrerie de MM. *Favreu* de Nouvion, *Gervais Caton* du même lieu, *Colnet* de Quincongronne, *Violenne* de Prémontré; des objets en vannerie fine de M. *Tanneur* d'Origny, et des fabriques de Rozoy-sur-Serre et d'Ohy : les produits de cette dernière branche d'industrie s'élèvent à 100,000 fr. par an, procurent des moyens d'existence à plus de huit cents individus, et s'exportent en Allemagne, en Hollande, en Angleterre et en Russie.

Des cotons filés de la filature de *Gouge*, n.os 35 à 56, sont les seuls objets envoyés par l'arrondissement de Château-Thierry.

Celui de Laon a remis des échantillons de siamoises de la manufacture de *George Hamaide*; des bas et chaussons en laine, de la même manufacture et de celle de *Gauderon*;

L'arrondissement de Soissons, des cuirs forts tannés, des veaux préparés à Soissons par divers; la moitié d'un cuir fort de Buenos-Ayres très-bien tanné par M. *Geslin*, de la même ville; une moitié de vache étirée, un veau noir corroyé par MM. *Forlin* frères, aussi de Soissons, qui savent donner de très-bonnes préparations à leurs cuirs.

On ne doit pas omettre que M. *Floquet*, de Saint-Quentin, a également présenté des peaux de veau et des cuirs de vache qui méritent d'être distingués parmi les articles de tannerie venus du département de l'Aisne.

Si les entrepreneurs associés de la manufacture des glaces de Saint-Gobin n'avaient pas annoncé le dessein d'exposer des glaces de la plus grande dimension, qui seront fournies par leurs ateliers de la capitale, on rappellerait ici que cette manufacture est un des établissemens dont la France s'honore; que l'étranger n'est jamais parvenu à atteindre la perfection de ses produits, &c. On se bornera à dire que ses travaux, ralentis depuis long-temps, reprennent insensiblement l'activité que les troubles de la révolution leur avaient fait perdre.

DÉPARTEMENT DE L'ALLIER.

LA ville de Moulins renferme plusieurs fabriques de coutellerie. M. *Toureau* envoie différens produits de celle qu'il y exploite; ils sont remarquables par la perfection du travail. Ce fabricant entreprit, vers la fin de 1792, de fournir aux armées des caisses d'instrumens de

chirurgie ; il continua jusqu'en l'an 5, et, dans cet inter-
valle, il a livré plus de 200 caisses doubles d'instrumens,
moitié de trépan et moitié d'amputation, reconnus de la
plus parfaite qualité.

M. *Tallard* aîné offre des bas de fil écru, des bas de
coton, et une bobine de soie récoltée à Moulins.

M. *Tallard* occupe seize métiers à bas, une petite
mécanique à filer le coton, et les machines nécessaires au
tirage et au retordage des soies. Il a donné l'exemple,
dans le département de l'Allier, du blanchîment à l'acide
muriatique oxigéné, et il instruit gratuitement des élèves.

M. *Bernard* aîné, deux chapeaux ; M. *Massieu*, des
échantillons de porcelaine et de faïence blanche et brune,
cuites au charbon de terre ; des creusets de grès fin,
couverts, à base terreuse sans oxide métallique ; des
échantillons de grès commun ; des vases propres à contenir les substances les plus volatiles, &c. L'atelier de ce
fabricant est dans une grande activité ; et les produits
divers qui en sortent, méritent des éloges pour leur perfection. Ses grès fins donnent des vases imperméables ;
ses grès poreux, d'une poterie légère et facile à échauffer,
résistent au feu et ne s'imprègnent d'aucun goût. Ses
creusets ont été jugés propres, dans les laboratoires de
Paris, à rivaliser avec ceux d'Allemagne. M. *Massieu* est
parvenu à substituer au bois l'usage du charbon de terre,
seul combustible dont il se sert même pour les calcines.
Il emploie ce charbon sans préparation, comme il sort
de la fosse.

MM. *Tallard*, *Bernard* et *Massieu*, sont tous trois établis à Moulins.

Deux forges situées l'une à Messarges, l'autre, dite de Saint-Jean-de-Bouis, au milieu de la forêt du Troncais, peuvent être considérées comme des établissemens d'industrie très-distingués dans ce département. M. *Delaume*, fermier de la première de ces forges, et M. *Rambourg*, propriétaire de la seconde, adressent divers échantillons de fer et de fonte de bonne qualité.

MM. *Mathieu* frères, concessionnaires de trois exploitations de mines de charbon de terre, dite de la Place-Pertuisée, de la nouvelle fosse de la Pierre-Pércée, et de la Côte dans la commune de Noyan, fournissent plusieurs échantillons de houille.

M. *de Sinety*, de Lurcy-le-Sauvage, des échantillons d'une fabrique de porcelaine dont les travaux sont interrompus, et qu'il se propose de remettre incessamment en activité.

DÉPARTEMENT DES BASSES-ALPES.

MM. *Amé Laanne et Gombert*, propriétaires à Sisteron, ont bien mérité du département des Basses-Alpes, en y introduisant des bêtes à laine de race pure. Ils les ont multipliées et par eux-mêmes, et par d'autres cultivateurs auxquels ils ont déjà vendu un certain nombre d'agneaux. Le premier possède aujourd'hui un troupeau composé de cent quatre-vingt-sept têtes mérinos ou métis ; le second en a cent quarante-sept : tous deux se sont empressés d'offrir à l'exposition, des échantillons de la laine fournie par ces animaux.

M. *Gaspar Fouque*, fils aîné, fabricant de poterie à Moustiers, adresse des vases et assiettes de faïence; M. *Jean-Pierre Arnoux*, de Riez, du cuir de vache lissé; M. *Jean Nicolas*, de la même ville, des peaux passées au blanc; MM. *Lianne*, d'Oraison, des gasquets façon de Tunis; M. *Marcellin Martigny*, de Riez, un échantillon de laine du pays;

La ville de Castellanne, des échantillons de drap commun; celle de Digne, des échantillons de toile et de drap; la ville de Riez, des cordes dites *ouages*, et des cordes plus minces pour emballage; la ville de Barcelonette, des cadis, et deux autres espèces de petites draperies appelées *ménage* et *douzaine*.

DÉPARTEMENT DES HAUTES-ALPES.

LA pratique des arts utiles se ressent, dans le département des Hautes-Alpes, de l'ingratitude d'une partie du sol, et de la pauvreté des habitans. Si l'on y trouve des matières premières, et encore en assez faible quantité, elles sont ouvrées presque exclusivement pour la consommation locale. Ce département n'a pas laissé d'offrir à l'exposition le modique tribut de son industrie.

On y verra des échantillons de ses chanvres, de ses toiles grossières, communes, d'œuvre, et de fil de chanvre, de soie écrue, de serges et gros draps, et jusqu'à une chaîne en bois à laquelle on suspend la lampe dans les ménages de la campagne.

On y verra aussi des échantillons de laine du pays, de laine de métis, et de laine des troupeaux de mérinos, appartenant à M. *Bardel*, maire de Mereuil, à M. *Brochier* de Gap, et à M. *Bonneau* de Briançon, membre du corps législatif.

Quelques petits ateliers de tannerie et mégisserie, de chapellerie, de tissus de laine pure ou mélangée, existent à Gap et sur d'autres points du département. Les cuirs et peaux qu'ils ont fournis, proviennent des fabriques de MM. *Jacques Bonnet*, *Calandre* père et fils, *Jean Arnoux Burle* de Gap, *Jean Mondet* du Val-des-Prés, et *Guillaume Ovel* de Briançon; les chapeaux, des fabriques de MM. *Lamorte* de Serres, *Jaubert* de Briançon, *Meissonnier* de Gap; les tissus de laine consistant principalement en cadis, des manufactures de MM. *Vallon*, *Philip* de Gap, *Antoine Giraud* de Ribiers, *Jean-Paul Armand* de Barret-le-Bas; les tissus de soie et laine mélangées, de M. *Charnieu* de Gap.

MM. *Salle* frères, de Briançon, ont établi, au mois de vendémiaire an 14, divers ateliers dans la maison centrale de détention d'Embrun. Les objets fabriqués qui en sortent, ne sont encore que des essais; mais tout annonce que rien ne manquera à leur perfection, lorsque les détenus auront acquis une plus longue expérience. On en jugera par les rubans de laine, les cotons filés et les fils de chanvre que MM. *Salle* ont adressés.

M. *Arduin* de la Salle a présenté deux mouchoirs ; Mme veuve *Ferrier*, du même lieu, une ceinture en laine ; M. *Blanchard* de Saint-Chaffrey, quatre peignes à sérancer ; M. *Gauthier* de Briançon, une coupe de cuivre rouge, une hache, une petite marmite de métal ; M. *Jean Hugues* de Ribiers, une bêche tranchante et courbée ; MM. *Carlhian* frères, des bêches semblables et des instrumens de labour fabriqués au martinet dont ils sont propriétaires à Gap ; MM. *Roux*, *Tourniaire*, de Ribiers, chacun un liquet avec son manche ; M. *Caire* de la Salle, des papiers de diverses espèces ; M. *Gendron Bez* du Monestier, des cotons filés. La filature de M. *Gendron* est bien intéressante pour le canton qu'il habite, en ce qu'elle occupe un grand nombre de personnes pendant les neiges qui couvrent ce canton les deux tiers de l'année.

S. E. le Ministre de l'intérieur a accordé quelques encouragemens aux sieurs *Durand* et compagnie, qui ont entrepris de fabriquer des faux au Grand-Villars. A en juger par celles qu'ils ont adressées, la qualité en est bonne, et elles peuvent remplacer avantageusement les faux que nous tirons de l'Allemagne.

Il existait à Briançon une manufacture de cristaux de roche, que la révolution a détruite : le sieur *Fine*, qui y était employé, en a transporté quelques débris au Grand-Villars ; il offre au concours une pyramide en cristal, des boucles d'oreille en cristal de roche, et une clef de montre en variolite.

M. *Bérard*, chef d'une école secondaire à Briançon, présente un instrument dont il est l'auteur, et qui sert à mesurer exactement les petites lignes. Il en demande le dépôt au conservatoire des arts et métiers.

Deux vases en albâtre tiré des carrières des Hautes-Alpes, sont envoyés par M. le préfet de ce département, et un mortier de pierre ollaire par M. *Tenoux* de Ribeyret. Cet envoi a autant pour objet de faire connaître la qualité des carrières que l'industrie des artistes.

M. le préfet a encore envoyé une paire de ciseaux à ressort pour tailler la vigne, inventés par un maréchal nommé *Savournin*. Ils ressemblent beaucoup à ceux des orfévres ou des chaudronniers. On s'en sert depuis trois ans dans les vignobles des communes qui formaient le ci-devant canton de Remollon. L'ouvrier qui s'est habitué au mouvement de cet outil, taille la vigne avec la plus grande célérité, sans endommager aucunement le cep ou les branches qu'il veut conserver, et fait, dans un temps donné, trois fois plus d'ouvrage que celui qui se sert des instrumens ordinaires.

DÉPARTEMENT DES ALPES-MARITIMES.

LA parfumerie est la principale branche d'industrie de ce département : c'est la seule qui ait des débouchés extérieurs. La température de la saison n'ayant pas paru convenable pour en envoyer des échantillons, on ne trouvera au concours que du savon blanc, reconnu de bonne qualité, provenant de la fabrique de M. *Claude*

Raynaud, de Nice ; des soies grèses , bien filées , de la filature de MM. *Abraham* et *Isaac Moyse*, de la même ville ; deux couvertures de lit , l'une de bourre de soie, l'autre en coton ; un échantillon de côte de soie brute ; quatre de bourre de soie filée , propres à la fabrication de la papeline ; des cotonnades communes, des cotons filés, et dix échantillons de toiles à voiles , d'une bonne fabrication ; le tout présenté par M. *Agricole Viala*, qui dirige avec beaucoup d'intelligence l'atelier établi dans la maison d'arrêt de Nice, dont tous les ouvriers ont été instruits et formés par ses soins.

DÉPARTEMENT DES APENNINS.

C'EST à Zoaglia , petite commune entre Chiavari et Rapallo , que se fabrique une partie des velours de Gènes. Les habitans qui en font le tissu , ne sont que des ouvriers tisserands ; on leur envoie de Gènes les soies toutes préparées , et ils ne retirent rien de ces étoffes que le prix de la façon. (*Voyez* le département de Gènes.)

Les tisserands de Zoaglia ont envoyé une carte d'échantillons de velours.

M. le préfet des Apennins a postérieurement adressé des dentelles , de Sainte-Marguerite, de quatre espèces différentes ; on leur donne le nom générique de *point de Paris*, et leurs variétés se distinguent par les dénominations de *rama fina, delle lune, celebre, Raffaelino Giorgio, &c.* Quoiqu'elles aient de l'apparence, elles n'approchent pas des belles dentelles du département du Nord. Cependant leur fabrication occupe beaucoup de bras ; elles se débitent en Espagne et en Italie, et il s'en fait en ce moment un très-grand nombre de commandes.

DÉPARTEMENT·DE L'ARDÈCHE.

LES manufactures de papiers d'Annonay sont connues de toute l'Europe ; elles occupent trois cent cinquante ouvriers, et produisent de quatre à cinq cent mille kilogrammes de papier par an. C'est de ces manufactures que sort le beau papier vélin employé par nos plus célèbres typographes dans les superbes éditions qui honorent leurs presses. Aux trois grandes papeteries qui existent à Annonay, dont deux appartiennent à M. *Canson-Montgolfier*, et l'autre à M. *J. Johannot*, M. *J. B. Montgolfier* est sur le point d'en joindre une quatrième qui sera composée de six cuves ; quatre de ces cuves doivent être en activité dans un an.

M. *Canson-Montgolfier* obtint une médaille d'or à l'exposition de l'an 9. M. *Johannot* en reçut une d'argent à la même exposition, et une d'or à celle de l'an 10. Tous deux offrent de nouveau leurs papiers au concours.

La mégisserie est une des branches d'industrie que le département de l'Ardèche cultive avec le plus de succès. Une partie des peaux blanches qu'elle fournit, s'exporte en Angleterre.

M. *Perducel*, qui fut mentionné honorablement à l'exposition de l'an 10 ; MM. *Malgontier*, *Giroud*,

Montagnoir Perrier, *Blanc*, mégissiers à Annonay, et *Grégoire*, mégissier au Cheylard, ont envoyé à l'exposition, des peaux de chevreau et de mouton apprêtées.

MM. *Baron* et *Dagur* établirent à Annonay, en l'an 8, une filature de coton, qui occupe actuellement une trentaine d'ouvriers ; ils présentent des échantillons de ses produits.

La ville d'Aubenas a fourni des soies ouvrées, des cotons teints, des échantillons de laine de mérinos et des draps communs. Les soies ouvrées proviennent de la fabrique de M. *Drydier* ; les cotons teints, de la teinturerie de M. *Ruelle* ; les échantillons de laine de race pure, du troupeau de M. *Bernardy* ; les draps communs, de la manufacture de M. *Verny*, qui fut mentionné honorablement à l'exposition de l'an 10. M. *Verny* fabrique environ mille pièces de drap par an ; il a quarante métiers battans à navette volante, et les filatures nécessaires pour les entretenir.

DÉPARTEMENT DES ARDENNES.
Arrondissement de GIVET.

MM. *Estivant* oncle et neveu envoient neuf planches de colles de leur fabrique ; ces échantillons se font remarquer par la pureté et la transparence des matières.

M. *Gédéon Contamine*, une planche de cuivre jaune, ayant un mètre 300 millimètres de long sur moitié de large, et ne pesant qu'environ $\frac{3}{4}$ de kilogramme. Ce

genre

genre de fabrication importe extrèmement au commerce français et à la marine, pour le doublage des vaisseaux.

M. *Ponsart* fils, une paire de tiges de bottes, laquelle, par la finesse de sa maille, son satiné et son élasticité, peut aller de pair avec ce que les fabriques étrangères offrent de plus beau en ce genre.

Arrondissement de MÉZIÈRES.

MM. *Mena* et compagnie, propriétaires des verreries de Monthermé, ont remis des échantillons de verre plat pour vitrage ; un cylindre du plus grand volume, pouvant couvrir une statue de 95 centimètres de hauteur sur 38 centimètres de diamètre ; une calotte destinée pour le sommet du dôme vitré du château impérial de Laken, près Bruxelles ; des bouteilles forme Champagne et Bordeaux, et différens articles de gobeletterie, en verre léger et en cristal.

M. *Hanus*, de Charleville, présente cinq poignées d'espagnolettes découpées à l'emporte-pièce, par un procédé ingénieux et nouveau, qui économise le temps et la main-d'œuvre ; et MM. *Vermont* frères, du Pont-d'Arches, près Mézières, un cuir préparé à la jusée, qui a paru réunir en force, en souplesse et en solidité, tout ce que l'art du tanneur peut atteindre de perfection en ce genre. Déjà MM. *Vermont* ont obtenu une médaille de bronze à l'exposition de l'an 10.

Arrondissement de SEDAN.

L'importance de la fabrique de draps de Sedan est

suffisamment appréciée. Cet établissement, qui remonte au 17.ᵉ siècle, ne fournit d'abord que la France; mais bientôt, franchissant les obstacles, ses produits passèrent en Suisse, en Allemagne, en Espagne, en Portugal, dans le nord de l'Europe, en Amérique et aux grandes Indes.

La manufacture de Sedan, dans ses jours de prospérité, occupa de vingt-deux à vingt-quatre mille ouvriers; la révolution semblait devoir l'anéantir. Elle est sortie de ses ruines, s'est relevée avec éclat, et, pour lui rendre son ancienne splendeur, il suffira de la volonté du Gouvernement et des efforts soutenus des fabricans.

Les principales maisons de Sedan se sont empressées d'envoyer à l'exposition. On remarque sur-tout les produits de MM. *Poupart-Neuflise*, *Brincourt* père, fils et compagnie, *Leroy* et *Rouy*, *Ternaux* frères, *Rousseau* et fils, *Étienne Bechet* et compagnie, *Berteche Lambquin*, *Bridier* frères, *Étienne Gridaine*, *Husson* frères, *Labauche* et fils, *Suchelet*. Tous présentent des draps, des casimirs, &c. de qualités remarquables.

M. *Poupart-Neuflise*, qui est maire de Sedan et membre de la légion d'honneur, tient en activité cent métiers, et occupe deux mille ouvriers.

MM. *Brincourt* père, fils et compagnie, ont les premiers introduit à Sedan les machines à lainer.

MM. *Leroy* et *Rouy* sont connus par leurs succès dans la fabrication des draps avec la laine mérinos française.

La manufacture de MM. *Ternaux* frères procure du travail à deux mille ouvriers : cent métiers y sont en activité. MM. *Ternaux* emploient des moyens hydrauliques pour faire mouvoir les machines à lainer importées en France par M. *James Douglas*, et des machines à tondre, au nombre de vingt. Aux fabriques qu'ils possèdent à Reims, Louviers et Ensival, ils ont ajouté une nouvelle manufacture de draps, située au Saupont, dans le département des Forêts.

La fabrique de MM. *Rousseau* et fils est une des plus anciennes de Sedan; elle avait été en quelque sorte détruite par les orages de la révolution. Lorsque S. M. honora de sa présence le département des Ardennes, elle se plut à adoucir les malheurs de cette maison, en lui procurant les moyens de remettre ses travaux en activité.

M. *Rivet*, de Connage près Sedan, présente des croisés bleus et blancs pour uniforme;

Mme veuve *Dubois* et fils, de Sedan, des poêles à frire.

MM. *Pierre Lamotte*, fabricant de toute espèce d'outils, et *Remi Lamotte*, fabricant de faux, à Givonne près Sedan, ont expédié des échantillons de haches, pioches, bêches et faux dans les grands modèles.

Arrondissement de RETHEL.

La ville de Rethel ne renferme qu'une manufacture d'étoffes fil et laine, dont sont propriétaires et directeurs MM. *Fournival* père et fils et *Habon*. Ils réunissent tous les genres de préparation, depuis le droussage des laines jusqu'au dernier apprêt, et ont chez eux foulerie, machine à lainer et à tondre, teinturerie et presses.

Dix-neuf échantillons ont été fournis par cette maison de commerce.

Les échantillons présentés par M. *Quinart-Taine* donnent la meilleure opinion de ses travaux. Il emploie en très-grande partie des laines de France et métis espagnol.

La ville de Rethel fabrique aussi des cuirs de toute espèce; ses tanneries ont de la réputation, et un débit aussi prompt qu'assuré.

MM. *Camus-Lefranc* et *Dehaye-Camus*, tanneurs en société; MM. *Batier* fils et *Viter Batier*, ont fourni cuir fort, vache sèche, vache et veau corroyés, buffle et veau-buffle.

DÉPARTEMENT DE L'ARRIÉGE.

UNE des principales branches de l'industrie du département de l'Arriége consiste dans la fabrication des lainages communs, de grande et petite largeur. On en a présenté divers échantillons : ceux de drap proviennent des fabriques de MM. *Clausel*, *Villeneuve* frères, *Denat* jeune, *Bertrand* et *Lambe*, *Bourbouresque* frères, de Mirepoix ; ceux de ras et cadis, doubles, croisés, de la manufacture de *Jean-Baptiste Cussol* et *Seigneurie* frères, de Foix ; et ceux de ras simple et de droguet, des ateliers de M. *Lasmartres*, de Sainte-Croix, arrondissement de Saint-Girons.

Une filature de coton s'est élevée dans la ville de Pamiers ; elle envoie quelques échantillons de ses produits.

M. *Lafont*, maître de forges, adresse un échantillon d'acier; et M. *Germain Antié*, de la commune de Peyrat, une caisse d'échantillons de jaïet.

DÉPARTEMENT DE L'AUBE.

M. *Payn* fils, directeur associé de la manufacture *Worms*, établie à Romilly-sur-Seine, qui a été distingué de la manière la plus honorable dans les trois derniers concours, et auquel une médaille d'or fut décernée à celui de l'an 10, présente des échantillons de bonneterie de coton, de différentes qualités. Il se propose de mettre sous les yeux du jury national un métier à bas qu'il a perfectionné, et de tenir la foire qui suivra l'exposition. MM. *Lenfumey-Delignères*, de Troyes, envoient des sacs à ouvrage de divers dessins et à jour, et des bas de coton, blancs et en couleur, de la plus belle exécution; M. *Lenfumey-Camusat*, de la même ville, qui obtint une médaille de bronze à l'exposition de l'an 9, des bas et autres articles de bonneterie de coton.

La filature de coton par mécaniques n'est établie que depuis quelques années dans le département de l'Aube : S. M. l'Empereur sentit la nécessité de l'y rendre plus commune, lorsqu'il honora la ville de Troyes de sa présence ; il voulut bien promettre de payer le cinquième de la valeur des dix premiers assortimens complets de machines à filer le coton, qui seraient ajoutés au petit nombre de ceux qui existent. Les échantillons de coton filé qui ont été fournis, proviennent des établissemens de MM. *Jeanni Mergez*, d'Arcis - sur - Aube, *Ferrand* aîné, *Charles Huot*, de Troyes. Le dernier de ces fabricans, qui reçut une médaille de bronze à l'exposition de l'an 10, offre aussi des basins gaufrés et unis, des piqués quatre-points, et des toiles de coton propres à l'impression. MM. *Legendre-Viard, Guyot-Treton* et *Joly-Jacquin* de Troyes, adressent des piqués, mousselinettes, basins, draps de coton, toiles de coton, molletons, blanchis en très-peu de temps par M. *Boulanger,* de la même ville, qui emploie l'acide muriatique oxigéné, et d'autres procédés dont il s'est assuré la jouissance exclusive par un brevet d'invention; M. *Patureau,* qui a obtenu une médaille d'argent à la dernière exposition, et *Joseph Colpart,* aussi de Troyes, des coupons de piqué ; dont deux contiennent le portrait en profil de l'Empereur; M. *Dupont,* de Troyes, des futaines grande soie pour matelas, des basins à poil pour oreiller, et des étoffes nommées *finette,* d'une fabrication très-soignée et d'un prix assez modique.

Il existe dans le département de l'Aube quelques fabriques de passementerie. M. *Ferrand* aîné a un établissement en ce genre où l'on n'emploie que des fils de coton de sa filature. Il présente des *embrasses pour lit,* des tresses pour bordure, des cordonnets, des glands, &c.; M. *Joffroi-Genny,* de Troyes, des ganses en soie et des fleurs, qu'il fabrique au moyen d'une mécanique construite d'après le modèle déposé au conservatoire des arts et métiers de Paris;

MM. *Desjardins* de Petelder, *Lacroix* de Montié-ramey, *Aubert* de Brevonelle, *Mérat* du Petit-Brevonelle, commune de Petelder, et *Michelot* de Chesley, des échantillons de laine provenant les uns de troupeaux de race pure espagnole, et les autres de métis;

MM. les propriétaires des verreries de Spoix et de Bayes, des objets en verre de différentes espèces et de différens prix;

M. *Colin-Felise*, tabletier à Troyes, un ouvrage de tour en ivoire et écaille, représentant à l'extérieur les profils réunis de l'Empereur et de l'Impératrice;

M. *Morel*, horloger à Bar-sur-Aube, une montre à équation.

M. *Payn* n'est pas le seul manufacturier du département de l'Aube qui doive tenir la foire dont l'exposition sera suivie : MM. *Colin-Felise*, *Legendre-Viard*, *Dupont* et *Lenfumey-Camusat*, s'y rendront également avec des marchandises de leur fabrication.

DÉPARTEMENT DE L'AUDE.

LES villes de Carcassonne, Limoux et Chalabre, fabriquent une grande quantité de draps, soit pour la consommation intérieure, soit pour l'étranger; Carcassonne en expédie aussi beaucoup dans le Levant, en Afrique pour la traite des nègres, en Amérique et jusque dans l'Inde.

Les draps présentés pour l'exposition par le département de l'Aude, sortent des ateliers de MM. *Louis*

Polere, Castel frères, *Brunet* fils, *François Gout, François Barallier, Boustie* aîné ; *Pech, Pierre Daydé, Desencele-Darles* et compagnie, successeurs de la maison *Bernard-Darles, Fousès, Jean-Dominique Laperrine* et compagnie, *Dupré* père et fils, de Carcassonne; *Castres-Saint-Martin* et *Anduze* frères, de Chalabre; *Jean Tilbaichis, Alexandre Guiraud, Jacques - Dominique Rommengous, Jean Dustou, Jean-Baptiste Gabarrou,* et *Jean-François Delcaste,* de Limoux.

MM. *Suard* et fils, de Montolieu, et M. *Daidé,* de Cenne, arrondissement de Castelnaudary, offrent aussi des échantillons des draps de leurs fabriques.

La grande consommation de laines qui a lieu dans ce département, a déterminé les propriétaires et les agriculteurs à améliorer la race de leurs troupeaux : plusieurs possèdent aujourd'hui des mérinos et des métis. On distingue parmi eux MM. *Saint-Gervais,* sous-préfet de Limoux, *Fernier de la Magdelaine, Thoron* aîné, et *Thoron - Villarlong,* de Carcassonne, qui ont tous adressé des échantillons de laine de race pure.

La fabrication de peignes de bois et de corne occupe seize cents ouvriers, tant à Sainte-Colombe-sur-l'Hers, arrondissement de Limoux, que dans des communes voisines qui dépendent du département de l'Arriége. Dans ces mêmes communes on travaille le jaïet ; on le taille ; on le polit ; on en forme des colliers , des boutons, des pendans d'oreille, des garnitures de robe, des garnitures de bonnet pour femme, des chapelets, des rosaires, des croix, &c.

Des échantillons de peignes et d'ouvrages en jaïet ont été fournis par MM. *Thouras, Viviès* et fils, de Sainte-Colombe.

La forge de Saint-Denys, près Montolieu, appartenant à M. *Jean-François Loup*, de Carcassonne, et les forges de Quillan, dont est propriétaire M. *Varnier*, président du canton de Quillan, ont envoyé des échantillons de fer et d'acier; M. *Varnier* y a joint quelques boulets de fer battu.

L'artillerie manquait de boulets, lors de la dernière guerre avec l'Espagne; sur la demande qui en fut faite aux forges de Quillan, où le fer ne se met pas en fusion, M. *Varnier*, certain de l'excellente qualité de ses fers, tenta de faire fabriquer des boulets à fer battu, et le succès répondit pleinement à son attente.

On reconnut bientôt à ces boulets plusieurs avantages sur ceux de fonte, tels que de ne jamais se diviser, de n'avoir aucune des rayures que laisse le moule, d'être plus pesans sous le même volume, d'éprouver moins de variations dans leur direction, de porter beaucoup plus loin, &c.

Les boulets à fer battu se fabriquent promptement; le même ouvrier en fait jusqu'à deux cents par jour : on pourrait en fabriquer de tout calibre.

M. *Honoré Dalmas*, conducteur des ponts et chaussées, attaché au canal des deux mers, division de

Castelnaudary , offre une machine de son invention, propre à battre le blé.

DÉPARTEMENT DE L'AVEYRON.

LES manufactures de lainages et de toiles forment la branche principale de l'industrie des habitans de l'Aveyron ; et l'administration leur a rendu un service essentiel, en y introduisant les métiers à navette volante, qu'elles ne connaissaient pas. M. le préfet du département a mis beaucoup de zèle à propager cette utile méthode, qui économise tout-à-la-fois le temps et la main-d'œuvre, et qui fatigue moins l'ouvrier : des épargnes faites sur le fonds des dépenses variables l'ont mis en état d'établir dans les bâtimens même de la préfecture une école d'instruction, où il s'est déjà formé un grand nombre d'élèves : des militaires blessés ou mutilés, qui ne pouvaient plus tisser suivant l'ancien usage , ont-retrouvé dans la pratique de la navette volante le moyen de reprendre et d'exercer le métier qu'ils avaient perdu.

M. *Recoules* , de Rodez, qui a été un des instructeurs de cette école, présente des échantillons de drap croisé et de ratine grande largeur, de molleton, cadis; calmouk, tous confectionnés à la navette volante, les uns avec des laines du pays, les autres avec des laines des premier et deuxième croisemens de mérinos.

La manufacture de Saint-Affrique met tous les ans dans le commerce environ cinq mille pièces de cadis, ratine ou drap ; elle s'est enrichie, depuis trente ans, de frises, de presse et de teintureries. M. *Grand-Pilazde* de Saint-Affrique a envoyé des échantillons de ses produits.

Il s'est élevé dans la même ville une fabrique de cotonnades, sous la direction de MM. *Gallier* frères, qui occupe déjà six cents ouvriers. D'après les échantillons qu'elle a remis, elle pourrait fournir à la marine les pantalons des matelots.

Les tricots de Camarès et Fayet sont employés principalement pour vestes et culottes de soldats : tous les ans, cette fabrique en produit 120,000 mètres. Les échantillons qu'elle a adressés, sortent des ateliers de MM. *Croyhels* et *Ramond.*

Il se fabrique aussi des tricots et des cadis à Saint-Geniez, dont MM. *Fajole* et *Percegal* ont remis des échantillons.

La ville de Milhau est connue par ses fabriques de mégisserie, chamoiserie, ganterie. Elle envoie à l'exposition, des peaux préparées d'agneau, de mouton, de chevreau, qui proviennent des ateliers de MM. *Jean Carriere, Jean Cabantons, Pierre Montet, Carriere* frères, *Aldebert* père et fils, *Jacques Gay, Pierre Ferquet,* et des gants de M. *David Julien.*

M. *Pomier,* de Saint-Antonin, offre des papiers; MM. *Cadene, Roquefort,* du même lieu, des peaux de veau préparées; *Solanel Palangié* et *Glaudy* de Saint-Geniez, *Pons Caylus* de Saint-Côme ; des flanelles imprimées de diverses couleurs; *Chatelet-Lavergne* et compagnie, concessionnaires des mines du Bousquet, une plaque de cuivre.

DÉPART. DES BOUCHES-DU-RHÔNE.

Ville et Arrondissement de MARSEILLE.

LA ville de Marseille joint l'industrie manufacturière à l'industrie commerciale ; elle les soutient, les fortifie et les étend l'une par l'autre. Ses savonneries, ses fabriques de gasquets façon de Tunis, ses raffineries de soufre, sont connues. Elle possède d'autres fabriques qui le sont moins, et dont les produits ne laisseront pas de figurer d'une manière avantageuse à l'exposition.

Les savons qui ont été envoyés, proviennent des manufactures de MM. *Payen* et compagnie, *Ferandy* et compagnie, et *Antoine Rocofort* ; les bonnets façon de Tunis, de MM. *Jean Vincent* et compagnie, *Rostand Vidal* et compagnie ; les soufres raffinés, de MM. *Michel* et *Chassebeau*, *Veyrier* aîné, *Auguste Pory*. Les soufres en canon et en fleur de MM. *Michel* et *Chassebeau*, sont de la plus grande beauté. M. *Michel* a obtenu un brevet d'invention pour un procédé aussi simple qu'ingénieux, et qui, avec moins de frais, donne du soufre plus épuré. Il s'est depuis associé à M. *Chassebeau*. M. *Pory* ajoute à son envoi de soufre, du vitriol bleu et du sel de saturne. Du sel de saturne est fourni pareillement par M. *Polyeucte Sicard*. Les échantillons de ces deux fabricans sont remarquables par la blancheur, l'éclat et la grosseur des cristaux.

Depuis vingt-cinq à trente ans, la fabrication des coraux était parvenue, à Marseille, à un haut degré de prospérité. La fabrique que M. *Remusat* y établit en 1785, procurait du travail à trois à quatre cents ouvriers. La révolution a nui à cet établissement ; mais M. *Remusat* s'occupe de lui rendre son ancienne activité. Les coraux qu'il présente ont des formes agréables et se distinguent par le fini du travail.

M. *Carambois* offre également une boîte de coraux ; M. *Morenas*, des cotons filés ; MM. *Meiffren* et *Castellan*, des fils de coton teints en bleu ; M. *Louis Verany* fils, deux paquets, l'un de fil de coton, l'autre de fil de chanvre teint en rouge, bon teint, et bien propre à soutenir la réputation que s'était acquise feu M. *Verany* son père, qui sut le premier donner au coton une aussi belle couleur rouge.

Le même M. *Louis Verany* est parvenu à réduire en brins qui ressemblent beaucoup à ceux du chanvre, les spartes ou joncs d'Espagne, qui sont par eux-mêmes durs et roides. Il en fabrique de la toile, soit de sparte pur, soit de sparte mêlé de coton ; il en forme aussi des tissus de laine et de sparte : il convertit encore les brins de sparte en cordages, et ces cordages reçoivent le goudron. On ne verra pas sans intérêt les essais qu'il a adressés et les résultats qu'il a obtenus.

MM. *Vernet* et compagnie ont introduit à Marseille une nouvelle branche d'industrie ; avec une terre qu'ils ont trouvée dans les environs de cette ville, ils fabriquent des creusets propres à fondre les métaux, et les livrent au commerce à beaucoup meilleur marché que ceux d'Allemagne. Ils en ont remis plusieurs qui résistent au feu le plus ardent.

Les échantillons de crème de tartre de M. *Magnan* ne laissent rien à desirer.

Ceux de toile à voiles de M. *Gras* sont d'une bonne fabrication.

On peut en dire autant et louer la belle teinture des deux mouchoirs de cambresine de M. *Paul Holive*.

M. *Louis Castelnaud*, gantier et mégissier, a porté la fabrication des peaux d'agneau à un point de perfection que l'on n'avait pu atteindre à Marseille. La peau qu'il fournit, est parfaitement belle, soit par sa blancheur, soit par sa souplesse et la finesse de son grain.

Mme veuve *Bastiste* et fils envoient six pièces de maroquin, de couleurs différentes; et MM. *Mille, Cadet* et compagnie, *J. P. Jullien* et *Jacques Giraud*, des maroquins en basane, tannés au sumac.

Un seul fabricant a fourni des échantillons de chapeaux; c'est M. *Pierre Pascal* aîné : sa fabrication mérite des éloges. On en doit également aux bougies de MM. Ve *Arbaud* et *Clément, Livon* frères, et notamment à celles de MM. *Pascal* et *Negre*; ces derniers fabricans y ont joint de la cire en grains, qui frappe par son éclatante blancheur.

M. *Sauze*, propriétaire d'une fabrique de faïence, adresse quelques produits de son industrie : parmi les pièces qui composent ses échantillons, il y en a de remarquables ; il en a envoyé plusieurs dans le genre de ceux dont les Turcs font usage.

Les bas de soie de M. *Bresson* et de M. *Beaufer* ont paru fort beaux, et d'un travail très-soigné : c'est M. *Bresson* qui dirige aujourd'hui l'ancienne fabrique de bas de feu M. *Gervais* ; il soutient la réputation qu'elle avait acquise.

MM. *Barthelemi* et *Vence* ont envoyé des échantillons de verre ; M. *Grimblot*, des verres à vitre d'une grande netteté ; et M. *Chicalat*, constructeur, le dessin d'une machine de son invention, qu'il a employée avec succès pour remettre à flot un vaisseau américain échoué près de Marseille en décembre 1804, et qu'il a fait entrer dans le port de cette ville le 15 vendémiaire dernier.

Arrondissement d'AIX.

La ville d'Aix adresse plusieurs échantillons de laines mérinos et de laines communes : les laines mérinos proviennent des troupeaux de M. *Boyer de Fonscolombe* ; les laines du pays sont prises sur divers troupeaux de l'arrondissement.

MM. *Arnaud* frères, d'Aix, des molletons, calmouks, draps, ratines fines et ordinaires : leurs produits sont estimés pour la bonté des tissus, l'unité des mélanges, et le choix de la matière.

M. *Geoffroy*, propriétaire de la fabrique de papier établie à Meyrargues, des échantillons de papiers de diverses qualités et d'une bonne fabrication.

M. *Paillasson*, d'Aix, des cotons filés, et des fils de coton teints en bleu, de diverses nuances. Ses métiers à filer sont au nombre de soixante-dix; il a neuf cardes qui livrent, soit à la filature mécanique, soit à celle du petit rouet, 180 kilogrammes de cardage par jour : le reste de ses fils est mis en blanc dans le commerce.

Il existe dans l'arrondissement d'Aix six mille petits rouets à filer le coton, qui procurent des moyens d'existence à des femmes, des enfans, des vieillards.

M. *Soulary*, d'Aix, offre des échantillons de velours de soie ; et M. *Hicard*, de Salon, des échantillons de soie grèse.

Depuis un temps immémorial on imprime à Aix des mouchoirs dits de cambresine, qui se consomment dans l'arrondissement et sont toujours de mode. MM. *Bazet* frères, et *Holive* aîné et frères, en présentent des échantillons.

M. *Peyray* et M. *Églée*, d'Aix, ont remis des coupons de toiles peintes.

Arrondissement de TARASCON.

La ville d'Arles, renommée par les nombreux troupeaux qui paissent dans son vaste territoire, et principalement dans la partie qu'on appelle *la Crau*, envoie des laines de quatre espèces différentes, des cadis fabriqués dans un hospice d'indigens, et un échantillon de farine provenant d'un moulin à mouture économique,

établi

établi à Chambremond , sur le canal de Crapone, par M. *Antoine-Justin Roy de Vaquières.*

La ville de Tarascon et celle d'Eyguières adressent aussi des échantillons de laines : Tarascon y joint des cadis et serges de la manufacture de MM. *Pons* et *Jullian*, qui occupent cent ouvriers ; des fils de coton filé et des fils gris soie et coton, de M. *Bernard Gueymard*; un schakos de M. *Antoine Rique*, et six petites fioles de vinaigre. Ce vinaigre a été fabriqué par M. *Étienne Pascal*, qui a exploité pendant plusieurs années la fameuse fabrique d'eau-de-vie de la *Bagnara*, à Naples. Il assure que, par des moyens particuliers, il tire du résidu qui reste dans l'alambic après la distillation, une quantité de vinaigre bien épuré, au moins égale à la quantité d'esprit-de-vin que la distillation a produite ; de sorte que, dans la distillation du vin, M. *Pascal* trouverait deux produits égaux, l'un en eau-de-vie, l'autre en vinaigre.

La commune de Fontvielle fournit une petite boîte contenant un échantillon de kermès recueilli dans son territoire sur le *Quercus coccifera* de Linné.

Le sieur *Quenin*, de la même commune, offre les dessins et les modèles de trois charrues de son invention.

DÉPARTEMENT DU CALVADOS.
Arrondissement de CAEN.

Mme veuve *Lainé Bouvier* et compagnie, fabricans à Feugerolles-sur-Orne, exposeront des échantillons de nankin, de coton, et de fil de coton teint en nankin, des toiles de coton blanches et en écru ; MM. *Oursin-Caze* frères, de Caen, des cuirs noirs et jaunes, des veaux cirés, des tiges à l'anglaise, à la russe, à retroussis ; MM. *Brunon* aîné et *Gautier*, de la même ville, des limes de leur fabrique, limes demi-rondes, plates pointues, plates à main, à pignon, &c. ; M. *Louis Houel*, aussi de Caen, un schal de dentelle.

Arrondissement de VIRE.

La fabrique de lainage de Vire occupe quatre mille ouvriers, et verse annuellement dans le commerce douze mille pièces de drap. Deux des principaux fabricans, MM. *J. B. L. Brouard des Marais* et *J. B. Tirel*, en offrent des échantillons de bonne qualité. Ce dernier se propose de tenir la foire dont l'exposition sera suivie ; son but principal est de montrer que les draps de Vire sont infiniment propres à l'habillement des troupes : il est lui-même fournisseur pour cette partie du service public, et il occupe un grand nombre d'ouvriers de la fabrique de Vire. MM. *J. C. Murie* et compagnie, de la même ville, présentent des échantillons de réseaux en fil et soie.

Ville et arrondissement de LISIEUX.

La ville de Lisieux soutient la splendeur de son ancien commerce par les fabriques de toiles de lin, de frocs-cadis, de flanelles, molletons et couvertures, dont elle est le centre. La fabrication des toiles occupe, dans l'arrondissement de Lisieux, environ douze cents personnes ; celle des frocs cadis, plus connus sous le noms de *frocs de torduets*, six mille ; et celle des molletons et flanelles, quatre mille. Des toiles pour nappes et serviettes sont offertes par MM. *Montsain*, *Benard*, *Quesney*, *Toutain*, *Montargis*, *Thorel* et *Dubois* ; des échantillons de frocs, par MM. *Bigard*, *Picard*, *Cailly*, *Chavel*, *Nasse*, *Ricquier*, *Decoster*, *Chatelai* ; des échantillons de flanelles et molletons, par MM. *Durand*, *Coquerel*, *Chastelot* et *Nicolas Buhot* ; des couvertures, par M. *Jean Cardon*. Tous ces fabricans sont de Lisieux.

Ville de BAYEUX.

Il existe à Bayeux un établissement pour la filature du coton, qui, quoique nouveau, se distingue par ses produits et fait concevoir les plus heureuses espérances. MM. *Gervais* et *Picard*, qui en sont propriétaires, ont adressé des échantillons de cotons filés depuis le n.° 31 jusqu'au n.° 55.

Une fabrique de tissus de coton se fait aussi remarquer ; elle est dirigée de manière à prendre un accroissement rapide. MM. *Parin* frères, qui la possèdent, présentent des échantillons de basins, siamoises et mousselines fabriqués à la navette volante ; M. *Mariette Dumesnil*, des échantillons de sa tannerie. Les fabricans de dentelles, réunis, offrent un manteau, un fichu, un voile, un fond de bonnet, et quatre échantillons de dentelles ; les fabricans de bonneterie, deux paires de gants de poil de lapin d'Angora, exécutés par un habile ouvrier nommé *Lecomte.*

La fabrique de dentelle de Bayeux, qui ne compte pas plus de soixante ans d'existence, s'est beaucoup perfectionnée : elle n'employait, dans son origine, que cent ouvriers ; elle en emploie aujourd'hui quatre mille ; et ses produits, qui se vendent dans toute la France, s'exportent plus encore en Russie, en Espagne, en Portugal, en Angleterre, aux États - Unis d'Amérique, &c.

Ville de FALAISE.

MM. *Lefort* et *Lépine* offrent à l'exposition, des *retors* tout coton, et d'autres, chaîne en fil, trame en coton. M. *Lefort* est un homme très - intelligent, et l'un de ceux à qui l'on doit l'accroissement, à Falaise, de la manufacture des retors, espèce d'étoffe supérieure pour l'usage à toutes celles qui se fabriquent en coton. M. *Leclerc,* des toiles, espèce de Rouen, chaîne en fil et trame en coton, des mouchoirs espèce Cholet ; M. *Davois,* des bonnets de coton d'une qualité excellente, et d'une fabrication qui ne laisse rien à desirer ; M. *d'Aubigny,* propriétaire d'un troupeau de mérinos composé de cent bêtes, quatorze échantillons de laine provenant de son troupeau.

Arrondissement de PONT-L'ÉVÊQUE.

M. *Chamberlain,* d'Honfleur, est le seul manufacturier de l'arrondissement de Pont-l'Évêque qui prenne part au concours ; il a adressé du sulfate de fer et d'alumine fabriqué d'après des procédés de son invention, et avec économie de combustible et de main-d'œuvre.

DÉPARTEMENT DU CANTAL.

Ce département n'a rien envoyé à l'exposition.

DÉPARTEMENT DE LA CHARENTE.

L'art de la papeterie est très-avancé dans le département de la Charente : les papiers qu'on y fait, ne le cèdent à aucun pour la qualité et la bonté de l'étoffe ; ils sont propres à tous les usages, et remarquables par la blancheur et la transparence.

M. *Henri Villarmain*, propriétaire de la fabrique de Lacourade, commune de la Palud, près d'Angoulême, et M. *Tremau-Rochebrune*, propriétaire de celle de Nersac, à 7 kilomètres de la même ville, obtinrent en commun une médaille d'argent à l'exposition de l'an 10, pour la beauté des papiers qu'ils y présentèrent : ils se sont empressés de reparaître à l'exposition de 1806. Leur exemple a été suivi par *MM. Lacroix, Henri* l'aîné, *Rabouin* et *Laroche*, tous fabricans de papiers à Angoulême.

Les autres objets envoyés par le département de la Charente consistent en deux petits vases de fer coulé, provenant des forges de Noussines et Nieuil, dont M. *Chevreuse* est propriétaire, lesquels ont le mérite particulier de ne jamais noircir les alimens qu'on y prépare ;

et en deux vases de poterie résistant au feu , faits d'une terre que n'ont pas encore employée les fabricans de faïence : ces deux derniers vases sont adressés par M. *Glaumont-Sazerac* , d'Angoulême.

DÉPART. DE LA CHARENTE-INFÉRIEURE.

L'INDUSTRIE des habitans de la Charente-inférieure se porte entièrement sur la culture des terres, la fabrication du sel et des eaux-de-vie, et le commerce maritime ; ils ne possèdent point de manufactures proprement dites : aussi n'offrent-ils à l'exposition que des échantillons d'étoffes communes, fabriquées avec des laines du pays sur des métiers particuliers.

MM. *Merlet, Chauvreau* fils, de Jonzac, ont fourni ces échantillons, qui consistent en flanelles, calmouks, serges et droguets.

M. *Pelletreau* , négociant à Rochefort, propriétaire du domaine de Charas , commune de Saint-Laurent-de-la-Prée, y a joint des échantillons de laine de mérinos et de métis.

On ne saurait trop louer le zèle de M. *Pelletreau* pour l'amélioration de la race des bêtes à laine du département de la Charente-inférieure. En y introduisant des mérinos, il a eu à lutter non-seulement contre la routine, mais contre un préjugé bien extraordinaire des habitans, qui leur fait abandonner à des enfans la garde des moutons, et regarder l'état habituel de berger comme ignoble et en quelque sorte déshonorant. Aucun de ces habitans n'a voulu se charger du soin de son troupeau, quelques conditions avantageuses qu'il leur ait offertes; obligé de faire venir des bergers d'ailleurs, il n'a épargné ni peines ni dépenses. Le succès a couronné ses efforts: il possède actuellement vingt-cinq beliers, quarante brebis de race pure, environ quatre cents métis; et l'exemple utile qu'il a donné, commence à être suivi par quelques cultivateurs.

DÉPARTEMENT DU CHER.

M. *Heurtault-Lamerville* établit en 1781, à la Périsse, commune de Dun, douze brebis ou beliers achetés à Séville. Il tira ensuite de Rambouillet six beliers et cinquante brebis. Son troupeau, qu'il a entretenu avec le plus grand soin, et qu'il dirige avec une intelligence peu commune, s'est augmenté au point qu'il compte aujourd'hui sept cent cinquante bêtes de race pure et douze cents métis.

La laine des unes et des autres est de la plus grande beauté : on en jugera par les échantillons qu'a remis M. *Lamerville*.

Le dépôt de mendicité dont le sieur *Lepley* est régisseur à Bourges, envoie de grandes couvertures de laine et des échantillons de chanvre raffiné ;

M. *Aubertot*, maître de forges à Vierzon, des fers de grosse forge, feuillards de diverses espèces, à verge, &c., et des aciers, produits d'essais nouvellement commencés et qui promettent des résultats satisfaisans ;

M. *Andruette*, entrepreneur de la verrerie d'Yvoi-le-Pré, plusieurs échantillons des objets fabriqués dans cette verrerie.

DÉPARTEMENT DE LA CORRÈZE.

LA principale fabrique du département de la Corrèze est celle d'armes de Tulle, qui travaille pour le compte du Gouvernement. Elle présente cinq platines différentes de fusil : on en distingue une qui est en cuivre, et que l'inspecteur de la manufacture propose comme modèle pour les armes de guerre.

MM. *Leclere* père et fils, entrepreneurs d'une ancienne filature de coton à Brive-la-Gaillarde, envoient des échantillons de cotons filés.

M. *Penières*, ex-tribun, qui a établi en l'an 11 une verrerie à Valette, commune d'Auriac ; plusieurs vases en verre non taillé. Cet établissement occupe cent personnes, et fabrique du verre blanc, jaune, bleu, vert et noir.

DÉPARTEMENT DE LA CÔTE-D'OR.

LE département de la Côte-d'Or renferme beaucoup de forges et d'usines ; celle de Bèze, appartenant à M. *Rochet*, se distingue par la bonté de ses fers, qui allient la douceur à la finesse : M. *Rochet* en présente divers échantillons.

M. *de Gouvernain*, de Dijon, obtint en l'an 10 une médaille de bronze pour les vinaigres de sa composition ;

qui furent jugés supérieurs à tous les vinaigres connus. Il a voulu les faire concourir de nouveau, et il se propose de tenir la foire dont l'exposition sera suivie.

M. *Goubert*, aussi de Dijon, constructeur d'instrumens de physique, de l'académie de cette ville, offre deux nouveaux thermomètres, l'un au mercure, l'autre à l'esprit-de-vin, tous deux gradués d'après la congélation du mercure, et auxquels il attribue l'avantage de rendre les observations plus courtes et plus faciles à faire et à inscrire qu'en employant les thermomètres anciens. Il annonce en même temps que son thermomètre à l'esprit-de-vin, qu'il colore en jaune foncé, conserve mieux sa couleur, et qu'étant réglé sur des étalons à mercure, il s'accorde parfaitement avec ces derniers dans l'usage ordinaire.

Les autres objets envoyés par le département de la Côte - d'Or, consistent en papiers de la fabrique de M. *Humbert* fils aîné, de Châtillon-sur-Seine; en serges de la manufacture de M. *Bruet* fils, de Selongey; en cotons filés de la filature de M. *Bivert*, de Dijon, dont le zèle et les soins ont fait beaucoup d'élèves et de petites filatures; en poteries recouvertes d'un brun net, poli, ne s'altérant point au feu, d'une nouvelle fabrique établie à Prenières, par M. *Pignau*, maire de cette commune; et en quatre échantillons de laine de race pure et de métis, provenant du troupeau de M. *Derepas*, propriétaire à Dijon : la laine de métis paraît aussi belle et aussi fine que celle de race pure.

M. le préfet de la Côte-d'Or a adressé, postérieurement à la rédaction de cette notice, 1.º des échantillons de draps fabriqués à Semur, par M. *Pierre Legrand*; 2.º un nouvel instrument de mathématiques, servant à l'arpentage, de l'invention de M. *Antoine Simon*, arpenteur impérial, demeurant à Labergement-lès-Seurre.

DÉPARTEM. DES CÔTES-DU-NORD.

LA principale branche de commerce de ce département consiste dans les toiles dites *de Bretagne*, qui se fabriquent à Saint-Brieuc, Quintin, Loudéac, Uzel, Moncontour; villes qui servent d'entrepôt aux ouvrages du même genre dont s'occupent presque exclusivement tous les habitans des communes environnantes. Ces fabriques peuvent être rangées dans la classe des manufactures les plus intéressantes de l'Empire. Sans tirer de l'étranger aucune des matières qu'elles emploient, elles font entrer, dans les temps ordinaires, de 7 à 8 millions par an, et procurent des moyens d'existence à un cinquième au moins de la population du département des Côtes-du-Nord. En général, elles sont trop connues sous les rapports d'utilité et de beauté des produits, pour qu'il soit besoin d'en faire l'éloge. On trouve aussi dans le département quelques tanneries, quelques manufactures de toiles de coton, dont l'établissement n'a pas une date fort reculée.

Arrondissement de SAINT-BRIEUC.

M. *Claude Roussel*, de Saint-Brieuc, a envoyé des

cotons filés blancs, bleus, gris et aurore ; des toiles de coton, chaîne en fil, dites siamoises ; des cuirs de bœuf tannés à la jusée. Les ports de Brest, Lorient et Saint-Malo, offrent de grands débouchés à la tannerie de ce négociant, qui paraît en état de rivaliser avec les fabricans de Pont-Audemer et de Saint-Germain.

M. *Mathieu le Mée* fils, du port du Legué près Saint-Brieuc, des échantillons de filage en laine à la mécanique, étoffe annoncée excellente pour capotes de militaires. La manufacture de M. *le Mée*, encore à sa naissance, promet les plus heureux résultats ; elle emploie les laines du pays, et favorise l'éducation des bêtes à laine.

M. *le Maont*, chimiste à Saint-Brieuc, du sulfate de soude, &c.

MM. *Jean-Marie Glais*, de la ville de Moncontour, *Jean Bouttier*, *Louis Bodin* et *Bouan*, de Quintin, ont adressé des toiles, dites *de Bretagne*, de toutes qualités, des toiles de lin superfines, et des échantillons du plus beau fil du pays. M. *Bouan* obtint une médaille de bronze à l'exposition de l'an 10.

Arrondissement de LOUDÉAC.

M. *Pierre le Ray*, de Loudéac, offre une pièce de toile superfine en écru, de 70 centimètres de lé, deux poupées de lin jaune et bis, attachées à un fuseau sur lequel on a filé du même lin ;

M. *Hillier*, d'Uzel, une navette avec sa volue ;

(60)

M. *Michel Gapaillard*, de la commune de la Prenais-saye, deux douzaines de fuseaux faits de bois de houx, et garnis de leurs pesons en bois. Ce genre d'industrie inspirera quelque intérêt, quand on saura qu'il fait vivre une centaine de familles dans une commune privée d'ailleurs, par sa position, de toute ressource industrielle.

Arrondissement de *DINAN*.

MM. *Dutertre* père et fils, de Dinan, ont adressé des échantillons de toiles à voiles supérieurement fabriquées ;

M. *Brizon Valdoir*, MM. *Salmon* et *Auger*, de la même ville, des cuirs à la jusée, dignes de figurer parmi les cuirs des premières manufactures ;

M. *Cloutier-Desbarres*, aussi de Dinan, un cuir de veau corroyé, très-bien apprêté ;

M. *David le Roy*, chapelier à Dinan, deux de ces chapeaux communs dont il se faisait autrefois des envois considérables dans les colonies ;

M. *Jean Guigast*, de Dinan, des toiles de fil, de coton et de fil ;

Mlle *Cécile Guillemot*, de Dinan, des échantillons du plus beau lin et du plus beau fil du pays.

Arrondissement de *LANNION*.

M. *Pierre Roudol*, cordier à Lannion, présente une nouvelle mèche à canon, qui a l'avantage de peser beaucoup moins que celles employées jusqu'à ce jour, de se conserver mieux, de laisser à l'épreuve un charbon plus ardent, et de durer un tiers de plus ;

Les cultivateurs de Lannion, des échantillons de chanvres mâle et femelle, d'excellente qualité, et de fils propres, les uns à la fabrication des toiles dites *crès de Morlaix*, les autres à celle des toiles, dites *platilles de Bretagne ;*

MM. *Jean le Cocq* et *Joseph Rivoallan*, de la même ville, des peaux de veau : ces peaux étaient recherchées, avant la guerre, pour l'Espagne et le Portugal, et même pour les fabriques de Tours, Rouen et Paris, où elles étaient maroquinées.

DÉPARTEMENT DE LA CREUSE.

DEPUIS que la mode a fait adopter presque généralement les tentures de papiers peints, la fabrication des tapisseries a dû nécessairement diminuer. La manufacture d'Aubusson, si renommée jadis, s'en est ressentie d'une manière particulière. Elle cherche à se relever, et ses efforts commencent à obtenir quelque succès. A la fabrication des tentures elle joint aujourd'hui celle d'objets analogues, tels que tapis de pied, de table, ottomanes, canapés, &c., qui sont plus recherchés et d'un débit plus facile et plus sûr.

M. *Roby de Foreix* offre à l'exposition deux ottomanes en haute-lice, et un tableau en tapisserie, représentant la tête d'un lion en fureur ; M. *Debel*, un fond et dossier de canapé en soie, deux dossiers de fauteuil, un autre canapé fond et dossier également en soie, un tapis de pied ras; M. *Maingonat* et M. *Desfarges*, chacun un canapé fond et dossier en soie; M. *Blanchet*, un tapis de table au petit point en laines fines.

Tous ces manufacturiers sont d'Aubusson. On trouve dans leurs produits une preuve frappante des progrès que font les ouvriers qu'ils emploient à la fabrication de la haute-lice, non-seulement sous le rapport du coloris et de la manière de fondre les teintes, mais encore sous celui de la pureté et de la correction du dessin.

MM. *Léonard Boneyre* et *Pierre Dulerys*, de Bourganeuf, ont envoyé chacun un chapeau fait avec la seule laine d'agneaux du pays, d'un prix très-modique et d'une bonne qualité.

Des échantillons de laine de mérinos et de métis ont été présentés par MM. *Maymat* et *Duchter*, propriétaires dans l'arrondissement d'Aubusson, et par MM. *Sainthorent* et *Puygrenier*, propriétaires dans l'arrondissement de Boussac.

DÉPARTEMENT DE LA DOIRE.

CE département s'est enrichi d'un établissement superbe, placé à la Mandria, arrondissement de Chivas. Il est dû à des propriétaires recommandables et distingués par leurs connaissances, qui, sous le nom collectif de *société pastorale*, formèrent, en l'an 9, un troupeau de bêtes à laine de race pure et de quelques métis , le plus nombreux qui existe aujourd'hui dans tout l'Empire , puisqu'il est porté à six mille têtes.

On verra, à l'exposition, des laines de ce magnifique troupeau. Trois toisons entières y ont été envoyées. Deux proviennent de brebis de race pure, et la troisième d'une brebis métisse de septième génération : il est difficile de distinguer si cette dernière le cède aux deux autres en finesse.

Le département de la Doire ne s'est pas borné à l'envoi de ces toisons ; il y a joint des soies et organsins, des fers , des cuivres , des cuirs et peaux , des cotons filés , chanvres, marbres, &c.

Les soies et organsins ont été fournis par MM. *Vagina d'Emerese*, de Perosa, qui occupe cinq cents ouvriers ; les fers, par MM. *Ruffier* de Cogne , *Ruffier* de la Salle, *Gatino* de Mengliano , et par une société particulière, établie à Brosso ; les cuivres , par MM. *Chiodi* de Perosa et *Barillier* d'Aoste ; les cuirs et peaux, par MM. *Quetant , Serondin* , tanneurs à Aoste, et *Lomna* , tanneur à Ivrée ; les cotons filés , par la commune de Castella-Monte ; les chanvres, par celle de Piveronne ; les marbres, qui sont aussi blancs que l'albâtre , et susceptibles du plus beau poli, par la commune de Pont. La carrière d'où ils ont été tirés, a fourni la matière des bas-reliefs et des statues qui ornent l'église de Superga et les tombeaux des princes de la famille ci-devant régnante en Piémont, bas reliefs et statues qui ont été exécutés par les célèbres statuaires *Collini*.

La société d'agriculture d'Ivrée offre des échantillons de soie et de toile de coton , teints avec le carthame et la garance fraîche, plantes qu'elle est parvenue à acclimater dans le département de la Doire. Elle offre aussi un petit modèle de la charrue en usage dans ce département , laquelle paraît être d'une forme très-commode.

M. *Falleti*, de Pont, présente du fil-de-fer et une poêle de la même matière ; M. *Laurencet*, d'Ivrée, un couteau ; et la direction des créanciers de la maison *Valperga*, à Brosso , du sulfate de fer.

DÉPARTEMENT DE LA DORDOGNE.

DES papiers de diverses qualités et espèces sont présentés par MM. *Jardel Laroque* père , de Couze, *Jardel Laroque* fils , du même lieu, et *Marot* jeune, de Bayac.

M. *Cailloux*, de Bergerac, adresse une paire de bas, laine du pays, et une autre paire, laine de mérinos ;

M. *Riberot*, maître de forges à Jomelières, un échantillon de gros acier ou fer dur pour fabrication d'outils aratoires.

DÉPARTEMENT DU DOUBS.

MM. *Perard* et *Vaudel*, propriétaires de l'usine de la Ferrière-sous-Jougne, ont envoyé des échantillons de l'acier qu'ils y fabriquent. Ces aciers sont jugés très-propres à la confection des instrumens aratoires, et y sont employés presque exclusivement.

Le

(65)

Le département du Doubs compte dans son sein un grand nombre de fabriques de bonneterie : cependant MM. *Detrey* père et fils, qui ont obtenu une médaille d'argent à l'exposition de l'an 9, sont les seuls qui fournissent des échantillons. Aussi leur manufacture se distingue-t-elle d'une manière toute particulière, et par la perfection de ses ouvrages, et par la qualité de ses produits. Cinq cents ouvriers y sont occupés ; cinquante métiers pour le fil, et autant pour le coton, travaillent journellement. Cet établissement, qui a quarante-huit ans de date, doit sur-tout ses succès aux moyens perfectionnés qu'il emploie pour la préparation du fil. Enfin MM. *Detrey* sont parvenus à faire des bas à côtes sur métier, façon anglaise ; ce qui jusqu'alors avait été réputé impossible.

Mme veuve *Fleur*, de Lods, qui obtint une médaille d'argent à l'exposition de l'an 10, déjà connue par les échantillons de clous-d'épingle qu'elle y présenta, offre des objets du même genre plus perfectionnés encore. Cette fabrique est d'autant plus intéressante pour la dame *Fleur*, qu'elle possède en outre une manufacture de fil de fer, et que les rebuts ou coupures de cette dernière alimentent la première.

MM. *Bobilier* et *Nicod*, de la commune des Gras, ont expédié des cuivres et des faux sortis de leurs ateliers. Le premier fabrique toute espèce d'ustensiles de cuisine, mais sur-tout ces grandes chaudières que l'on trouve dans les fromageries du Doubs, du Jura, et même de La Suisse,

E

chaudières qui contiennent jusqu'à 250 kilogrammes de matière. Le second s'occupe exclusivement de la fabrication des faux céréales, et fournit, outre les départemens circonvoisins, quelques cantons de l'Helvétie. M. *Nicod* fils a une fabrique particulière à Maison-du-Bois, où il suit les mêmes procédés que ceux employés par son père.

Quoique le département du Doubs renferme nombre de propriétaires de forges et fourneaux, M. *Bouchotte*, propriétaire de la forge de l'Isle, est le seul qui ait adressé pour échantillon un fer produit par une nouvelle fusion des crasses de fer qui s'écoulent sous les marteaux. Ce fer ayant paru à M. *Bouchotte* d'une qualité supérieure au fer ordinaire, il en a fait confectionner des canons d'armes à feu, qui, d'après des épreuves répétées, ont offert une bien plus grande solidité que les canons ordinaires.

M. *Bouchotte* obtint une médaille d'argent à l'exposition de l'an 10.

Trois manufactures ont adressé des échantillons de fil de fer : celle de Mme veuve *Fleur*, à Lods ; celle de M. *Bouchotte*, à l'Isle ; et celle de M. *Mourel*, à Chamesey. Les deux premières ont déjà fourni à l'exposition de l'an 10 ; la troisième obtint, dès sa naissance, les plus grands succès.

M. *Peugeot* fils, d'Hérimoncourt, est le seul fileur de coton du département qui ait adressé des échantillons de ses produits. Sa filature, établie depuis un an seulement, donne les plus grandes espérances. A des ateliers de filature M. *Peugeot* oint des ateliers de construction de machines, où il s'occupe de perfectionner les cylindres, les engrenages et les broches. Pour prouver ses efforts et l'espoir fondé qu'il a de réussir, ce manufacturier présente un nouveau cylindre fabriqué avec des machines de son invention.

La manufacture d'horlogerie de Besançon doit, sous tous les rapports, être rangée au nombre des plus intéressantes manufactures du département du Doubs ; elle procure des moyens d'existence à une foule d'artistes et d'ouvriers répandus çà et là ; elle crée des moyens d'échange ; la ville de Besançon y trouve des relations commerciales pour près de trois millions par an. Cette manufacture, brillante dans son origine, souffrit de la tourmente révolutionnaire : elle est parvenue à recouvrer sa première activité ; et sa fabrication est actuellement de trente mille montres par an, soit d'or, soit d'argent, dont les prix varient depuis 24 fr. jusqu'à 1000 et au-dessus.

Plusieurs membres de cette manufacture, MM. *Breguet*, *Robert*, *Moutrille* père, *Bretillot* et *Bernard*, ont déposé des échantillons. Les deux premiers se proposent de se rendre eux-mêmes à la foire avec plusieurs milliers de montres.

M. *Robert* obtint une médaille d'argent à l'exposition de l'an 9.

La manufacture d'horlogerie de Besançon n'est pas la seule de ce genre que compte le département du Doubs. MM. *Saluis* et *Calame*, d'Hérimoncourt, ont offert des pignons et une roue fabriqués avec des machines ; ces artistes travaillent en ce moment à la confection d'une nouvelle machine, à l'aide de laquelle ils tailleront et arrondiront par une seule et même opération, et dans un clin-d'œil, la denture des roues déjà adaptées à leurs pignons. Autres échantillons d'horlogerie présentés par MM. *Seydel*, propriétaires et directeurs de la manufacture de Berne, commune de Séloncourt, dont les travaux consistent en ébauches de montres qui, par leur prix extrêmement modique, contribuent à soutenir la concurrence avec d'autres établissemens rivaux. M. *Racine* fils, horloger à Besançon, et M. *Abran*, de la commune de Montecheroux, présentent, le premier, quelques ouvrages de sa fabrique, et le second, des outils d'horlogerie qui réunissent la beauté, la solidité et la justesse des ouvrages anglais du même genre, que l'on achetait naguère à des prix si élevés.

M. *Bourrier* aîné, fabricant de papiers peints à Besançon ; MM. *Morel* de Meslière, *Molitor* de Glay, et *Vayssier* d'Arcier, fabricans de papiers, ont remis divers échantillons.

Deux verreries existent dans le département du Doubs; les propriétaires de ces verreries situées à Blancheroche et à Bief-d'État, ont répondu à l'appel du Gouvernement et offert des échantillons de leurs produits.

M. *Paillard*, propriétaire d'une manufacture de fer battu à Métabris, a présenté, en dernier lieu, des pelles à terre et de grandes cuillers en fer noir battu, qui ont paru dignes d'être admises à l'exposition, tant sous le rapport de la bonne fabrication, qu'à cause de la modicité du prix.

DÉPARTEMENT DE LA DRÔME.

M. *Heinseman*, de Montelimart, a fourni quatre échantillons de cuir maroquin, de couleurs différentes et du plus beau coloris.

La ville de Montelimart a fourni encore des échantillons de soie ouvrée en trame, fabriqués par MM. *Cornus* et *Delarbres*, et remarquables par l'ouvraison et la qualité de la soie ; M. *Gerbeau*, de la commune de Taulignan, un autre échantillon de soie, dont l'ouvraison a paru un travail fini ;

La ville de Crest, des soies ouvrées en organsin, des cotons filés, des toiles de coton, des mousselines, des étoffes de laine de mérinos, de laine du pays. Les échantillons de soie sortis des ateliers de M. *Pierre Grel* présentent une excellente filature. Les cotons filés par MM. *Brisset* et *Arnoux* sont d'un prix très-modéré ; ce dernier offre en outre des toiles de coton qui peuvent remplacer les tissus étrangers. M. *Brisset* a joint à ses échantillons de cotons filés , des échantillons de mousselines propres à l'impression et d'une fabrication soignée. Les échantillons d'étoffes de laine sont dus à M. *Autrant :* les couleurs en sont solides ; et les prix peu élevés auxquels ces étoffes sont livrées au commerce, les mettent dans le cas de servir utilement à l'habillement des troupes. L'échantillon de laine du pays est du lavage de MM. *Latune* et compagnie. La laine de mérinos envoyée par M. *Armand* est de race pure de la plus belle venue ; la toison de chaque belier du troupeau de ce propriétaire rend de 7 à 8 kilogrammes. M. *Armand* offre de céder des beliers de 24 à 30 mois, pour 100 ou 150 francs par tête, suivant la force de l'animal et la qualité de la laine.

La commune de Saint-Jean-en-Royans fournit des draps de billard de deux qualités, de grande, moyenne et petite dimensions ;

M. *Berard*, de Romans, un bonnet turc d'une forme particulière, des bas, des bonnets et des gants drapés, le tout de bonne qualité ;

M. *Treillard* père, de Valence, des bonnets écarlate, des bonnets dits *à l'espagnole*, des bas, des gants en bourre de soie : les ateliers de ce fabricant jouissent depuis longues années d'une réputation méritée, et se distinguent sur-tout par la beauté et la sûreté des couleurs.

La ville de Valence a donné des échantillons de ganterie en peaux, des mouchoirs peints et des cotons filés. La ganterie est le produit d'un nouvel établissement dirigé par M. *Pansu ;* les mouchoirs peints sortent de la fabrique de MM. *Dupont* frères et compagnie, qui sont parvenus à fixer sur la toile des couleurs solides ; les cotons filés, de la filature de M. *Achard*, qui fut mentionné honorablement à l'exposition de l'an 10.

MM. *Reymond* et *Revol*, de la commune de Saint-Uze, ont expédié nombre d'échantillons de poterie de grès : le luisant qui recouvre cette poterie n'est dû à aucun vernis; il est le résultat de la cuite même. On trouve dans les ateliers de MM. *Reymond* et *Revol* des creusets qui, soumis aux mordans, au passage du rouge incandescent à l'eau froide, et de suite au rouge, ont soutenu ces épreuves avec le plus grand succès.

M. *Roland*, de Die, et les fabriques de Bourdeaux, ont fourni des ratines grande largeur; M. *Eymieux*, de Saillans, du coton filé, n.° 66; M. *Morin*, de Dieu-le-Fit, des casimirs sans apprêt; M. *Falquet*, de Saon, un buste de S. M. l'Empereur, exécuté en poterie;

M. *Buffardin*, de Molans, des étoffes de laine dites *cadis*; et enfin M. *Grand-Châteauneuf*, de Saint-Jean-en-Royans, des papiers.

Un échantillon de soie a été envoyé par MM. *Chartron* père et fils; de Saint-Vallier : il a été filé au moyen de procédés nouveaux découverts par M. *Gensoul*, négociant à Lyon. Ces procédés, qui sont d'une grande simplicité, offrent des avantages, et ne peuvent manquer d'être adoptés par les fileurs de soie.

DÉPARTEMENT DE LA DYLE.

M. *G. Cammaert*, teinturier à Saint-Josse-ten-Noode près Bruxelles, présente plusieurs écheveaux de coton filé teint : les couleurs en sont belles, et sur-tout le rouge d'Andrinople.

La beauté des couleurs et une impression parfaite distinguent aussi un schal d'indienne offert par M. *Schavaye* père, fabricant de toiles peintes au même lieu de Saint-Josse, où il occupe deux cent cinquante ouvriers.

MM. *Guillaume* et *Frédéric Schavye* ont établi, à la fin de l'an 12, à Caregheim près Bruxelles, une filature de coton qui donne déjà du travail à soixante-dix personnes : les fils qu'ils ont envoyés sont d'une belle filature, et beaucoup plus perfectionnée que celle qui était auparavant connue dans le département de la Dyle.

Les objets fournis par la ville de Bruxelles consistent en bas de coton pour homme et pour femme, de la fabrique de M. *Judson*, fabrique récemment formée, et la seule de ce genre qui existe à Bruxelles ; en un grand schal de dentelle, et en un échantillon de dentelle représentant une allégorie en l'honneur de LL. MM., ouvrages dont on ne saurait trop admirer la perfection et la délicatesse, de la manufacture de M. *Galler-Ligeois* ; en fils de coton blanchis, tricots de laine, de soie, de coton, tulles, bonneterie de coton, &c. de M. *Gillet* ; en étoffes de laine dites *carsan* et *frisarde*, de M. *Michel de Keyser* ; en draps, casimirs, coatings, de MM. *Ronstorff* ; *Rahlemberg-Scheibler* et compagnie, ayant une maison de commerce à Bruxelles, et propriétaires d'une fabrique de draps à Montjoye ; en un schal de belle couleur amaranthe, et en indienne parfaitement imprimée, de M. *Schavaye* fils.

M. *Huygh* y a joint un long tuyau de plomb laminé,

sans-soudure, d'après des procédés dont il est l'inventeur : il a établi à Bruxelles une manufacture de feuilles de plomb laminé et de tuyaux non soudés, qui est intéressante sous tous les rapports ; M. *Desprets*, orfèvre, seize dessins de machines de son invention propres à divers usages ; M. *Debrakenier*, imprimeur-libraire, le prospectus d'une galerie historique de tous les traités de paix conclus depuis le commencement de la révolution jusqu'à nos jours.

Des fabricans de Louvain, MM. *L. Vranchen*, *Decoster* et *Humblé*, offrent, le premier, un chapeau rond qui n'a de remarquable que la modicité de son prix ; le second, des toiles de lin de bonne qualité.

Des cotons filés, des basins de la plus grande beauté, des satinettes et un service de table, sont adressés par MM. *Tiberghien* frères, qui créèrent, au milieu de l'an 10, à Heylissem, arrondissement de Louvain, une filature et une fabrique de tissus de coton, où ils emploient actuellement deux cents ouvriers.

M. *Zephirin-Defraenne*, de Virginal, arrondissement de Nivelles, envoie de très-beaux fils à dentelle, et dont le prix n'est pas très-élevé ; M. *Warlus*, de Nivelles, des échantillons de velours sur fil, de basin sur chaîne de fil de lin, et de siamoises, dont le prix est assez modique ;

MM. *Engler* et compagnie, de la Cambre près Bruxelles, des basins et piqués d'une grande finesse. Quoiqu'ils n'aient établi leur manufacture que depuis un an , elle se distingue déjà par la beauté de ses produits , et elle occupe un grand nombre d'ouvriers.

DÉPARTEMENT DE L'ESCAUT.

Il se fabrique, année commune, dans le département de l'Escaut, une quantité de toiles de diverses espèces et qualités, dont la valeur s'élève à plus de 10,000,000. MM. *Grenier Vambersie, Nicolas Fleury* et compagnie, et *François Verheighen ,* adjoint au maire de Gand, adressent des produits-de cette riche branche d'industrie : ceux offerts par le premier consistent en cinq coupons de toile blanche; ceux des seconds, en cinq coupons de toile bleue; ceux du troisième, en cinq coupons de toile écrue, quatre coupons de toile à voiles, et en échantillons de toiles rayées et à carreaux.

La ville de Gand fournit un assez grand nombre d'autres objets; des papiers de très - belle qualité, de la papeterie de MM. *de Loose* et compagnie , et de celle de M. *Mabilde,* qui occupe cent trente ouvriers; une caisse de rubanerie de fil , de la fabrique de M. *Banneville,* qui existe, depuis vingt-cinq ans, dans un état de prospérité toujours croissante, et qui emploie cent cinquante personnes, parmi lesquelles beaucoup d'enfans de l'âge de six à douze ans; un baril de bleu pâle, de MM. *Vander Schelden Raepsael* et compagnie, qui obtinrent une médaille de bronze à l'exposition de l'an 10 ; une caisse *idem,* de MM. *Pynaert* et *Hoogstoel;* une caisse de colle-forte, de MM. *Goervit* et compagnie , qui furent honorablement

mentionnés à la dernière exposition ; une caissette d'é-
pingles, de M. *François Grassée* ; une boîte de blanc
de plomb, de M. *J. F. Frisou* ; des étoffes de laine dites
coatings ; baies, &c. de bonne qualité et d'un débit
facile à cause de leur bas prix, de M. *L. B. Sibille* ; une
caisse d'amidon, de M. *J. J. Duprez* ; un baril *idem*,
de M. *L. Leys* ; quatre chapeaux, de M. *de Muyt* ; des
indiennes imprimées par des moyens mécaniques dont
sont inventeurs MM. *Lousberg*, qui fournissent du travail
à trois cents ouvriers, versent annuellement dans le commerce quarante mille pièces, et, depuis la prohibition
des toiles de l'Inde, sont parvenus à faire fabriquer dans
les communes rurales du département de l'Escaut, un
tiers des toiles nécessaires à la consommation de leur
fabrique ; deux cheminées de fer, l'une carrée, l'autre
ovale, avec ornemens en fer ciselé et tablette de marbre
blanc ; un petit vase en acier poli, avec un socle de
marbre, de M. *H. Hysette*, habile serrurier-mécanicien,
auteur de plusieurs découvertes ingénieuses, dont les
ouvrages sont d'un fini parfait et de la plus belle exécution ; des plumes à écrire, de M. *Noël* ; des cotons filés
pour chaîne, n.ᵒˢ 30 à 140, de M. *Alphonse Huyttens* ;
des toiles de coton peintes, de M. *de Smet* ; des cuirs
tannés et corroyés, de MM. *P. J. Bauwens* frères, qui
confectionnent annuellement quinze mille cuirs de bœuf
et vingt mille peaux de veau.

M. *J. F. Devos Gilles*, de Lokeren, a envoyé un paquet
de coutils ; M. *Dominique Seghers*, de Termonde, des

indiennes et des mouchoirs. L'indiennerie de M. *Seghers* entretient cent quatre-vingts ouvriers des deux sexes.

DÉPARTEMENT DE L'EURE.

LA solidité, l'élégance, la légéreté et la souplesse des draps de Louviers, leur ont acquis, dans toute l'Europe, la réputation éclatante dont ils jouissent, et que les fabricans cherchent encore à augmenter en rivalisant entre eux d'habileté et de talens. La laine d'Espagne, du plus haut prix et de la plus grande finesse, et les belles laines nationales, en forment la matière ordinaire. On en fabrique aussi avec la vigogne; on associe encore la vigogne à la soie, à la laine, au coton, à la pinne-marine. Les étoffes fabriquées avec cette dernière espèce de matière, pure et sans mélange, sont chères et rares; mais rien n'est comparable à la richesse et à l'éclat de ses tissus, qu'on prendrait pour des feuilles d'or, et dont les teintures les plus recherchées ne sauraient imiter la beauté naturelle.

On verra, à l'exposition, des échantillons de toute espèce de draps de Louviers, et de toutes couleurs; draps fins en laine d'Espagne, grande et petite largeur; castorines *idem*, casimirs, casimirs double broche; draps fins en laine nationale, grande largeur; draps rayés, chinés, jaspés, mouchetés en laine et soie; draps de vigogne, grande et petite largeur; vigogne unie à la soie, à la laine, au coton, &c.; draps de pinne-marine. Ils ont été fournis par MM. *Jean-Baptiste Decretot,* qui obtint une médaille d'or à l'exposition de l'an 9 , reçut des éloges à celle de l'an 10 , et que Sa Majesté a honoré de l'étoile de la légion d'honneur, comme manufacturier célèbre ; *Jean-Baptiste Langlois*, *Gerdret* frères, *Lafosse* et *Dumouchel* , *Guillaume Lebreton* , *François Lecamus* l'aîné , *Guillaume Lemaître* , veuve *Morainville* et *Ribouleau* , *Petou* père et fils , qui obtinrent une médaille d'argent à la dernière exposition ; *Mathieu Racine*, *Thomas Saunier*, *Henri Delarue* et compagnie, auxquels une médaille d'argent fut décernée à l'exposition de l'an 9 ; et *Ternaux* frères, fabricans à Louviers, qui , tant sous cette raison que sous celle de leurs autres fabriques, ont déjà obtenu une médaille d'argent et une d'or aux expositions précédentes.

M. *Guillaume Lebreton* et M. *Jean-Baptiste Decretot* exposeront eux - mêmes , le premier des schals , et le second des draps. On distinguera, parmi les étoffes de M. *Decretot* , un échantillon de drap de pinne - marine. Un grand et superbe schal , de la même matière, est envoyé par M. *Guillaume Lemaître*.

Sans être aussi importante par l'éclat et le nombre de ses produits que la manufacture de Louviers, la fabrique des Andelys a obtenu et conserve une réputation méritée parmi celles qui fournissent au commerce d'excellentes draperies fines. M. *Louis-Frédéric Flavigny*, dont la manufacture occupe trois cent vingt ouvriers aux Andelys , offre des échantillons d'étoffes superfines , en draps et ratines , grande largeur, et en casimir.

A la fabrication des draperies de première qualité le département de l'Eure joint celle des cuirs, qui y est portée à un haut degré de perfection, des coutils, rubans de fil, frocs et flanelles, toiles et linge de table, tissus et bonneterie de coton, un grand nombre de filatures de coton, des fourneaux et grosses forges, &c., des papeteries, verreries, &c.

Les tanneries de Pont-Audemer fournissent des cuirs appropriés à tous les besoins des arts, pour tiges et semelles de botte, selles, harnais, brides, des veaux et vaches pour cardes, des veaux pour rouleaux de filature de coton, des peaux de chien, de chèvre, de cochon ; la plupart ne cèdent aux plus célèbres tanneries de l'étranger, ni pour la qualité et la beauté des marchandises, ni pour celle des apprêts. MM. *Loisel Bernard* et compagnie, successeurs de MM. *Louis Julien* et *Alexandre Martin, Donnet* frères, *François - Maurice Prosper, Bunel Blamaup, Vannier Huret* et *Noël* le jeune, *Plumer Laurence* et compagnie, *Pierre-Charles Tenneguy, Bocquet, Philippe Renelard*, tous tanneurs à Pont-Audemer, envoient des échantillons propres à faire apprécier le mérite de leurs travaux ; on y a joint ceux fournis par MM. *Vallée, Lecomte* et *Goger* neveu, tanneurs et mégissiers, les deux premiers à Évreux, et le troisième à Bernay, et par *Charles Pillon*, tanneur et mégissier à Vernon. Ce dernier annonce avoir travaillé ses peaux par un procédé qui dispense de cinq opérations, et qui, à en juger par la qualité des produits, pourrait bien être préférable au procédé ordinaire.

MM. *Plumer*, *Donnet* et *Vannier* obtinrent une médaille d'argent à l'exposition de l'an 9.

Les coutils de l'Eure rivalisent depuis long-temps avec ceux de Bruxelles. Les échantillons qui en sont adressés, proviennent des manufactures de MM. *Robillard* d'Évreux, un des premiers qui, pour le blanchîment des fils, adoptèrent la lessive bertholienne ; *Thirouin-Gauthier*, de la même ville, dont les ateliers occupent un grand nombre d'ouvriers ; *Buzot Dubourg*, aussi d'Évreux, qui fut mentionné honorablement à l'exposition de l'an 9 ; *Furet Laboullaye* père, *Furet Laboullaye* fils, tous deux fabricans à Lieurey. M. *Laboullaye* fils fournit à la maison de l'Empereur.

Michel Bonniere, de Bournainville, obtint une mention honorable à l'exposition de l'an 10, pour les rubans de fil qu'il y présenta. Il s'est montré jaloux de concourir à la nouvelle exposition, et il a été imité par MM. *Masselin*, *Vincent Conard*, *Martel Leblond* frères et compagnie, *David Conard*, *Mathieu Conard*, tous fabricans à Drucourt, et par MM. *Montigny* et compagnie, fabricans à Beaumont. MM. *Montigny* sont les premiers qui, dans ce genre de fabrication, aient fait usage des métiers à plusieurs pièces : ils envoient, avec des rubans de fil, quelques tissus de coton et un hamac garni.

Mention honorable fut faite, en l'an 9, des sangles et surfaix présentés par M. *Pihan* fils, de Paris, et par M. *Pihan* père, de Lieurey. M. *Pihan* père reparaît à cette exposition : c'est à lui qu'est dû l'établissement en France de la fabrication des bonnes sangles ; l'ancien Gouvernement les tirait auparavant d'Angleterre.

MM. *Beautier* fils, fabricant à Bernay, et *Marin Adeline*, à Saint-Aubin , adressent des échantillons de frocs ; Mme veuve *Quesnel,* de Bernay, des échantillons de flanelle blanche à deux poils ;

MM. *Michel Joux ,* de Bernay, et *Pierre Trinité,* de Saint-Nicolas-du-Bosc-l'Abbé , des échantillons de toile blanche de lin du pays ; M. *Guillaume Piquenot,* de Bernay, des échantillons de toile pour nappes et serviettes.

Quelques métiers à navette volante existent à Bernay et dans les cantons voisins, pour la fabrication des toiles et étoffes de coton. Des échantillons de ces tissus, consistant en siamoises, basins, piqués, molletons, futaines, nankins, velours, &c. sont présentés par MM. *Chouel* frères, de Goupillières ; *Philippe,* d'Harcourt ; *Boulan,* de Barc ; *Morel* l'aîné, de Bernay ; *Toutain* père et fils, de Sainte-Opportune-du-Bosc ; *Pierre Seinent,* de Saint-Pierre-de-Salerne ; *Louis Gancel* père et fils, de Louviers ; *François Turlure,* de Cavoville ; *Jean - Jacques Maisollet,* de la Haye-du-Theil ; *Eloi ,* d'Harcourt ; *Bidaut,* de Neubourg ; *Thomas Saunier,* de Louviers, et *Jacques-Nicolas Bioche,* de Neubourg. M. *Bioche* offre aussi un hamac tout coton , chaîne retorse.

Un petit nombre d'échantillons de bonneterie de coton est adressé par MM. *Chandelier* d'Evreux, *Hersent* de la même ville, et *Oricult* de Pont-Audemer.

Les

Les filatures de coton de l'Eure pourraient fournir, par an, jusqu'à 1,000,000 de kilogrammes de coton filé. En général, leurs fils les plus fins n'excèdent pas le n.° 60, parce qu'il ne leur est pas fait de demandes dans les numéros plus élevés. On y emploie les machines dites *à filature continue* et les m ʼll-jennys ; quelques-unes font usage de courans d'eau. Celles qui ont desiré prendre part à l'exposition, sont exploitées par les entrepreneurs dont les noms suivent : *Orieult* frères et compagnie, *Tassel* frères et *Hauteur*, de Pont-Audemer ; *Dannel* et compagnie, de Brionne ; *Primoult* frères et *Leroi*, des Andelys ; *Fortier* le jeune, d'Évreux ; *Jean-Denis Levé*, de Vernon ; *Jean-Pierre-Vincent Vedic*, de la même ville ; *Galais*, d'Évreux ; *L. Castel*, d'Ivry-la-Bataille ; veuve *François Gueroult* et fils, de Fontaine-Guerard ; *Martinot* et compagnie, de Brosville ; *J. B. Decretot*, de Louviers ; *Heron Ryoust*, de Saint-Pierre-du-Vauvray ; *Demaurey*, d'Incarville ; *Charles Langlois*, de Louviers ; *Gerdret* frères, *Baillehache* et *Petzer* ; *Rondeaux-Moubray* père et fils, de la même ville ; et *Alexandre de Fontenay* et *Piéton-Prémalé*, aussi de Louviers, qui occupent à eux seuls cinq cents ouvriers de tout âge et des deux sexes.

Diverses pièces en fer coulé, propres aux besoins des cuisines, sont envoyées par MM. *Demartel* frères, propriétaires du fourneau de l'Allier, commune de Breteuil, et *Levacker-Duclé*, propriétaire de fourneau à Gondé-sur-Iton.

MM. *Jacques Thieulin*, fabricant de papier à Montreuil ; *Alexandre Viger*, à Réville ; *Jacques Vavasseur*, à Saint-Laurent-de-Tancement, envoient des échantillons de papier ;

La verrerie de Beaumont, entrepreneurs MM. *Brossard-Beauchêne* et compagnie, des échantillons de verre ;

André Belhache, de Bernay, de la bougie économique ;

Veuve *Larosière* et fils, de Pont-Audemer, un échantillon de colle-forte.

M. *Guilhery*, un des principaux fabricans quincailliers de Verneuil, exposera lui - même un grand nombre d'articles de sa fabrique.

M. *Désormeaux*, propriétaire et fabricant à Évreux, offre des échantillons de tissus de coton imprimés, et des fils de coton pour broder et marquer, de sept à huit couleurs. M. *Désormeaux*, actif et intelligent, a fait diverses expériences sur le blanchîment et la teinture ; il est parvenu à blanchir le coton à un degré supérieur, sans en altérer aucunement la qualité, et à imprimer aux cotons, fils et laines, toute sorte de couleurs, à l'aide de procédés simples, particuliers et économiques qu'il a inventés. L'éclat de ses couleurs n'est pas encore parfait ; mais elles ne laissent rien à desirer sous le rapport de la solidité. M. *Désormeaux* est aussi parvenu, depuis quatre ans, à acclimater parfaitement la garance dans une belle propriété qu'il possède au centre de la ville d'Évreux.

A cette conquête faite au profit de l'agriculture et de l'industrie du département de l'Eure, il faut joindre les avantages que promettent à l'une et à l'autre les moutons de race pure ou croisée, dont le nombre y va toujours croissant. Divers échantillons de leur laine sont présentés par MM. *Grivel*, propriétaire à Évreux; *Jean-Pierre Assise*, propriétaire au Gros-Theil; *Charles Hervieux*, cultivateur à Neubourg; *Jean Langlois*, cultivateur à Heudeboville, et *Gui Duval*, propriétaire à Quatre-Mares.

MM. *Fourquemin*, cultivateur à Bazoques, *Boivin* et *Moulin*, cultivateurs à Boisney, présentent des échantillons de lin non peigné; M. *Virey*, de Bernay, des échantillons de fil de lin. Ces derniers échantillons ont été trouvés fort beaux, et sont le produit d'un établissement qui commence, et auquel l'entrepreneur se propose de donner de l'extension.

Les artistes de l'Eure se sont aussi empressés d'offrir à l'exposition les résultats de leurs découvertes.

François Mazeline, de Louviers, breveté d'invention pour une machine à lainer les draps, fait construire, tout exprès, un modèle portatif de cette machine. L'apprêt qu'elle donne aux draps, réunit à la perfection du garnissage l'avantage de ménager l'étoffe à volonté et de se prêter aux inégalités que le foulage opère quelquefois dans certaines couleurs. Le prix modéré du mécanisme que l'inventeur établit pour 2400 francs, le peu d'emplacement qu'il exige, le peu de force nécessaire pour le mouvoir, tout prouve, dit la chambre consultative de Louviers, en faveur de l'invention, et mérite à son auteur la reconnaissance des manufactures de draps.

Hache et *Bourgeois*, de la même ville, ont porté à une extrême perfection l'art, si imparfait en France il y a quelques années, de fabriquer des cardes pour le coton et pour la laine. Les échantillons de cardes qu'ils adressent, donneront une haute idée de leur capacité et de leur industrie. C'est encore la chambre consultative de Louviers qui leur rend ce témoignage.

Le Sr *Frerot* l'aîné et le Sr *Frerot* le jeune, tous deux serruriers à Pont-Audemer, présentent chacun un couteau à revers. La chambre consultative de cette ville regarde le Sr *Frerot* jeune comme le premier qui ait fabriqué en France des couteaux de cette espèce, imitant la qualité de ceux qu'on était forcé de tirer d'Angleterre.

Enfin le Sr *Laville*, dit *Laforge*, serrurier-mécanicien à Évreux, présente une clef qui a exigé beaucoup de travail et d'adresse, le temps ne lui ayant pas permis de faire la serrure à laquelle elle doit s'adapter.

DÉPARTEMENT D'EURE-ET-LOIR.

La fabrique d'étamines de Nogent-le-Rotrou est la plus considérable des manufactures de ce département, qui, par la richesse de son agriculture, forme un des greniers de la capitale.

Outre des étamines, la ville de Nogent envoie à l'exposition, des droguets et des serges. Ces divers tissus ont été fournis par MM. *François Pley, Jacques Deshayes, Jean Chauveau, Beulé-Glon, Louis Bournisien, Louis Mezou, Louis Énault, René Glon, François Pasteau, Louis Lavie, François Thibault, Deshayes-Colas, André Jallon, Jacques Deshayes, Jacques Queneau fils, Toussaint Forges, André Jallon, Aubert fils, René Boudet, Jean Manceau, Louis Ménager.*

M. *Sikes*, propriétaire de la filature de Saint-Remi-sur-Avre, présente des cotons filés du n.° 20 au n.° 110, qui réunissent la force, l'égalité et la douceur, caractères essentiels de toute bonne filature.

M. *de Viéville* a établi à Reverseaux, commune de Rouvray-Saint-Florentin, une filature et une fabrique de tissus de coton. Les fils de coton qu'il adresse sont généralement réguliers : les toiles ont été tissées sur des métiers mécaniques.

DÉPARTEMENT DU FINISTÈRE.

IL existe à Quimperlé une tannerie assez considérable, établie en 1762 par un Allemand nommé *Engler*. M. *Billette*, qui en est aujourd'hui propriétaire, la dirige avec intelligence. Les cuirs à la jusée, les vaches lissées, les veaux gris et noirs, les peaux de chèvre, et les cuirs préparés pour tuyaux de pompe, qu'il offre à l'exposition, ont tous les caractères d'une fabrication bien soignée.

La fabrique de toiles à voiles de Locroman a adressé des échantillons de métis simple, de métis double, et de toiles dites *à quatre fils* : ils sont de bonne qualité. Cette fabrique peut devenir utile à la marine impériale, n'étant pas bien éloignée des ports de Brest et de Lorient.

DÉPARTEMENT DES FORÈTS.

LES forges tiennent le premier rang, à raison de leur nombre et de leur importance, parmi les établissemens industriels que possède le département des Forèts. La fabrication du fer y fait exister cinq mille familles : elle met annuellement en circulation pour plus de 2,800,000 francs de matières ouvrées, assure au Gouvernement un produit constant de ses bois, et procure aux habitans des Forèts un grand moyen de supporter les charges qui leur sont imposées.

Les fers qui ont été adressés à l'exposition, sont de trois sortes; les fers forts ou nerveux, les fers tendres, et les métis.

Les fers forts, produits de l'usine de Berchivez, dont M. *Gérard* est propriétaire, sont reconnus pour les meilleurs qui se fabriquent dans tout l'Empire : aussi les emploie-t-on à la manufacture d'armes de Charleville, où ils sont convertis en armes à feu. Les rebuts passent dans le commerce, et y jouissent d'une haute réputation; ils sont recherchés sur-tout pour les ouvrages les plus fins de serrurerie. Ce qui en fait le principal mérite, c'est qu'ils peuvent être coupés à froid et percés à jour, sans présenter ni pailles ni gerçures. MM. *Didiot* et *Meyer* l'aîné, fermiers des forges de la Sauvage et d'Herlanger, ont envoyé des fers de la même qualité.

Les fers tendres et platinés proviennent des forges de Berg, appartenant à M. *de Blochausen*, et de celles de Domeldange et de Fischbach, appartenant à M. *Collard*. Ils tirent leur plus grand intérêt de la modicité de leurs prix, et sont employés principalement pour la clouterie.

Les fers métis participent à-la-fois de la nature du fer tendre et de celle du fer nerveux. MM. *Fabert* et compagnie, propriétaires des forges de Berbourg, en ont remis un échantillon, dont la cassure présente un grain fin, brillant, mêlé d'un nerf grisâtre.

M. *Simonet*, de Clairefontaine, y a joint deux chaudrons, une petite marmite et d'autres ustensiles de cuisine, en fonte.

Après les forges du département des Forêts, les faïenceries, les manufactures de lainage et les chapelleries sont les établissemens qui méritent le plus d'y fixer l'attention.

De nombreux échantillons de faïencerie et de terre de pipe sont adressés par M. *Bock*, de Septfontaines, près Luxembourg ; des échantillons de terre de pipe, par M. François-Louis *Dautun*, d'Arlon ; des échantillons de faïence, par M. *Dondelinger*, d'Echternach ; des échantillons de poterie brune et d'autres couleurs, par M. *Hoffmann*, de Virton. La manufacture de M. *Bock* a depuis long-temps atteint un grand degré de perfection ;

sa terre de pipe réunit la blancheur, la solidité, la légèreté. Les produits de M. *Dondelinger* sont solides et d'un bas prix. L'action du feu n'altère en aucune manière les poteries de M. *Hoffmann*.

Les draps communs présentés sortent des ateliers de MM. *Hermann*, *Schoettert*, *Cravate*, d'Esch sur la Sarre; de M. *Zuang*, de Luxembourg, et des fabriques de Wiltz et de Clairvaux; les draps fins et casimirs, de la manufacture que MM. *Ternaux* frères ont récemment établie au Saupont, commune de Béatrix. On distinguera les laines filées par ces derniers fabricans, pour être employées au tissage des draperies fines et des casimirs.

Les manufactures d'Esch et de Wiltz étaient chargées, par le gouvernement autrichien, de l'habillement des troupes stationnées dans la Belgique.

Les chapeaux de M. *Jean-Mathias Vurth*, de Luxembourg, ne laissent rien à desirer pour la solidité, le teint et la légéreté. M. *Vurth* n'emploie que des laines et du poil de lièvre du département.

On peut comprendre dans la troisième classe des manufactures du département des Forèts, les fabriques de croisés et tiretaines, de toiles et mouchoirs, les tanneries et les papeteries.

Les croisés et tiretaines sont adressés par Mme veuve *Poncelet*, de Virton ; ces étoffes grossières, tissues de laine et de fil, sont d'une fabrication excellente, et conviennent parfaitement à la classe ouvrière : les toiles et mouchoirs, par MM. *Schreinner* et compagnie, de Luxembourg ; la tissure en est parfaitement égale.

Les produits des tanneries consistent en cuirs forts, en vaches et veaux corroyés, par MM. *Claude-Étienne Marson*, de Virton ; *J.-B. Schouman*, de Niderkorn ; *Delahaye*, de Martelange ; *Henri Thilges*, de Clairvaux ; *Knepper*, de Bissen, et par les tanneurs d'Arlon et de Wiltz : ces peaux sont, en général, bien préparées.

Les papiers, par MM. *Jean-Henri Dondelinger*, d'Eschternach ; *Pescatore*, de Luxembourg ; *Conseil* et *Michon*, de Levelange ; *Pichard de Saint-Léger*, de Stockem, et par les fabricans de papiers de Wiltz. Tous ces échantillons méritent des éloges, ainsi qu'un carton présenté par M. *Simon*, de Wiltz.

Ce département fournit encore du savon et des verres à vitre. Le savon a été fabriqué par M. *Claude Gabriel*, de Halauzy, et les verres à vitre, dans la verrerie d'Holstum, qui appartient à Mme *Heinen*.

DÉPARTEMENT DU GARD.

LA soie est la source la plus féconde de l'industrie de ce département : après l'avoir obtenue de l'éducation des vers à soie, on la file ; on l'apprête au moulin ou à l'ovale ; on la convertit en bas, en gants, en schals, en mouchoirs, en étoffes diverses. On la mélange aussi avec le coton ; et les tissus qui en résultent, offrent une merveilleuse variété de formes et de dessins, étant tantôt croisés, brochés, cannelés, satinés, et tantôt réunissant toutes ces façons soit en bordures, soit en ornemens dont le fond se trouve parsemé.

Les soies grèses, blanches, jaunes, fines, superfines, croisées, à un ou plusieurs bouts, que le département du Gard a envoyées à l'exposition, proviennent des ateliers de MM. *Gensoul*, de Connaux; *Soubeiran, Savin Salle* et compagnie, d'Anduze; *L. Rocheblave, Plantier* et *Guirauden*, d'Alais; *Chabas*, de Roquemaure; *Moline* fils; de Saint-Jean-du-Gard; *Turc* et compagnie, de Nîmes. On distingue celles présentées par MM. *Savin Salle* et compagnie, et plus encore celles de M. *Rocheblave*, qui le disputent en qualité et en finesse aux soies les plus renommées. On distingue également celles filées par le nouveau procédé de M. *Gensoul*, qui a imaginé des moyens simples et ingénieux d'empêcher les brins de soie de se coller, en s'appliquant, encore humides, les uns sur les autres, et qui a de plus substitué, avec beaucoup de succès, l'appareil à vapeurs aux méthodes usitées; découverte pour laquelle il a pris un brevet d'invention.

Des articles nombreux de bonneterie en soie, consistant, 1.° en bas pour homme et pour femme, à coins brodés, coins à dentelle, coins à jour, coins et col de pied à dentelle, pékinés, à mille raies, à maille fixe, à côte mécanique, &c.; 2.° en gants de soie pour femme, brodés, veloutés à chevrons, bracelets à dentelle, &c.; en mitaines à tulle élastique, et en gants de soie pour homme; 3.° en bas et gants de bourre de soie, ont été fournis par MM. *Galiau* frères, *Turc et compagnie*, *Roux-Amphoux*, *Roque*, *Louis Maigre*, *Martin* frères, de Nîmes; *Rocheblave*, d'Alais; *Finielz*, *Maystre* frères, *Clair* et *Jean Jean*, *Verdier*, *Laporte* frères, du Vigan; *Bastide*, d'Anduze; *Bourguet* fils, *Dadre* et *Thomas*, *Jean-Louis Fregier*, de Saint-Hippolyte; *Augustin Rossel*, *Honoré Raynaud*, de Saint-Jean-du-Gard.

Les tissus de soie pure ou mélangée, envoyés au concours, ont été fabriqués par MM. *Sabran* père, fils et compagnie, *Privat*, *Girard*, *Julian* et *Bousquet*, *Castinel* et compagnie, *Bend - Gil Bergeron* fils et compagnie, *Guisot* et compagnie, *Veaute* et compagnie, *Lacoste* et compagnie, *Huguet*, *Caucanas*, *Boutelion* et compagnie, *Marion Mathieu* et compagnie, et *Barre Gauzoux*; tous manufacturiers à Nîmes. Les trois premiers ont présenté des schals et des mouchoirs; les autres, des piqués sur soie, sarcinettes, mousselinettes brochées, nankinettes, papelines, gros de Tours, siciliennes, madras, polonaises, canadiennes, égyptiennes, impériales, taffetas, &c. M. *Marfan*, de Nîmes, y a joint un coupon de molleton de soie.

La fabrication des rubans, fleurets, et celle des soies à coudre, dénomination sous laquelle on comprend les soies pour la fabrique des gazes, des blondes noires et blanches, les soies à tresser et à broder, les soies à cordonnet, &c. forment deux autres branches de la manufacture de soie du département du Gard. Il en a été adressé divers échantillons par MM. *Noguier* frères, *Coirard* et *Bertezene*, *Jacques Julian* et compagnie, de Nîmes.

Anduze, Saint-Jean-du-Gard, Saint-Ambroix, Alais, Saint-Hippolyte, le Vigan et Nîmes, possèdent de nombreux ateliers de tannerie et de mégisserie.

M. *Jacques Corbessac*, d'Anduze, offre des peaux de cochon pour siéges de selle, des peaux de cheval pour impériales de voiture, des cuirs noirs pour brides et harnais, des cuirs jaunes pour selles, des tiges de cheval pour botte; MM. *Suan* et *Granier*, *Abel Ricard* frères, *Triaire* fils, *André Beaumier*, *Louis Beaumier*, tous du Vigan, des parchemins, et des peaux de chevreau, d'agneau, de mouton, passées en mégie; M. *Isaac Clausel*, de Saint-Hippolyte, trois tablettes de colle-forte.

La bonneterie de coton occupe un grand nombre de bras et de métiers au Vigan; elle en occupe aussi à Nîmes, où l'on a commencé à faire des bas tout blancs, à l'imitation des bas qui sont maintenant en vogue. Parmi les articles de ce genre admis à l'exposition, et sortis des fabriques de MM. *Aigoin*, *Delord* cadet, de Nîmes; *Laporte* frères, *Jacques Maystre*, *Cazes*, *Fabre*, *Recolin* et *Servet* fils, *Jean-Germain Saint-Pré*, *Viala*, *Finielz*, du Vigan, on distingue ceux de MM. *Aigoin* et *Delord* cadet, pour la finesse, l'uni, la netteté, la blancheur du coton, et pour la perfection du travail. Les bas de coton de ces deux fabricans se consomment à Paris; et tel qui les dédaignerait, dit la chambre de commerce de Nîmes, s'ils lui étaient présentés comme manufacturés en France, les porte, les admire et les vante sous le faux nom de bas anglais.

Des molletons ont été envoyés d'Anduze par M. *La-pierre*, et de Sommières par M. *Devillas*; des tricots pour vestes et culottes de soldats, et pour guêtres, par M. *Fraisse* de Saint-Hippolyte; des chapeaux communs, par MM. *Guillaume Sade* et *Roze* et compagnie, d'Anduze.

A ce grand nombre d'objets qui forment des branches de commerce plus ou moins étendues, le département du Gard en a réuni d'autres remarquables, ou par leur nouveauté, ou par la réputation de ceux qui les fournissent, ou provenant de manufactures récemment établies : tels sont des coupons d'étoffes de soie appelées *tricot double en dentelle* pour robes ou pour gilets, susceptibles d'être diversifiés, et de recevoir des ornemens variés par une broderie en soie, en argent et en or, fabriqués sur le métier à bas, par le sieur *Cuvellier* de Nîmes;

Une poudre pour polir l'or, de la composition du sieur *Bonamy*, orfévre à Alais, poudre qu'il a heureusement substituée au rouge d'Angleterre;

Des étoffes de coton, et des cotons filés teints en rouge et en violet, bon teint, par M. *Claude Verdier* de Nîmes : c'est M. *Verdier* qui approvisionne en cotons teints une grande partie des fabriques de mouchoirs de Pau et de Chollet; par la préparation qu'il donne à cette matière, il ajoute au prix d'achat une valeur de 12 à 16 fr. par kilogramme : les manufactures qui l'emploient, attestent qu'elles doivent à M. *Verdier* les progrès considérables qu'elles ont faits depuis qu'il a perfectionné le rouge et trouvé l'art de fixer solidement sur le coton la couleur violette et toutes les nuances qui en dérivent ;

Des draperies et des laines filées et non filées, teintes en écarlate, par M. *Arnal* fils aîné, de Nîmes, qui emploie des procédés particuliers, conservés dans sa famille depuis cent ans, et qui voit affluer dans ses ateliers, pour recevoir cette belle couleur, des draperies et des laines, non-seulement du Gard, mais encore des départemens voisins, et même de Lyon ;

Des mouchoirs imprimés, par MM. *Foussard, Astier, Rigot* et *Patti* fils, de Nîmes, qui occupent plus de deux cents personnes, et assurent par leurs talens le succès d'une manufacture qui contient dans une seule et même enceinte, atelier de gravure, atelier de teinture, atelier d'impression, &c. : on remarque parmi ces mouchoirs un grand schal en toile peinte, copié d'un pavé à la mosaïque ; antiquité romaine très-bien conservée, et découverte dans leurs ateliers ;

Des creusets pour les orfévres et les chimistes, de la fabrique de M. *Benoît*, de Saint-Quintin, qui en livre toutes les années au comme environ quinze cents, dont la supériorité est constatée par la préférence que leur donne M. le sénateur *Chaptal* pour ses expériences ;

De l'ocre en pierre, et du brun rouge en grains et

en poudre, propre à la conservation des bois de construction, de la manufacture établie à Alais depuis l'an 13, par M. *Galibert* ;

Une caisse de couperose des mines de Saint-Julien de Valvagues, exploitées par MM. *Charles* frères et compagnie, de Nîmes.

DÉPART. DE LA HAUTE-GARONNE.

LA plus belle filature de coton que renferme la ville de Toulouse, appartient à M. *Boyer-Fonfrède*, qui en jeta les fondemens en 1791, avec huit ou dix ouvriers qu'il avait amenés lui-même d'Angleterre. On y compte aujourd'hui cent trente-trois machines, soit mull-jennys, soit machines continues, dont cent dix-huit sont mises en mouvement par le moyen de l'eau et d'une seule roue, et environ six cents ouvriers, parmi lesquels sont trois cent cinquante enfans des deux sexes, tirés des hospices. M. *Fonfrède* file habituellement du n.° 24 au n.° 50; mais il porterait, au besoin, la finesse de ses fils jusqu'au 150.ᵉ numéro. Les deux tiers environ des produits de sa filature s'exportent en Espagne.

A la filature du coton M. *Boyer - Fonfrède* a joint la fabrication des cardes pour la même matière, et celle de toutes les pièces qui entrent dans la composition des machines à filer. Plusieurs des orphelins que lui confient les hospices, apprennent dans son établissement, qu'il a appelé avec raison *École gratuite d'industrie*, les métiers de serrurier, de menuisier, de tourneur en bois, de tourneur sur métaux, d'horloger, &c. ; et c'est avec eux qu'il fait ou répare ses mécaniques. Il présente au concours des cotons filés pour trame et pour chaîne du n.° 24 au n.° 150, quatre cardes fines, un ruban de carde, trois cylindres pour machines continues, et quatorze pièces d'horlogerie en cuivre.

Il existe trois autres filatures de coton à Toulouse, qui ont aussi envoyé des échantillons de leurs produits à l'exposition. L'une, exploitée par M. *Cavailhès*, occupe cent vingt ouvriers ; une autre, qui en occupe cinquante, a été créée en l'an 12 par M. *Abadie*, habile mécanicien, et par M. *Aubegès*; la troisième est à M. *Plohais*, qui a établi depuis peu une blanchisserie pour les fils de coton et les toiles, et une teinturerie pour le coton rouge. M. *Cavailhès* a également ajouté à sa filature, au commencement de l'an 14, un atelier de teinture pour le coton.

MM. *Bertha* et *Lecour* ont récemment formé à Toulouse un établissement extrêmement utile, et qui occupe déjà quatre-vingts ouvriers. Ils y fabriquent des planches laminées pour la chaudronnerie, et principalement pour le doublage des vaisseaux, des boulons, crampes, chevilles, clous et autres objets pour les bâtimens de guerre et de commerce ; ils y raffinent le cuivre, soit vieux, soit brut : ils y fondent des canons de bronze ; et les procédés qu'ils emploient pour les forer et les polir, sont très-ingénieux. Ils ont mis au concours de larges planches de cuivre laminé, tant pour le doublage des

vaisseaux

vaisseaux que pour servir aux ouvrages de chaudronnerie.

Les autres objets fournis par le département de la Haute-Garonne consistent en échantillons de ségoviane de la fabrique de M. *Delhom*, de Cazères; en couvertures de laine de la manufacture de M. *Salles*, de Toulouse; en une belle couverture de coton, fabriquée par M. *Cazals* fils, de la même ville; en verres blancs, bleus et verts, de la verrerie que MM. *Darmengaud*, *Jamme* et compagnie ont transportée de la commune de Sainte-Croix, département de l'Arriége, à Toulouse; en cuirs tannés par MM. *Liguières* et *Agnebelle*, aussi de Toulouse; en assiettes, vases, urnes de faïence et de terre de pipe, de la fabrique de MM *Dalles* et *Fouques*; en échantillons de parages en fer, vaisselle de cuivre rouge, tabac broyé sous le pilon, des usines de M. *Bosc*.

M. *Bosc* et MM. *Dalles* et *Fouques* sont également établis à Toulouse.

DÉPARTEMENT DE GÈNES.

LA filature, le moulinage et la teinture des soies, la fabrication des velours et des étoffes de soie unies, la pêche et le travail du corail; la fabrication du papier, des tissus de coton, des tissus de filoselle; telles étaient les principales branches d'industrie du ci-devant état de Gènes. Plusieurs jouissaient et jouissent encore d'une réputation méritée. On y trouve aussi des tanneries, des manufactures de toiles, de dentelles, de lainages, de bonneterie pour le Levant, de produits chimiques, de poterie, &c.

Ces établissemens languissaient avant la réunion de la Ligurie à la France ; un grand nombre était réduit à une inaction totale. Ils commencent à reprendre de l'activité, par l'effet des mesures sages et protectrices qu'a employées S. A. S. l'Architrésorier de l'Empire. La papeterie sur-tout, qui avait le plus souffert, se ranime, et rouvre les débouchés qu'elle avait chez l'étranger. On verra dans les portiques, des échantillons de papier de différentes qualités et pour divers usages, provenant des manufactures de MM. *Jacques - Philippe Giusti, Emmanuel - Augustin Mainero et Étienne Bellando :* tous les trois ont leurs établissemens dans le canton de Voltri.

Les velours de Gènes sont renommés dans toute l'Europe, et dans les diverses Échelles du Levant. M. *Nicolas Grondona*, demeurant à Gènes, rue Lomellini, n.° 713, en présente six coupons, distingués par la précision et la bonté du travail, la vivacité des couleurs et l'exactitude du tissage. Ce fabricant expédie tous les produits de sa manufacture en Russie, et ne peut remplir les nombreuses commissions qu'il en reçoit. Il a été commanditaire associé de la fabrique sous la raison *Nicolas de Filippi*, qui était par-tout connue pour la beauté de ses velours.

La ville de Gènes renferme dans son sein quatre manufactures de gasquets. Cette industrie, qui n'est exploitée que depuis environ soixante ans, procure du travail à trois mille cinq cents ouvriers. M. *Dominique d'Albertis*, membre de la chambre de commerce de Gènes, envoie deux douzaines de ces bonnets, 1.re et 2.e qualités.

Plus de sept cents familles subsistent du travail du corail ; tant à Gènes que dans ses faubourgs, et dans les paroisses de la vallée du Bisagno. Seize fabriques de coraux y sont en activité. Une des plus remarquables, celle de M. *Laurent-Barthélemi Oliva*, rue Lomellini, n.° 829, en offre qui sont parfaitement polis, et que l'on recherche dans les Échelles du Levant et aux Indes orientales. Ce manufacturier fait des bijoux en corail, qui sont déjà demandés dans presque toutes les parties de l'Europe ; il n'épargne rien en essais pour atteindre à la perfection, et il a des bateaux pêcheurs pour la pêche du corail.

L'arrondissement de Novi produit annuellement 25,000 kilogrammes de soie fort estimée et recherchée dans le commerce, à cause de sa finesse et de son éclat. Avant la guerre, les Anglais étaient dans l'usage d'envoyer à Novi des personnes de confiance chargées d'y acheter les cocons et de les faire filer. Les échantillons de soie qu'on verra à l'exposition, proviennent des filatures de MM. *Berandi* et *Vacaro*, de cette ville, et de deux autres particuliers qui n'ont pas fait connaître leurs noms.

Soixante mille livres de soie teinte sortent tous les ans des ateliers de teinturerie de Gènes, et deux cent mille livres environ de filoselle, coton et fil de lin. Les couleurs en sont belles , et sur-tout le noir en soie. On en jugera par les soies teintes qu'envoie M. *Antoine Perasso*, qui a son atelier à Gènes, rue Capriata. Ce teinturier a toujours développé du goût et du talent pour teindre les soies ; il remporta un prix à l'exposition qu'on fit à Gènes , lorsque Sa Majesté honora cette ville de sa présence, au mois de juillet 1805.

A la même époque, un autre prix fut remporté par MM. *Caffarelli* et neveux, fabricans de blanc de plomb et de vert - de - gris purifié , faubourg du Bisagno, à Gènes : ils ont adressé des échantillons de ces deux objets. Il se fabrique annuellement à Gènes, dans neuf manufactures, qui occupent trois cents ouvriers, sept mille quintaux métriques de céruse ou blanc de plomb, dont la plus grande partie passe à l'étranger ; MM. *Caffarelli* et neveux en exportent à eux seuls quatorze cents quintaux.

Joseph Descalzi, à Rappalo, présente un peigne pour le tissage des soies ; les dents en sont rangées avec beaucoup de justesse et de précision.

M. *Albert Ansaldo*, demeurant à Sestri du Ponent, du sel cathartique amer, extrait d'un minéral qui se trouve dans la montagne de Notre-Dame-de-la-Garde en Polcèvera. Ce sel est reconnu supérieur par les chimistes qui en ont fait l'analyse, aux sels d'Angleterre, d'Epsom , de Modène, &c. ; et par conséquent d'un emploi plus sûr en médecine, attendu qu'il ne renferme aucun sel d'autre nature. Il est aussi jugé le plus convenable pour l'extraction de la magnésie, parce qu'il la rend en plus grande quantité, et bien mieux purifiée des autres sels.

DÉPARTEMENT DU GERS.

UNE manufacture de draperie s'est élevée à Auch. Elle peut déjà fournir cinq à six cents pièces par an, en grande et petite largeur. La société qui l'a établie, offre des échantillons de ses produits et de la laine filée qu'elle emploie.

M. *Dupouy*, de la même ville, s'était borné jusqu'à présent, à filer du coton à la mécanique : il vient de faire convertir en tissus, sur métiers à ressorts et à navette volante, les produits de sa filature. M. *Dupouy* présente comme essai de sa tisseranderie, une pièce de toile de coton propre à être imprimée.

Jean-Pierre Bertin, serrurier à Samatan, envoie un châssis pour croisée, dont il se dit inventeur : il a cherché et peut-être trouvé le moyen de contenir les parties du châssis dans leur travail, et de les em-pêcher de se déjeter ;

François Couboisier, éperonnier à Auch, chef d'une fabrique qui était renommée dans tout le midi lorsque le Gouvernement y tenait des troupes à cheval, un mors de bride pour un cheval qui a la lèvre double, les barres épaisses et dures, la bouche forte et des dispositions à forcer la main du cavalier ;

Thuiliere, ferblantier, demeurant aussi à Auch, une

G 3

cafetière dont le vase et la gorge sont faits chacun d'une seule pièce.

DÉPARTEMENT DE LA GIRONDE.

LA ville de Bordeaux renferme trente-deux raffineries de sucre. M. *Sorbé* aîné , négociant et raffineur , en adresse un pain qui égale en blancheur et en éclat le sucre de Hambourg , et dont le poids comparé au volume qui est assez réduit, atteste l'excellente qualité.

Deux échantillons de laine , l'un de mérinos et l'autre de métis , du troupeau du domaine de Blanquefort, appartenant à M. *Muratel ;* une pièce de marbre statuaire , représentant un vase plein de fleurs , ouvrage de M. *Mory ;* un corset sans envers, exécuté par M. *Dupeyré ,* tailleur ; un poinçon à fleuron, d'une perfection et d'un fini admirables , destiné à découper les lames de cuivre ou de bois propres à la marqueterie , et à disposer le bois sur lequel on doit appliquer ces ornemens ; fabriqué par *Poitier ,* orfévre - mécanicien ; le modèle d'une machine ayant pour objet de mesurer le sillage des vaisseaux, de l'invention d'*Amant,* tourneur ; un nouveau moteur hydraulique , de l'invention d'*Alexandre,* ingénieur-mécanicien , moteur dont le mérite a été constaté par une expérience faite sur la Garonne, et que l'auteur dit être d'une construction simple et peu coûteuse , également propre à dessécher les marais ; à arroser les prairies et à faire monter les eaux sur les lieux élevés, &c., offrant en outre l'avantage de pouvoir être facilement placé et déplacé suivant les besoins ; le modèle d'un moulin, que M. *Gaudé*, qui en est inventeur, se propose d'apporter lui-même à Paris ; des gazes ou toiles de soie pour bluter ou passer les poudres et farines, remarquables par la finesse et la force du tissu, de la fabrique de M. *Montant* ; des caractères d'imprimerie, fondus par M. *Pinard*, imprimeur, qui se distinguent par la netteté et la perfection qu'a su leur donner l'artiste : tels sont les autres objets que la ville de Bordeaux fournit à l'exposition.

L'arrondissement de l'Esparre présente le modèle d'un champ de vigne du Médoc, sous les divers aspects que lui donne la culture. C'est M. *Cavagnac*, sous-préfet de l'Esparre, qui a conçu l'idée de ce modèle ; il l'a fait exécuter par M. *Mercier*, sculpteur à Bordeaux.

M. *Meillier*, fabricant de toiles peintes à Beautiran près Bordeaux, a envoyé six coupons des produits de sa fabrique. L'impression en est très-belle ; on a su y vaincre un obstacle difficile à surmonter, principalement dans les étoffes à fond bleu : on a évité toute communication de la teinture qui forme le fond de l'étoffe, avec la fleur.

M. Jean *Leclerc*, coutelier à Sainte-Foy, offre un couteau mécanique de son invention.

DÉPARTEMENT DU GOLO.

Ce département n'a rien envoyé à l'exposition.

DÉPARTEMENT DE L'HÉRAULT.

C'EST du département de l'Hérault qu'est tirée la plus grande partie des draps destinés à l'habillement des troupes : on y en fabrique aussi pour le commerce du Levant, pour l'Espagne, l'Italie, et pour l'intérieur de la France.

Ce même département fournit de la bonneterie en soie, de la bonneterie en laine et coton dite *de poil d'Inde*, des couvertures, des peaux apprêtées, &c.

On trouvera à l'exposition, 1.° des échantillons de draps de troupe, des fabriques de MM. *Vallat-Turel*, *Arrazat* jeune, *Charles* et *Augustin Vallat*, *Joseph Soudan*, *Martin Tisson* et compagnie, tous de Lodève; *Gaspar Baunier*, *Jean Boissière* jeune, *Lagagne*, *Delpont* et compagnie, de Clermont; *Joseph Maistre*, propriétaire de la manufacture de Villenouvette-lès-Clermont; 2.° des échantillons de draps pour le commerce du Levant, du même *Joseph Maistre*, et de MM. *Flottes* frères, *Fourcade* père et fils, *André Vernazobres*, *Tricon* fils, *Mirepoix-Tricon*, *Joseph Bousquet*, *Boutes* et *Comerac*, de Saint-Chinian; *Gely* et *Salvy*, *Saisset* et *Carlene*, de Saint-Pons; 3.° des échantillons de draps pour la consommation intérieure, et pour l'Espagne et l'Italie, de MM. *Martel* et fils, de Bedarieux, qui furent mentionnés honorablement à l'exposition de l'an 9, et obtinrent une médaille de bronze à celle de l'an 10; *Gaspar Baunier*,

Roqu:plane père et fils, *Saluze* neveu, de Clermont, et *Cormary*, de Saint-Pons.

MM. *Aigoin-Bourrier* et compagnie, *Abris* et *Bertrand*, *Barral* frères, *Bezies-Meyrueis* et compagnie, *Caucanas-Soulier* et *compagnie*, *Euzière*, *Ferrier* et fils, *Lapierre* fils, *Mallié* frères et compagnie, *Mejan* père et fils aîné, tous fabricans à Ganges, envoient des bas de soie pour homme et pour femme, à broderie, à baguette, à grandes côtes, &c., distingués par la finesse de la matière, la beauté du blanc et la bonne fabrication ;

MM. *Jean-Louis Triadon*, de Clermont, et *Jean Berger*, de Lodève, des bas de laine et coton dits *de poil d'Inde* ;

MM. *Singla* frères, de Clermont, une peau d'agneau apprêtée pour gants de femme ; M. *Étienne Grenier*, de la même ville, un parchemin ;

Et MM. *Granier* et fils, de Montpellier, une couverture de laine.

La ville de Montpellier, qui n'avait d'abord présenté qu'un échantillon de ses fabriques de couvertures, y a depuis ajouté divers objets provenant dé ses teintureries, de ses fabriques de produits chimiques, de ses tanneries, &c. MM. *Farel* et fils, *Tomassy* et compagnie, *Jean-Baptiste Lejard* et compagnie, ont offert, soit des mouchoirs de coton, soit des cotons filés teints en rouge ; *Jean-Louis Miller*, des flanelles de divers dessins ; *Berard Martin* et compagnie, *Jaumes* et compagnie, différens acides et autres produits chimiques ; *Larguèse* père, *Larguèse* fils,

Larguèse jeune , des cuirs tannés ; *Ribau* , des parfums ; *Edouard Adam* , breveté d'invention , un appareil distillatoire, et un bocal d'esprit-de-vin $\frac{3}{8}$, extrait immédiatement du vin par une seule et même chauffe.

DÉPARTEMENT D'ILLE-ET-VILAINE.

Arrondissement de RENNES.

CETTE capitale de la ci-devant Bretagne renferme plusieurs manufactures de toile à voiles, qui font des fournitures aux ports de Brest, Lorient, Saint - Malo, à l'Espagne, pour la marine marchande , &c. MM. *Sollier* et *Delarue*, qui furent mentionnés honorablement à l'exposition de l'an 10 ; *Leboucher - Villegaudin* , Mme veuve *Saint - Marc* , qui obtint aussi une mention honorable à la dernière exposition , et M. *Petitpain* , ont envoyé des échantillons de cette espèce de toile. Huit à dix mille fileuses sont employées par ces négocians dans un rayon de seize kilomètres, et le chanvre du pays même suffit à la fabrication.

M. *Cabanne* a expédié des échantillons de tissus de coton et de filature de coton et de lin, travaillés par les détenus de la maison de répression de Rennes. Cet entrepreneur a soixante - six métiers, et emploie les lins du pays.

M. *Boulanger*, dont la fabrique comprend tous les objets de chapellerie, a fait passer des échantillons en ce genre. Cet artiste a fait construire une machine à arder, qu'un seul homme fait mouvóir, et dont les produits par jour équivalent à ceux du travail de six personnes. Cette fabrique date de cent vingt ans.

MM. *Hamelin* et *Mondehair-Galonnais* ont envoyé des cires et des bougies ; MM. *Arot* jeune, *Brizon* aîné, *Brehier*, *Delatouche* et *Sandt*, des peaux tannées, corroyées, passées en mégie pour gants. M. *Brizon* a, dans ses ateliers établis sur la rivière d'Ille, une machine qui à-la-fois pulvérise le tan, foule les peaux et les apprête.

M. *Arot* aîné présente des fils fabriqués et teints ; il fabrique des fils forets, en blanc parfait, servant au-tricotage, aux passementiers, cordonniers, fabricans de mouchoirs, &c.

M. *Jourgran*, armurier, offre un fusil dont le travail est extrêmement soigné.

Arrondissement de SAINT-MALO.

M. *Dubois-Descorbières*, de Saint-Servan, présente à l'exposition des échantillons de cordage. Sa corderie, bâtie en 1607, n'a cessé d'être en activité que pendant les années 1793, 1794 et 1795 : elle travaille constamment pour le service de l'État.

MM. *Pothier* frères, de Saint-Malo, qui furent mentionnés honorablement à l'exposition de l'an 10, une feuille d'échantillons d'hameçons pour la pêche, spécialement pour la pêche de la morue. Ils tirent le fil de fer de l'Aigle, et ils ont trouvé le moyen de le convertir en acier de première qualité.

Arrondissement de FOUGÈRES.

M. *Carro*, de la commune de Saint-Remi-du-Plain, une caisse d'échantillons de sa verrerie, dans laquelle se fabrique toute espèce de gobeletterie, de vases, d'ustensiles à l'usage de la chimie ;

M. *Levannier*, de la commune de Lecousse, des échantillons de sa papeterie.

Arrondissement de VITRÉ.

Vitré compte dans son enceinte trente ateliers de tannerie et dix autres dans ses environs. Les plus remarquables sont ceux de MM. *Loret* et *Diard*, qui ont envoyé une douzaine de peaux de veau et deux de génisse. Ces tanneries très-considérables approvisionnent en partie le midi de la France, et font des expéditions en Italie, en Espagne et en Portugal.

MM. *Chanteau*, *Pouriat*, *Gaumerais* et *Monnerie*, envoient des toiles connues sous les noms de *reguets*, $\frac{3}{4}$ *brins*, de *pertres* et de *rondelettes* ;

MM. *Baslé*, *Gousse*, *Rubion* et autres, des flanelles blanches et bleues. Ce genre d'industrie occupe près de quatre mille ouvriers, et est alimenté par les fils du pays. Il se fait, dans ces manufactures, des chaussettes en fil, et plus de cent mille paires de bas par année.

Arrondissement de MONTFORT.

MM. *Moncuit, Boisteilleul, Cheffontaines* et *Dandigné*, propriétaires des forges de Painpont, présentent des échantillons des produits de ces forges, dont l'établissement remonte au milieu du XVII.ᵉ siècle. La forêt de Painpont, qui leur appartient, fournit, outre le bois, deux espèces de minérai, et contient 10,200 hectares.

Un dernier envoi fait par M. le préfet du département, offre, 1.° des échantillons de coton filé à la filature mécanique que vient d'établir M. *Huchet de Cintré*, à Trégui près Montfort; 2.° une serrure à secret, exécutée par M. *Brunel de la Salleverte*, aveugle depuis l'âge de trois ans, actuellement âgé de quarante, demeurant à Martigné chez ses sœurs, lequel s'occupe, malgré son infirmité, à faire des ouvrages de tour, de menuiserie et de serrurerie.

DÉPARTEMENT DE L'INDRE.

UNE longue expérience a démontré que le sol de l'ancien Berri, et particulièrement de la portion qui forme le département de l'Indre, est celui de tout l'Empire qui convient le mieux à l'éducation des bêtes à laine, qui fournit les laines les plus belles, et où le croisement des mérinos avec les bêtes du pays donne les résultats les plus avantageux : aussi l'éducation des moutons, le commerce des laines, la fabrication des draps et la chapellerie, forment-ils les branches d'industrie les plus considérables de ce département.

Des échantillons de laine en surge , pris sur des beliers d'Espagne et sur des bêtes indigènes croisées avec des mérinos , ont été offerts pour l'exposition par M. *Thabaut*, propriétaire à Nilurne, et par M. *Fleury de la Bruère*, propriétaire à Chambon : ils possèdent l'un et l'autre des troupeaux nombreux de race pure et de métis , le premier dans son domaine de Surins , le second dans sa terre de Bruère.

M. *Berthaud-Blondeau*, d'Issoudun , a présenté de la prime laine du pays ;

MM. *Godard*, père et fils , *Lemor - Morin*, *Patureau* fils aîné, *Bollu*, *Delaporte-Nabert*, tous fabricans à Châteauroux , des échantillons de draps qui soutiennent la réputation qu'avait la fabrique de Châteauroux pour les draperies communes ;

M. *Bourdauchon* , d'Issoudun , des chapeaux noirs et des chapeaux blancs fabriqués avec des laines d'agneaux du département ;

M. François *Berthier*, de la même ville, et MM. *Teisserenc* neveu et compagnie, de Châteauroux, des coupons de draps propres à l'habillement des troupes. La maison *Teisserenc* occupe cinq cents ouvriers ; ses draps, à l'instar de ceux de Lodève, se distinguent par le lainage , la bonne fabrication et la teinture. Le chef de cette maison annonce beaucoup d'intelligence et de talens.

Avec ses laines , ses draps et les produits de ses chapelleries, le département de l'Indre a envoyé au concours des cuirs et peaux , des parchemins , de la bonneterie en coton, des fers connus et estimés dans le commerce sous le nom de *fers de Berri*, des ustensiles en fonte et des cotons filés.

Les cuirs et peaux proviennent des tanneries et corroieries de MM. *Besson-Raveau*, de la Châtre, et *Desquer* fils, de Châteauroux ;

Les parchemins et les peaux parcheminées, de la parcheminerie de M. *Berthaud-Blondeau*, d'Issoudun, le même qui a fourni des échantillons de laine de Berri ;

La bonneterie de coton, de la manufacture de M. *Querinot*, de Vallançay, qui soutient la concurrence avec la plus belle bonneterie de l'étranger ;

Les fers, soit des forges de Clavières, tenues en ferme par MM. *Grenouillet* et compagnie, qui font des fournitures considérables à la marine militaire, soit de la forge de Luçay.

Les ustensiles de fonte proviennent aussi des forge et fonderie de Luçay, dont S. A. le prince ministre des relations extérieures est devenu propriétaire par l'acquisition qu'il a faite de la terre de Vallançay. S. A. entretient, sous la direction de M. *Boyer*, une filature de coton, qui existait dans cette même terre, et qui rivalise avec avantage les filatures anglaises ; ses produits sont recherchés par les fabricans de Rouen : c'est elle qui a remis, pour l'exposition, des cotons filés de divers numéros.

A ces objets, M. *Rochoux*, teinturier à Issoudun, a joint un paquet de racines d'épine-vinette et un vase de terre plein de jus extrait du fruit de cette plante. La racine d'épine-vinette fournit, étant bouillie, une très-belle couleur verte pour les peaux de chèvre et de mouton apprêtées en maroquin : on l'obtient du fruit de la plante, de la même manière que le vin s'extrait de la grappe de raisin.

DÉPARTEMENT D'INDRE-ET-LOIRE.

M. *Ducrusel*, propriétaire de la manufacture de limes et de râpes établie à Amboise, obtint une médaille d'argent à l'exposition de l'an 10. Il paraîtra à la nouvelle exposition; et il se propose de tenir la foire dont elle sera suivie.

Outre les objets provenant de la manufacture de M. *Ducrusel*, la ville d'Amboise présente divers échantillons de calmouks, fabriqués par MM. *Gaudion-Genty*, *Chambillant-Diel*, *Ambroise Gilet*.

Trois fabricans de faïence et de poterie, de Tours, MM. *Martelline* et compagnie, *Epron* fils, *Pecard-Taschereau* envoient des produits de leur fabrication. M. *Pecard - Taschereau* a joint aux siens des échantillons de minium. Parmi les objets sortis des ateliers de MM. *Martelline* et compagnie, on distingue un cylindre à brûler le café, qui conserve au café son odeur naturelle et le préserve de toute âcreté.

MM. *Cartier* cousins et compagnie envoient aussi de Tours, des draps de soie, taffetas, ras de Saint-Maur, ras de Saint-Cyr, damas, dauphins, gros de Tours, galons, &c. Leur fabrique, exploitée par la même famille

depuis

depuis 1670, fut mentionnée honorablement à l'exposition de l'an 9, et décorée d'une médaille d'argent à celle de l'an 10.

En l'an 11, M. *Noël Champoiseau* établit dans la même ville, d'après les procédés de *Vaucanson*, une filature de soie qui offre le double avantage de rappeler aux vrais principes de l'art de filer, et de porter les habitans d'Indre-et-Loire à la culture du mûrier blanc. Ses moulins sont au nombre de dix. Il adresse un simple échantillon de soie filée.

Les autres articles fournis par la ville de Tours consistent en mouchoirs foulards de différentes couleurs, de la fabrique de M. *Gallois-Caillaut*, qui jouit d'une réputation bien méritée; en tricots et castorines, de la manufacture de M. *Rose-Abraham*; en cotonnades, de la fabrique de M.me veuve *Cornet-Tarreau*, qui s'est élevée à un haut degré de perfection; en bonneterie de coton, d'une belle qualité et d'une grande finesse, de MM. *Léonard Guilois, Martineau-Houdayer, Renaud-Bazet*.

M. *Desrozes-du-Neau*, de Beaulieu-lès-Loches, offre des draps communs, grande largeur, de très-bonne qualité; M. *François-Lasneau*, de Chemillé, des serges, cadis et calmouks; et M. *Vincent Prud'homme*, de Beaumont-la-Ronce, des draperies, petite largeur, d'un excellent usage.

DÉPARTEMENT DE L'ISÈRE.

LA fabrication des lainages, des toiles, de l'acier,

forme, avec la ganterie, les principales branches de l'industrie de ce département; le peignage des chanvres, le travail des cuirs et peaux, la filature et l'organsinage des soies, en sont des branches secondaires, qui ne laissent pas d'avoir quelque importance.

Quinze mille pièces de ratine et de drap sortent tous les ans des fabriques de Vienne; treize cents pièces de ratine, de celles de Roybon. Voiron fournit annuellement plus de vingt mille pièces de toiles excellentes ; Mens, soixante mille aunes de toile à voiles. Saint-Jean-de-Bournay en pourrait fournir trois cent mille de cette dernière espèce. Vingt-cinq aciéries sont en activité à Rives, Vienne, Renage, Voiron, &c. et la ganterie occupe à Grenoble environ quatre mille individus.

C'est aussi à Grenoble que l'on peigne une quantité d'autant plus considérable de chanvres que le département de l'Isère en récolte, année commune, 4,200,000 kilogrammes. Les tanneries, les mégisseries, les chamoiseries, fournissent de l'occupation à plus de trois cents personnes. Quinze moulins pour la filature et l'organsinage des soies filent et préparent chaque année cinq cents quintaux de cette précieuse matière.

Les échantillons de ratines et de draps croisés de Vienne que l'on a adressés pour l'exposition, ont été remis par MM. *Charvel* frères, veuve *Badin* fils et *Lambert*, *Jean-Pierre Ithier*, *Merle* frères et *Pascal*; les échantillons de ratines de Roybon, par M. *Céleste Alibec.*

On y a joint des échantillons de draps propres à l'habillement des troupes, de la manufacture de MM. *Tessier*
cadet et compagnie, de Pont-en-Royans; de draperie
grossière, remarquable seulement par la modicité de son
prix, fabriquée à Gresse par M. *Reboul*; de serges et
de droguets, de la fabrique de M. *Joseph Tirard*, de
Voiron; de tissus de poil de chèvre et d'étoupe, dits *ber-*
game, de M. *Charles Martin* de Grenoble.

M. *Jean-François Tivolier*, au nom de tous les fabricans de Voiron, a présenté des toiles qui portent le
nom de cette ville; MM. *Demaffey* et *Pélissier*, de
Mens, des toiles à voiles et autres; MM. *Claude Perret*
et *Pierre Myard*, de Lamure, des toiles d'emballage;
M. *Pierre Salomon*, de Saint-Jean-de-Bournay, des toiles
à voiles.

MM. *Meunier*, *Jourde-Mary*, de Vienne; *Jacolin* fils
aîné, *Ducrest* aîné, de Voiron; *Louis Salomon*, *Nicolas*
Girard, de Renage; *Marchand*, *Salomon* aîné, *Blanchet*
frères, de Rives; *Plantier*, d'Estrablin près Vienne,
des échantillons d'acier de bonne qualité;

MM. *Ducruy* aîné, *Victoire Chalvet*, veuve *Romand*,
Dumoulin, *Thibaud*, *Durand*, *Massu* cadet, de Grenoble, des gants de toute espèce, qui ne laissent rien à
desirer pour la perfection du travail;

MM. *Raffin*, *Jallifié*, et *Chaloin* père, aussi de Grenoble, des chanvres peignés; ceux de M. *Chaloin* sont
les plus beaux que l'on ait encore vus; il emploie pour le
serançage un procédé de son invention, qu'il n'a pas rendu

public, et qui lui procure, par quintal, douze livres de beau chanvre de plus que par les procédés ordinaires ;

MM. *Gorgeron* et *Marque*, *Doyen* et *Fournier*, *Étienne Doyon*, *Anquicol* frères, *Curtil*, de Vienne ; *Arnaud* de Grenoble, des cuirs tannés, des peaux corroyées ; *Pourat* de Grenoble, des peaux mégissées ; *Navizet* aîné, *Buisson*, *Paul* aîné, *Marc Avril*, de Grenoble, des peaux chamoisées ;

MM. *Jubié* frères, de la Sone, *Berriat*, de Vif, des soies filées et des organsins.

MM. *Jubié* frères obtinrent une médaille d'or à l'exposition de l'an 10. Leurs soies filées et leurs organsins passent pour ce qu'il y a de plus parfait dans ce genre. Ils doivent cette supériorité à leurs talens, à leur zèle et aux machines de Vaucanson, dont ils font usage.

La fabrique de M. *Berriat*, quoique moins importante, est cependant digne d'intérêt ; on y emploie de très-bons procédés. Le propriétaire est plein d'intelligence, et ne néglige rien pour donner à ses produits toute la perfection possible. Il a contribué à propager la culture du mûrier dans la vallée du Graisivaudan.

Le département de l'Isère renferme d'autres établissemens industriels plus ou moins nombreux, plus ou moins étendus ; on se contentera de désigner sommairement ceux d'entre eux qui ont envoyé au concours des objets de leur fabrication :

Une filature et une fabrique de tissus de coton, établies à Grenoble par M. *Hache-Dumirail* ; une fabrique de tissus de coton exploitée dans la même ville par M. *François Pivot*;

Une filature, une fabrique de tissus, et une teinturerie de coton, formées à Saint-Marcellin par M. *Auguste Christophe*, qui occupe deux cent cinquante ouvriers de tout âge et des deux sexes : c'est un homme actif et intelligent, qui est parvenu à tirer un excellent parti des cotons avariés sur mer, et qui procure du travail, dans le pays qu'il habite, à beaucoup de personnes qui en manquaient;

Trois teintureries à Vienne, appartenant à MM. *Roubière*, *Sourriguers* et *Doncieux*;

Trois manufactures de toiles peintes : la première à Jallieu, propriétaires MM. *Perregaux* père et compagnie; la seconde, à Saint-Symphorien-d'Ozon, propriétaire M. *Haas*; et la troisième à Vizille, propriétaires MM. *Augustin Perier* et compagnie : cette dernière est très-importante; elle a pris un accroissement considérable depuis son établissement, et ses produits sont d'une qualité qui maintient la bonne réputation qu'elle s'est acquise;

La chapellerie de Mme veuve *Sandrot*, à Grenoble;

La fabrique de papiers peints de MM. *Mognat-Perin* et *Wery*, à Vienne, qui paraît devoir obtenir des succès à raison des soins et de l'intelligence des propriétaires;

Les clouteries de *Pierre Baron*, *Mounier-Poulat*, *Jean-Mathieu*, de la Mothe-d'Aveillant; *Gauthier*,

Chaix, de Saint-Barthélemi ; *Padourat, Arthaud, Guillot*, de Lamure ;

La fonderie d'Allevard, de M. *de Barral*, dont on recherche les fers pour leur bonté ;

Les mine et fonderie de plomb exploitées par MM. *Blumenstein*, à Vienne, qui ont rendu à ces établissemens toute leur activité ;

La fabrique et laminerie de cuivre de MM. *Frèrejean* frères, à Vienne, qui ont donné à leurs machines la plus grande perfection, et qui viennent de substituer, dans leurs fours, la houille au charbon de bois ;

Les verreries de MM. *Rocher* aîné et *Revol*, à la Côte-Saint-André, et *Rognat* fils aîné, à Vienne ;

Les ateliers d'ouvrages de tour de *Seguin, Ranchon, Philibert*, à Pont-en-Royans ;

La fabrique d'instrumens pour le serançage du chánvre, de M. *André Jay*, de Grenoble : cette fabrique est la seule de son genre qui existe dans le département de l'Isère ; M. *Jay* la dirige avec habileté, et il a porté ses ouvrages à une telle perfection, qu'on les recherche dans toute la France ;

La scierie hydraulique de marbre, de M. *Étienne Bernard*, de Grenoble ;

La fabrique de cierges de M. *Dolonne*, de la Tronche ;

La manufacture de poterie, façon de grès anglais, de M. *Jacob Binet*, à Sallettes ;

Les moulins à blé de MM. *Molard* père et fils, à Bourgoin, construits sur le modèle de celui de Corbeil ;

La fabrique de cartons laminés de M. *Philippe Gentil*, à Vienne, qui a surpassé le poli des cartons anglais de la même espèce;

La papeterie de M. *Marquis*, à Vizille;

La fabrique de cristaux de Vénus ou acétate de cuivre de M. *Philippe Bernard*, à Sainte-Marie-d'Alloix.

DÉPARTEMENT DE JEMMAPE.

DES dentelles aussi élégantes que solides, sont présentées par M. *Godefroy*, d'Enghien, qui occupe cent soixante ouvrières, par MM. *Hyacinthe Mary*, *Danimet*, et par l'hospice des orphelines de la même ville; des broderies à dentelle, par M. *Fontaine*, de Binck; des fils à dentelle, par M. *Lelong*, d'Enghien, qui emploie cent huit personnes dans ses ateliers;

Des fils à coudre, des fils plats, des fils pour tricot, par MM. *Bouchez*, *Nève* et compagnie, de Tournai : on recherche les fils de cette fabrique pour leur solidité et pour le bas prix;

Des étoffes de laine de diverses espèces et qualités, employées sur-tout à l'habillement de la classe ouvrière, par MM. *Cador*, *Deltombe*; *Jean-Joseph Martin*, *Leroy*, *Guillaume Martin*, de Charleroi; *Déponille*, d'Enghien, et *Gauthier*, de Mons, qui obtint une médaille de bronze à l'exposition de l'an 10;

Des pannes en laine d'une bonne qualité et d'un prix modique, par M.me veuve *Motte*, de Tournai.

H 4

Des laines filées et non filées, par M. *Guillaume*, de Charleroi, qui fournit de l'emploi à six cents individus;

Des chapeaux de bonne qualité, par M. *Berlemont*, d'Enghien;

Des tricots et de la bonneterie de laine, de fil, de coton, par MM. *Dufour, Courouble, Boucher, Pétillon et Desvaltines*, de Tournai;

Des toiles de lin, par M.me veuve *Sarmentier*, d'Enghien; des toiles, basins, nappes et serviettes d'un excellent usage et d'un prix inférieur à celui des mêmes articles chez l'étranger, par M. *Dubuisson*, de Mons.

MM. *Rousselle, Mauroy, Lecomte, Tournay, Coymans, Vazière, Morel, Jean-Baptiste Thiry*, de Tournai, et M. *Lor*, de Mons, offrent des cotonnettes, siamoises, mouchoirs, basins et autres tissus de coton.

L'atelier de bienfaisance de Mons, qui a été établi au 1.er vendémiaire an 11, et dans lequel deux cent quatre-vingts personnes, de tout âge et des deux sexes, trouvent des moyens d'existence, envoie des objets de la même nature et des cotons filés;

M. *Mather*, aussi de Mons, des velours de coton, des basins, nankins et perkales;

M. *Flameng*, de Braine-le-Comte, des cotons filés pour trame;

La fabrique de *Bartimont*, à Mons, et celle de MM. *Thiberghien et Bardel*, à Saint-Denis, près la même ville, des cotons filés et des tissus de coton de toute espèce. Ces deux établissemens sont d'une grande importance : le premier possède cent mécaniques à carder et à filer le coton, quatre-vingts métiers à tisser, et une teinturerie ; il occupe de sept à huit cents ouvriers : le second en entretient déjà huit cents, quoiqu'il n'ait commencé qu'au 1.er nivôse an 13.

MM. *Clarck* et *André*, d'Havré, des broches pour mull-jennys, pour grosse filature et pour filature continue : ils en confectionnent environ deux mille par semaine ;

M. *Godard*, artiste vétérinaire à Mons, un fer à cheval ;

M. *Delcambre* père, à Mons, des balances, moulins à café, rouages, &c. ;

M. *Navez*, de Binck, une barre d'acier ;

M. *Frison*, de Lodelinsart, des clous pour différens usages et pour les constructions navales ;

M. *Costaing*, de Mons, des mors à la mameluck et autres ;

M. *Genin*, de Fontaine-l'Évêque, des ustensiles de cuisine ;

M. *Beghien*, de Mons, des rouages et autres pièces pour les mécaniques à filature, des ustensiles de cuisine, des cheminées de diverses espèces ;

M. *Huzian*, d'Ath, des instrumens aratoires, tels que faux, bêches, &c. ;

M. *Puissant*, de Mons, des échantillons de marbre poli.

Il existe dans le département de Jemmape quelques manufactures de produits chimiques : celle de bleu de Prusse, de Douvrain, appartenant à M. *Raucourt* ; celle de sel ammoniaque, de Mons, propriétaire M. *Hecquart*; et celle de couperose, de Tournai, qui appartient à M. *Thieffrey*, ont envoyé des échantillons.

M. *Delblaire*, de Mons, adresse du savon blanc et de l'huile épurée pour quinquets et réverbères ;

M. *Dubois*, de la même ville, de l'amidon.

La manufacture de porcelaine de Tournai est renommée pour la beauté de son bleu, que beaucoup d'autres fabriques n'ont encore pu atteindre. La solidité de ses produits et leur prix modéré ont aussi contribué à sa réputation. M. *Debillignies*, qui l'exploite, en a remis des échantillons, et y a joint quelques articles en faïence.

M. *Debousies*, de Mons, a également remis divers objets de sa manufacture de faïence.

MM. *Piat, Lefebvre* et fils, de Tournai, se proposent d'exposer eux-mêmes des tapis de pied. Leur fabrique est sans doute la plus considérable qui existe dans son genre; elle occupe de quatre à cinq mille ouvriers, et produit, année commune, 120,000 mètres de tapis. MM. *Piat, Lefebvre* et fils obtinrent une médaille de bronze à la dernière exposition.

JURA.

LEs fabriques de Saint-Claude, reconnaissantes des secours que le Gouvernement leur accorda après l'incendie du 1.er messidor an 7, se sont empressées de répondre à l'appel qui leur a été fait en son nom. Il n'en est aucune qui n'ait fourni quelques ouvrages de tour, en racine de buis, en buis de branche ou perche, en corne, en os, en bois blanc, en métal et verrerie, &c. L'assortiment en est présenté, au nom de tous les fabricans, par MM. *Dumoulin* frères, *Joseph Roi-Robin, Jean Roi* cadet, *Mercier, Lacour* et *Neveux, Joz* et *Rolland.*

MM. *Jean - Louis Jacquet, Jean - Pierre Jacquet, Jacques Rosset, Girardot* fils, *Claude-François Dalloz,* aussi de Saint-Claude, ont envoyé, en leur nom, des ouvrages en écaille, en bois, en buis, en os, en cristal.

M. *Joseph-Marie David,* propriétaire d'une fabrique de clous à épingle ou pointes de Paris, présente des échantillons de ses clous, dont les uns à tête ronde; M. *Chapuis,* du papier à écrire de différentes qualités; M. *Claude Dumoulin,* deux paquets de cotons Cayenne filés pour chaîne, l'un du n.º 34; l'autre du n.º 40 : ces trois fabricans sont également de Saint-Claude.

La nécessité de se créer des ressources par l'industrie dans un pays privé de celle de l'agriculture, a engagé les habitans de Septmoncel et des Molunes, dépendantes de l'arrondissement de Saint-Claude, à se livrer, entre autres métiers, à celui de lapidaire. Des échantillons de pierres de diverses formes et de diverses couleurs sont fournis par MM. *George-Hugon Janin,* de l'Éterpay; *Jean-Marie Lançon,* de Jettalet; *Claude-Étienne-Benoît Besson,* de la Loceresse; *Jean-Étienne Lançon,* de la Chaumberlot; *Claude-Étienne Dalloz,* de Sous-le-Couloux.

Plusieurs échantillons de cotons filés de différentes qualités et couleurs, propres à la fabrication de la bonneterie, provenant de la filature de MM. *Thavenot* frères ; une tabatière octogone en bois de buis, doublée en écaille, à filet de même matière, de la fabrique des frères *Colletat*, et divers ouvrages de tour, en bois de hêtre, de celle de M. *Lesgrands-Motet*, forment les objets présentés par les communes de Moyrans et des Crosets, arrondissement de Saint-Claude.

Le canton de Morey envoie des échantillons de presque tous les genres d'industrie qui s'exercent dans le pays, tels que pendules, tournebroches à poids et à ressort, montures de lunette, cuirs, cotons filés, &c. En voici la désignation sommaire : M. *Claude Jobez*, une pendule à réveil ; M. *Caseau* l'aîné, une horloge à heures, demi-minutes, répétition, réveil, cadran de 9 pouces et recouvrement ; un tournebroche à poids, roues de cuivre, et un tournebroche à ressort, à remontoir : M. *Caseau* emploie quatre cents ouvriers dans sa fabrique ; MM. *Claude-François Navaud*, *Pierre-Célestin Chavin*, des cadrans d'émail ; M. *Vendel*, un échantillon de fil de fer et un de fil de plomb ; M. *Pierre-Denis Reydon*, au bois d'Amont, un paquet de boîtes de sapin ; M. *Jean-François-Hugues Gilet*, de Longchaumois, un soufflet à cheminée de cuisine ; M. *Hyacinthe Caseau*, des clous à épingle et quatre montures de lunette ; MM. *Vandel*, *Reverchon* et compagnie, *Jean-Joseph Girod*, *Grenier* et *Colladon*, plusieurs pelotons de cotons filés blancs et bleus, un mouchoir cadrillé, et des échantillons de clous forgés: leur manufacture emploie cinq cents ouvriers ; MM. *Bonnefoi* frères, un échantillon de peau de chèvre en croûte ; quelques habitans du bois d'Amont, une poupée de lin peigné, et des échantillons de clous de diverses qualités.

L'arrondissement de Poligny adresse des échantillons de faïence, de colle-forte, de faux, de papiers à écrire, de fer, de tôles, de cercles, de fil de fer, de pointes de Paris, de tire-bouchons. La faïence est fournie par M. *Sirod*, et la colle-forte par M. *Félix* de Poligny ; les faux, par M. *Pery*, de Syam ; elles sont d'une bonne qualité : le papier à écrire, par MM. *Vermot* et *Mervent*, de Mesnây ; *Torillon*, des Planches ; *Sette*, d'Ardon ; *F. F. Monier*, de Sirod : les cercles, tôles, fers martinets, par M. *Jobez*, du bourg de Sirod ; les pointes de Paris, et des aiguilles de bas en fil de fer, par les frères *Muller*, de Champagnol ; les tire-bouchons, dont un à ressort, par M. *Hugonnet*, de Foncine.

M. *Girard*, propriétaire de l'usine de Doucier, où l'on fabrique annuellement de huit à dix mille faux, en offre huit, dont deux façon d'Allemagne, et six semblables à celles qu'il fait fabriquer habituellement.

M. *Noël Lemire*, propriétaire des forges de Clairvaux et de Vertamb z, qui emploie deux cent cinquante ouvriers, envoie des échantillons de diverses espèces de fer;

MM. *Caron* de Fraisans, des fers de leurs forges de Fraisans, Rans, Dampierre et Bruyère.

La verrerie de la Vieille-Loge, arrondissement de Dôle, prend aussi part à l'exposition ; les verres qu'elle fournit paraissent d'une belle qualité.

LANDES.

CE département ne possède aucune manufacture : on y fait seulement un peu de linge de table. Il n'a fourni à l'exposition qu'un tableau d'échantillons de laines.

DÉPARTEMENT DU LÉMAN.

L'HORLOGERIE, la bijouterie, la fabrication des toiles peintes, sont les principales branches de l'industrie genévoise.

Il se fabrique annuellement à Genève cinquante mille montres, dont six mille à répétition ; on les recherche pour la modicité de leur prix. Quelques-uns de ces ouvrages d'horlogerie, destinés pour le Levant, pour les Indes et pour la Chine, sont rendus recommandables par les ornemens et par la singularité des accessoires : on les enrichit le plus souvent de diamans ou de perles.

Les ateliers de bijouterie se sont multipliés à Genève depuis sa réunion à la France ; le bas prix des façons leur procure une très-grande activité.

Deux manufactures de toiles peintes occupent dans cette ville environ huit cents personnes. Elles appartiennent, l'une à MM. *Labarte* et compagnie ; l'autre à

MM. *Petit* et *Sœur*. Toutes deux ont envoyé des échantillons au concours ; le principal but des entrepreneurs, en les présentant, a été de faire juger de la modicité de leurs prix comparés à ceux des autres fabriques.

Deux montres en argent, imitant celles fabriquées à Londres, ont été remises par MM. *Achard* ; des bijoux de la consommation la plus habituelle, par MM. *Cellier* frères, qui ont soixante personnes dans leurs ateliers ; trois tabatières de prix, par M. *Reymond*, qui occupe habituellement cent ouvriers, et qui travaille pour toutes les parties du monde, et dans tous les genres de bijouterie. L'une de ces boîtes fera connaître le talent des artistes genevois pour la ciselure ; les deux autres, la perfection à laquelle ils ont porté la peinture en émail. Sur l'une de ces mêmes boîtes, M. *Lessignol* a peint les adieux d'Énée à Didon : c'est le peintre en émail le plus distingué de Genève.

M. *Pictet* a donné aux propriétaires du Léman, la première impulsion vers l'amélioration des laines. Qui n'a pas entendu parler du beau troupeau de race pure qu'il a formé à Lancy près Genève ! M. *Pictet* convertit lui-même la laine de ses moutons en schals, qui sont aujourd'hui très à la mode, sous le nom de *schals mérinos* ; il les fabrique d'après un procédé de son invention, dont il s'est assuré la jouissance en prenant un brevet. On verra à l'exposition un grand nombre de schals de la fabrique de M. *Pictet,* qui a déjà obtenu une médaille d'argent au concours de l'an 9.

On y verra aussi de la faïence et de la terre de pipe de la manufacture que M. *Baylon* établit il y a deux ans dans la petite ville de Carouge, à une demi-lieue de Genève. Le débit des produits de ce fabricant est aussi prompt qu'assuré : il reçoit tous les jours de nouvelles commandes, sur-tout pour Turin et Milan.

M. *Bordier*, successeur de feu *Ami Argant* dans les établissemens que ce dernier avait formés à Versoix, adresse un grand nombre d'objets qui donnent une très-bonne opinion de son talent : ils consistent en vases et ustensiles de fer-blanc vernis et revêtus d'ornemens divers, tels que cafetières, plateaux, corbeilles, coffrets de voyage, réchauds, lampes, lanternes, &c. On remarque parmi eux, 1.° un grand lustre à six becs, vernis violet et rose, peintures et dorures fines, riche garniture en cristaux et prismes ; 2.° une grande machine à copier et ses accessoires ; 3.° un petit alambic portatif, en cuivre étamé, distillant avec la lampe d'*Argant* ; 4.° un fanal bi-catoptrique pour éclairer les côtes, composé d'un paraboloïde et d'un ellipsoïde à foyers conjugués, et assemblés dans une caisse en bois de forme pyramidale, avec calottes servant à l'éclairement horizontal et vertical.

Il existe à Thorens, arrondissement de Bonneville, une fabrique de verres et cristaux, dont M. *Chapuis* est propriétaire et directeur. Il a envoyé de nombreux échantillons de ses produits. On fabrique dans cette verrerie, qui occupe habituellement deux cents ouvriers,

et

et en outre deux cents bûcherons ou manœuvres pendant cinq à six mois de l'année, des bouteilles, de la gobeletterie, des verres à vitre, et des cristaux auxquels on donne toutes les formes possibles, et qui sont taillés et gravés avec élégance. M. *Chapuis* approvisionne en cristaux et en gobeletterie presque tous les départemens du midi ; il a pour cet effet des dépôts à Marseille, à Bordeaux et à Toulon ; il fait aussi des envois en Espagne.

DÉPARTEMENT DE LIAMONE.

CE département n'a rien envoyé à l'exposition.

DÉPARTEMENT DE LOIR-ET-CHER.

SIX manufacturiers du département de Loir-et-Cher, admis à l'exposition, se proposent de tenir la foire dont elle doit être suivie : ce sont MM. *André Beaumont, Martin Boy, Martinet Cornu*, fabricans de draps à Romorantin ; *Pierre Goguet* et *Martin Boy*, fabricans de couvertures de laine à Blois ; *Pujol* père et fils, fabricans de molletons et couvertures de coton à Saint-Dyé, et *Nay-Châtillon*, gantier à Blois.

Les draps des trois premiers sont, en général, d'une belle filature, teints avec soin, d'un bon apprêt, d'un prix modéré, et d'une qualité rare pour la force. Les bleus et les verts ont été teints en laine. Ces draps seraient très-propres à l'habillement des troupes.

Les couvertures de laine de MM. *Pierre Goguet* et

Martin Boy proviennent d'un atelier de travail dont ils sont entrepreneurs, atelier établi en l'an 12 dans les prisons de Blois, et transféré depuis dans les bâtimens de l'hôpital général de la même ville : le blanc en est soigné, et le lainage moelleux.

MM. *Pujol* obtinrent une médaille de bronze à l'exposition de l'an 9, et une d'argent à celle de l'an 10. Leur fabrique de molletons et de couvertures de coton offre les plus beaux produits en ce genre.

La ganterie de Blois s'est beaucoup perfectionnée; on en jugera par les gants de M. *Nay-Châtillon.* Ils sont tous en peau de première qualité, bien teinte, et très-moelleuse; la couture en soie est bien faite, la broderie bien exécutée et solide.

M. *Boutrais*, fabricant de papiers à Vendôme, qui ne livrait autrefois au commerce que des papiers à sucre, présente au concours de beaux et bons papiers pour l'impression et pour d'autres usages ; M. *Rouet Trinquart,* tanneur à Saint-Aignan, des cuirs à l'orge et à la jusée, très-forts et parfaitement tannés ; M. *Michel Bigot,* fabricant de pierres à feu, de la même ville, des pierres pour fusils de chasse, de guerre, de rempart, pour pistolets d'arçon, &c., d'un caillou très-transparent et bien taillé, extrait des carrières de silex situées dans les communes de Meusnes et de Coussy ; MM. *le Pesant* et *Méteil,* propriétaires de la verrerie de Montmirail, au Plessis-Dorin, qui occupent environ deux cents ouvriers, des cornues, matras, ballons, cucurbites, alambics, bocaux, alonges, récipiens, tubes, lanternes, vases de diverses espèces, &c. Tous ces objets de verrerie sont bien exécutés; la matière en est belle, ainsi que les formes; le travail est fait avec goût. La plupart des pièces offrent les plus grandes dimensions : on distinguera sur-tout celles propres aux opérations de la chimie et à diverses expériences de physique.

DÉPARTEMENT DE LA LOIRE.

L'ARMURERIE, la quincaillerie, la serrurerie, la rubanerie, la filature du coton, la fabrication des tissus de cette matière pure ou mélangée, telles sont les principales branches d'industrie du département de la Loire.

Les armes et les objets de quincaillerie se fabriquent à S.-Étienne; les rubans, à S.-Étienne et à S.-Chamond; la serrurerie, à Saint-Étienne et à Saint-Bonnet-le-Château. Les filatures de coton les plus considérables existent à Roanne; et c'est dans l'arrondissement dont cette ville est le chef-lieu, que les fils de coton sont employés en tissus de diverses espèces et qualités.

Les manufacturiers du département de la Loire se sont fait remarquer par leur empressement à prendre part à l'exposition générale des produits de notre industrie. MM. *Allary, Jean-Baptiste Jovin, Jean Jallabert, Jean-Baptiste Thomas, Brunon-Micalonier, Romain-Leurière, Rey-Dumarest, Verrier – Lamotte, Moulard-Dufour, Rey-Brossard*, tous de Saint-Étienne, ont envoyé des fusils à deux coups; et M. *Pierre Peyret*, de la même ville, des pistolets de prix, garnis en argent et en or, pour les Échelles du Levant.

La ville de Saint-Étienne a fourni encore des rubans, des vis à bois, des râpes à bois, des couteaux, des scies, des serrures et autres objets de quincaillerie.

Les vis à bois ont été fabriquées par *Palliard-Vialetton*; les limes, qui sont d'une très-bonne qualité, par *Brazier*, ouvrier très-industrieux; les râpes à bois, par *Chauve*, autre ouvrier plein d'intelligence; les couteaux, par *Louis Philibert*; les scies, par *Jourjon* père et fils, qui ont établi les premiers ce genre de fabrication, qu'ils perfectionnent tous les jours; les serrures, fiches, tenailles, marteaux, éperons, &c., par veuve *Gerin* et fils.

Des cartons de rubans, velours frisé, coupé, satins réduits unis, façonnés, taffetas unis, brochés, damassés, or fin, moirés, &c., sont présentés par MM. *Dugas-Vialis* et compagnie, *Dugas* frères et compagnie, *Guillaume Sirvauton* et compagnie, de Saint-Chamond. MM. *Richard-Chambovet* et *Graujon-Montagnier*, de la même ville, y ont joint, le premier, des padous et galons de soie, et le second, des soies ouvrées.

MM. *Arnaud* et *Favier*, de Saint-Bonnet-le-Château, ont adressé un assortiment complet de serrures communes, fines, mi-fines, pour les ports de mer, les Antilles, les Indes, &c.

MM. *Antoine Masson*, de Roanne, *Hugand* et compagnie, de Charlieu, offrent des cotons filés; MM *Devillaine* et *Chaverondier*, *Masson* père et fils, de Roanne, des cotons filés et des cotons teints, provenant de leurs filatures et teintureries;

M. *Guillermain*, de Saint-Germain-Laval, des toiles de coton; et Mmes veuve *Desvernay* et fils, de Saint-Symphorien-de-Lay, des basins, mousselinettes, futaines, guinées blanches, &c.

DÉPARTEMENT DE LA HAUTE-LOIRE.

MM. *Asserat-Second*, *Roland* père, et *Guichard-Portal*, tous trois fabricans au Puy, furent honorablement mentionnés à l'exposition de l'an 9, pour les belles blondes noires qu'ils y avaient présentées; ils reparaîtront au nouveau concours avec des objets de la même nature.

MM. *Robert Cadet*, du Puy ; *Pisset*, *Ravaisse*, d'Yssengeaux; des fabricans du canton de Langeac; *Rocher*, de Tence; *Mary-Vacher*, de la Chaise-Dieu, adressent aussi des blondes, ou dentelles de soie noire, de diverses espèces et qualités.

MM. *Robert Laurenson*, *Martin* et *Henri Hedde*, *Champagnac* et veuve *Dulac*, du Puy, les fabriques des cantons de Saint-Pol et de la Chaise-Dieu, offrent des dentelles de fil;

MM. *Alloués-Randon* frères, de la commune de Saint-Didier-la-Sauve, la fabrique de Dunières, des rubans satinés, taffetas unis, façonnés, &c. MM. *Alloués-Randon* ont inventé une mécanique au moyen de laquelle un seul ouvrier fabrique à-la-fois quatre ou six pièces de ruban de divers dessins.

MM. *Veron* frères, de Saint-Didier-la-Sauve, et *Grand*, de Tence, des papiers pour impression et à écrire ;

M. *Dubois-Robert*, du Puy, une marmite de fonte, des sonnettes et des grelots en cuivre ;

MM. *Dessagnez-Ferret*, *Augustin Jean*, *Besset*, du Puy, *Louis Mallet* d'Yssengeaux, des peaux mégissées, tannées, corroyées ; M. *Asserat* aîné, du Puy, des outres, ou sacs à vin, de plusieurs dimensions.

Des couvertures de laine et des draps blancs sont envoyés par l'hôpital-général du Puy ; des serviettes, des cotonnades, des coutils, par l'hôtel-dieu de la même ville ; des draps fins, par MM. *Verny* et compagnie, de Brioude ; des toiles et serviettes, par les fabricans de la commune de Blesle.

DÉPARTEMENT DE LA LOIRE-INFÉRIEURE.

DEUX fabriques de brosserie se sont élevées à Nantes. L'une est exploitée par MM. *Van Neunen* et fils junior, l'autre par M. *Muller*. Toutes deux établissent des produits de bonne qualité et convenables à la marine, aux arts et métiers, ainsi qu'aux besoins domestiques. Elles envoient au concours des brosseries de toute espèce, pinceaux, balais, brosses à cirage pour voitures, à suif pour les vaisseaux, à tillac, à pont, &c. Cette branche d'industrie, que les Hollandais cultivaient presque seuls, en tant qu'elle concerne le service de la marine, est bien naturalisée à Nantes, et ne paraît pas devoir craindre la concurrence étrangère.

Plusieurs fabricans de la même ville ont suivi l'exemple de MM. *Van Neunen* et *Muller*. Des bas de coton et des bas de fil écru sont présentés par M. *Duclos*; des nankins jaunes et blancs, des tissus de coton teints, unis et mélangés, par M. *Chevalier*; des cotons filés, par M. *Fevre*; des cotons filés, pour chaîne et pour trame, du n.° 30 au n.° 70, par M. *Saget*; des cordages, par MM. *Hortier* et *Ruelle*; des clous en cuivre pour le doublage des vaisseaux, par M. *Vaurus*; des instrumens aratoires et des outils de toute espèce à l'usage des colonies, par M. *Testard*; des farines de froment obtenues par la mouture économique, offertes par Mme veuve *Mellinet*; du sulfate de fer, par MM. *Riou* et *Coustard*; du sulfate de soude, par M. *Hubert*.

MM. *Grémant*, de Montoire, et *Jean Rousseau*, de Méans, ont aussi envoyé des échantillons de sulfate de soude produit par la lessive des cendres de tourbe.

Des fabriques de coutils sont disséminées dans les communes d'Aigrefeuille, de Vieille-Vigne et du Boussay: elles produisent annuellement cinq cent mille mètres de coutils de toutes qualités, dont la plus grande partie s'exporte en temps de paix. M. *Gadais-Mesdon*, de Vieille-Vigne, en a remis un grand nombre d'échantillons.

La ville de Nantes possède plusieurs manufactures de toiles peintes, dont les produits sont remarquables par la solidité et la beauté des couleurs. MM. *Favre*, *Petitpierre* et compagnie, de cette ville, offrent des échantillons de meubles représentant divers sujets ; MM. *Gorgerat* et *Bedin*, des toiles peintes.

DÉPARTEMENT DU LOIRET.

MM. *Vignolet* frères et *Leroy* ont établi à Orléans, en l'an 13, une corderie par mécaniques. Un ouvrier n'occupe, dans leurs ateliers, que l'espace de deux mètres carrés. Les métiers ont un moteur unique, soit par le secours des eaux, soit par un manége : le travail est indépendant des changemens de la température. A l'aide d'une mécanique inventée pour câbler, cinq hommes font un câble qui, dans les corderies ordinaires, exigerait quinze hommes vigoureux et un espace décuple. Il y a par conséquent économie de temps et de bras dans le travail.

On jugera par les échantillons qu'ils ont adressés, que le tors du fil et celui du câble sont plus uniformes que dans les autres corderies. Leur établissement peut fournir 8000 kilogrammes de cordages par mois; et il est susceptible de recevoir beaucoup d'extension.

Quelques produits des plus intéressantes fabriques d'Orléans ont été joints aux fils et cordages sortis des ateliers de MM. *Vignolet* et *Leroy*; savoir, des objets de quincaillerie en fer poli, de la manufacture que M. *Chapeau Bodin* a établie à grands frais en l'an 12, et dans laquelle se trouvent des martinets que met en mouvement une machine hydraulique placée sur le Loiret ; des limes et râpes dont M. *Montmorceau* a entrepris la fabrication en l'an 11 , après avoir travaillé dans la manufacture d'Amboise ; des articles de dominoterie, de M. *Huet Perdoux* , qui possède environ trois mille planches en bois, dont les sujets sont variés à l'infini ; des cuirs de vache étirés, de la tannerie de M. *François Frogier ;* de la bonneterie en laine , de M. *Sauzet ;* des couvertures de laine , et de laine et coton, de MM. *Gajon - Martin , Colas Debrouville , Vanderbergue* et compagnie, qui obtinrent une médaille de bronze à l'exposition de l'an 10 , et qui fournissent de l'occupation à six cents ouvriers ; des cardes qui réunissent la solidité la plus parfaite à la fixation la plus exacte des fils , de la fabrique récemment élevée par M. *John Vatch ;* des bas et des tissus de coton, de M. *Laisné-Villeveque ,* dont la fabrication date de l'an 12 ; des cotons filés et des bas de coton, de M. *l'Huillier-Bidaut ,* qui a commencé à la même époque ; des cotons filés, de la filature de M. *Charles Basin ,* successeur de M. *Foxlow ,* qui occupe cinq cents ouvriers ; des pierres de bleu, de M. *Goibeaux ;* du plomb de chasse, fabriqué , d'après les procédés importés d'Angleterre, par M. *Charles Brunet-Thibert* le jeune ; de l'antimoine, du régule d'antimoine, plusieurs morceaux de crocus et d'efflorescence cuivrée, de M. *Lejeune* aîné ; des porcelaines, de MM. *Dabaut* et *Barlois ;* des bougies, de M. *Dumuy-Ravot ;* des sucres de différentes espèces et qualités ; des vinaigres soutenant la réputation que ceux d'Orléans avaient autrefois , réputation qui s'était altérée momentanément, et qui est aujourdhui rétablie ; des bonnets façon de Tunis, à l'usage des Orientaux, de MM. *Benoît Merat-Desfrancs* et *Mingre-Baguenault*, qui occupent quatre mille ouvriers de tout âge et des deux sexes, et fabriquent annuellement trois cent mille bonnets. MM. *Benoît Merat-Desfrancs* et *Mingre-Baguenault* obtinrent une médaille de bronze à l'exposition de l'an 10 ; ils desirent que les gasquets qu'ils présentent soient mis, après l'exposition, sous les yeux de l'ambassadeur de la sublime Porte, pour lui faire connaître, et par lui à son Gouvernement, combien leur fabrique est supérieure à celles qui fournissent à la Turquie et aux Échelles du Levant, des articles du même genre.

M. *Laplace*, propriétaire et cultivateur à Griselles, arrondissement de Montargis, offre des échantillons de laine de mérinos et de métis ;

M. *Leorrier de Lille*, propriétaire de la papeterie de Buges, des papiers de diverses espèces : son établissement est aussi recommandable par la qualité de ses produits, que par la quantité d'ouvriers qu'il emploie.

DÉPARTEMENT DU LOT.

MONTAUBAN étoit anciennement le centre d'un commerce aussi étendu que varié. La seule draperie connue sous le nom de *draperie Daignan*, occupait quinze mille ouvriers des deux sexes. Plusieurs causes réunies ont suspendu ses moyens de prospérité, qu'elle recouvrera nécessairement par le nouvel ordre de choses.

MM. *Vialette Daignan* et compagnie, qui obtinrent une médaille de bronze à l'exposition de l'an 10 ; *Albrespy* frères, *Joseph Serres* et *Rachon* ont envoyé à l'exposition, des cadis, des draps croisés, et des ratines frisées, d'une finesse qui les distingue essentiellement des étoffes de même nature qui se fabriquent dans les environs de Montauban ; M. *Élie Graves*, des cuirs noirs, tannés au sumac, pour harnais ; Mmes *Mariette* et M. *Pecourt* père, des étoffes de soie, des bas de soie, à jour et à côtes ; M. *Doulzals* aîné, des cartons lustrés, genre d'industrie jusqu'alors inconnu dans le département du Lot ;

Les directeurs de la forge des Arques, arrondissement de Cahors, du minérai, et des échantillons du fer qui en provient.

M. *Vialette-Mortarieu*, propriétaire à Montauban, s'occupe depuis quelque temps de l'éducation des bêtes à laine, de race pure et croisée : il a présenté divers échantillons de laine de métis.

DÉPARTEMENT DE LOT-ET-GARONNE.

LES plaines qu'arrosent le Lot et la Garonne produisent du chanvre d'une qualité supérieure, dont on a adressé divers échantillons.

Ce chanvre sert à fabriquer des cordages, des sangles, surfaix, caparaçons, des toiles de ménage et autres, du canevas ; il est employé sur-tout à la fabrication des toiles à voiles, que dirige à Agen M. Auguste *Gounon*, qui fut mentionné honorablement à l'exposition de l'an 10, et dont la manufacture fait battre plus de deux cent cinquante métiers pour le service de la marine impériale.

M. *Gounon* a cru devoir se représenter à la nouvelle exposition. MM. *Dulac* et fils, d'Agen, y ont envoyé des échantillons de toiles de ménage, d'étoupes, de canevas; MM. *Andrieu* frères, de la même ville, un caparaçon; M. *Jourdan*, de Birac, de la toile pour draps; et M. *Bertin*, du même lieu, des coutils.

La culture et la fabrication du tabac forment, avec la minoterie, deux branches d'industrie très-importantes pour le département de Lot-et-Garonne. Quoique cette dernière languisse, attendant de la paix maritime le retour de son ancienne prospérité, quelques échantillons de ses produits ont été adressés par MM. *Scribere*, *Larrat* et fils, de Nérac; *Prugneres*, de Penne; *Bonnal Caprais*, de Villeneuve. M. *Marsan*, de Nérac, y a joint de l'amidon. Divers particuliers d'Agen et de Marmande présentent des feuilles de tabac récolté sur leurs propriétés.

Il existe à Agen trois manufactures de toiles peintes, appartenant à MM. *Lamouroux* et compagnie, *Biot* et compagnie, *Brisse* fils et compagnie, et une à Nérac, appartenant à M. *Duthil*, qui paraissent exceller dans le genre des mouchoirs bleus. Toutes ont voulu prendre part à l'exposition.

Des serges et des étamines d'Agen, de la fabrique de

M. *Amade ;* des capas blancs et bruns, de M. *Remi Boé,* de Castel-Jaloux, des droguets de Nérac, des cordelas de la manufacture de M. *Perpesat,* de Marmande; des chapeaux de *Beylard* aîné, de la même ville, et de *Rouliès,* d'Agen; des bougies et de la cire en grain, de *Courtès* jeune, de Castel-Jaloux; des cuirs de vache et de veau, de la tannerie de *Laporte,* de Nérac; des cotonnades de M. *Lombard,* de Marmande; des molletons de coton, de M. *Cabrit* aîné, d'Agen; des cotons filés par MM. *Mendousse,* de Mezin, et *Robert,* de Libos; des papiers de diverses espèces, des papeteries de MM. *Seysset* de Castel-Jaloux, *Bourgard* de Lisse, et *Berta* de Condat; des épingles en laiton, de M. *Lagrave,* d'Agen; des bouteilles de verre, de la verrerie établie à Nérac en 1789, par MM. *Deloste Latour* frères; des poteries de M. *Maignan,* de Mousempront; des fers battus, des fers coulés et du minérai de fer, de la forge de M. *Lamarque,* de Sauvet-rre : tels sont les autres objets que le département offre au concours ouvert aux produits de notre industrie.

Il offre encore, 1.º des chandelles de résine, qui, à raison de la modicité du prix, servent à éclairer les familles pauvres de Nérac et des campagnes voisines : on extrait cette résine des pigeradas de la partie de l'arrondissement de Nérac, qui se trouve composée de landes;

2.º Des plumes à écrire, préparées par M. *Menard* l'aîné, à Montaigu;

3.º Des bouchons de liége, de la fabrique de M. *Lafargue,*

de Nérac ; des bouchons et des semelles de liége, de la fabrique de *Joseph* et *François Castaing*, de Mezin ; un chapeau et une casquette en liége, qu'a faits, dans ses momens de loisir, M. *Nau*, propriétaire de la commune de Poudenas, ancien membre de l'académie des sciences de Bordeaux : on compte, dans l'arrondissement de Nérac, trente-quatre petites fabriques de bouchons de liége, qui produisent tous les ans douze millions de bouchons ;

4.° Enfin des échantillons de laine du pays, de mérinos et de métis, présentés par MM. *Carmentran*, d'Espalais ; *Dijon de Montelon*, et *Bourran*, membre du Corps législatif. Ces propriétaires sont, avec M. le sénateur *Depert*, qui a une ferme expérimentale à Ressy près Mezin, ceux qui se sont le plus distingués dans le département de Lot-et-Garonne, pour la propagation des beliers et brebis de race pure. M. *Dijon de Montelon* possède un troupeau de plus de deux cents mérinos parfaitement acclimatés, qu'il alla lui-même chercher en Espagne en l'an 11.

Les laines dont M. *Carmentran* a fourni des échantillons, sont lavées et filées par un procédé qu'il a découvert, et qu'il dit être très-simple et bien plus agréable que le procédé ordinaire, puisqu'il n'entre dans le sien, ni huile, ni aucune autre matière grasse. Aussitôt qu'il sera convaincu que sa méthode ne nuit point à la solidité des étoffes qui seront fabriquées avec ces mêmes laines, il s'empressera de la rendre publique.

La laine présentée par M. *Bourran* est lavée, peignée

et filée par des procédés simples. Son troupeau n'est encore composé que de vingt-cinq mérinos ; mais il se propose de l'augmenter.

DÉPARTEMENT DE LA LOZÈRE.

LES petits lainages que l'on fabrique dans le département de la Lozère, connus sous la dénomination générale de *cadisseries*, et sous les noms particuliers de *serges de Mende*, *cadis Soubeiran*, *refoulés Canourgue*, *estamets*, *tricots*, *escots*, *tramiers*, &c., forment une branche de commerce assez importante, qui s'élève encore actuellement de deux à trois millions par année. La fabrication n'en est pas concentrée dans de grandes manufactures ; elle est disséminée dans les villes et dans les campagnes, où chaque famille, pour ainsi dire, a un métier. Outre la consommation qui s'en fait dans l'intérieur, ces étoffes passent en Espagne, en Portugal, en Italie, en Allemagne, &c. ; il en va jusqu'aux Indes en temps de paix. Le débouché qu'elles ont en Espagne est aujourd'hui considérable, les Anglais ne pouvant y verser en concurrence des objets de la même nature.

On trouvera à l'exposition, des échantillons variés de ces divers lainages. Parmi ceux qui les ont fournis, on distingue MM. *Rogeri*, *André* et *Fabre*, associés, dont la maison de commerce est une des principales de la ville de la Canourgue, et qui ont présenté une pièce d'estamet et une pièce de refoulé Canourgue. On distingue aussi M. *Hercule Leyrault*, l'un des principaux marchands-fabricans de Mende, qui a envoyé une pièce d'escot-tramier, sorte d'étoffe imitant celle que les Anglais fabriquent et répandent sous le titre de *Chalons* et *Anacostis*, mais mieux fabriquée et d'un bien meilleur usage.

Une manufacture de casimirs a été établie à Marvejols, par MM. *Peyre* et compagnie, qui obtinrent une médaille de bronze à l'exposition de l'an 10 ; ils l'ont cédée à MM. *Giscard, Sevenne, Brouillet* et compagnie, qui offrent au concours trois pièces de casimir.

En l'an 10, M. *Monteils-Charpal* éleva à Mende une fabrique de tissus de coton, qui n'a pas encore reçu tout l'accroissement dont elle est susceptible ; il présente à l'exposition, des mousselines, et une étoffe qu'il appelle *serge de coton.*

DÉPARTEMENT DE LA LYS.

On fabrique dans ce département des toiles de toutes qualités, du linge de table de la plus grande beauté, une quantité considérable de dentelles, des rubans de fil, des futaines, siamoises, mouchoirs, basins, piqués, &c. On y fabrique encore différentes espèces de lainages communs, tels que molletons, camelots, serges, coatings, &c. : la filature du lin y occupe aussi un grand nombre de bras.

L'arrondissement de Bruges verse chaque année dans le commerce vingt-cinq mille pièces de toile ; celui de Courtrai, trente mille : elles sont tissues, non dans des ateliers qui réunissent un grand nombre d'ouvriers, mais

dans

dans les communes rurales, et par les cultivateurs, lorsque l'hiver et le mauvais temps les empêchent de travailler à la terre.

MM. *Van - Outryve, J. d'Hollandre* et compagnie,
*Serweytens, Liénard Ovevaër, J. Borre, J. Clicteur, J.
Vande Maele, Delange*, qui tiennent le premier rang
parmi les marchands fabricans de Bruges ; *Versavel* et
compagnie, *J. de Busscher, de la Rue*, de la même ville,
dont le dernier occupe cent quatre - vingts ouvriers ;
Felchoen Dubois, Rossceuw et les D.^{lles} *Van-Roosebeck*,
de Courtrai, présentent des échantillons nombreux et
variés de toile écrue, pour emballage, blanche pour
chemises, pour draps de lit, blanchie au lait, &c. ; de
toile zinga, &c. MM. *Versavel* et compagnie offrent de
plus une toile qui a trois mètres de large, propre à faire
des draps sans couture.

MM. *Michel Schicts*, de Bruges ; *Alex. de Quekere*,
de Neuve-Église ; *Dujardin Ulis, Bekaert Bakelant,
Bakelant Beeck*, de Courtrai, et l'atelier des pauvres
orphelines de la même ville ; adressent des toiles pour
serviettes, écrues, à œil de perdrix, grain de froment,
quadrillées, grain d'orge, en damier, en losange, mou-
che, petit damier, damassées bordure fleuragée, damassées en étoile, en bouquet de rose, en rose et mu-
guet, &c.

Les dentelles du département de la Lys se fabriquent
à Bruges, à Ypres, à Courtrai et à Menin. A Bruges
seulement, six mille ouvrières sont employées à cette

fabrication. Les échantillons qui en ont été remis proviennent de la fabrique de M. *Hubené*, de celle de
M. *Claeys*, de cinq écoles dites *des Pauvres Filles*, de
Bruges, de l'atelier public d'Ostende, de l'établissement
de charité de Nieuport, de l'école publique dirigée à
Poperingue par les D.^{mes} *Prevoost* et *Vanden Berghe*, des
ateliers de *F. Duhayon*, *Delinote Maes*, *Debaenst* et
compagnie, *Desmazières*, de *Craeylinck*, *Fontaine Leleu*,
D.^{lle} *Decandt*, *Van Acker*, D.^{lle} *Dubye*, d'Ypres ; des
écoles des hospices de la même ville , et de l'atelier
des orphelines de Courtrai.

Des rubans de fil ont été offerts par MM. *Delorue*,
de Bruges ; veuve *Lauwyck*, *Dehem-Leville*, *Enf. Bon-
duelle*, de Comines ; veuve *Bliau*, de Poperingue ;
Parent, *Calmeyn*, *Depoorter*, *Boulaert*, d'Ypres ; *Louis
Jaussens*, d'Iseghem ;

Des fils écrus, par les établissemens de charité de
Lichtervelde et de Ghistelles ; des fils tors, par MM. *Van-
devyvere*, *Versavel*, *Performée*, de Wervicq ; des fils à
coudre et à tricoter, par MM. *R. Scokrel*, *Grigny*,
d'Ypres ; des fils d'épreuve, par M. *Dejoughe*, de Courtrai, qui y a joint des zingas, siamoises, mouchoirs imprimés, &c.

Des futaines, siamoises, basins, piqués, perkales,
calicots, molletons, velours de coton, &c. par MM. *An-
gillis* frères, *J. Vander-Meersch*, de Menin ; *Vandeweghe*,
de Mouzerons ; *Vanhoozenbeke*, *Hendricksen*, *Pauwels*,
Beaucourt, *F. Vanderhofstadd*, *Simon Bulcart*, de Bruges ;

p.re *Castricque*, *J. Cailleau*, *M. L. Hovyn*, *Fr. Foconier*; d'Ypres.

Des coatings, frises, carsaies, molletons, serges, camelots et autres lainages communs, par *M. F. Vanlede*, *Fontaine*, *J. B. Grillon*, de Bruges, par l'atelier public de cette ville; *Vanhoutte*, *Delbeck*, de Cortemack; veuve *Driven*, *C. Tassaert*, *J. Dequekere*, *J. Hunette*, de Neuve-Église; *L. Picavet Lesaffre* et compagnie, de Mouzerons;

Des lins peignés et non peignés, des lins filés de toutes qualités, par les communes de Bisseghem, Gulleghem, Moorzeele, Wevelghem, Wervicq, Ardoye, et par *J. Cheysen*, d'Hooglede, et *Gerard Pieters*, de Bruges.

M.me veuve *Hennekens*, de Bruges; a envoyé des cordages nommés *étaq* et *écoute d'hunier*; les cultivateurs de Poperinguë, des houblons comprimés au moyen d'une nouvelle mécanique; la commune de Wervicq, des tabacs en feuille; *J. Decquaert*, d'Ypres, du plomb à dragées; M. *Verrue Goethales*, de Courtrai, des coutils; M. *Laviolette*, de la même ville, des cotons filés pour chaîne et pour trame, du n.° 40 au n.° 80.

DÉPARTEMENT DE MAINE-ET-LOIRE.

PLUSIEURS fabriques de mouchoirs façon des Indes et autres, se sont élevées à Angers pendant la révolution. Des réfugiés de la Vendée y trouvèrent des moyens d'existence; ils en ont accru la prospérité.

K 2

Quatre d'entre elles, exploitées par MM. *Moreau* frères, *Terrien-Cesbron*, *Faisant Leroux* frères, et par M.*me* *Delaunay*, ont adressé des mouchoirs superfins, fond des Indes, fond blanc, fond garni, quadrillé changeant, rouges, violets, &c.

La ville d'Angers fournit, en outre, des indiennes et des mouchoirs bleus peints à la réserve, de la fabrique de M. *Auguste Thorel* ; des bas de fil, de la manufacture de M. *Rivaut*, et de celle de MM. *Leroy* père et fils ; des cuirs tannés, des peaux corroyées, par M. *Chavrier* ; des toiles à voiles, de M. *Guichard*, de MM. *Morel* et *Vilain*, et de MM. *Joubert-Bonnaire* et compagnie.

Les manufactures de toiles à voiles de ce département, et sur-tout celle de MM. *Joubert-Bonnaire* et compagnie, sont extrêmement importantes ; elles approvisionnent en grande partie la marine impériale dans les ports de l'Océan.

M. *Gaillard*, fondeur en cuivre à Saumur, présente un carton de boucles de cuivre ; M. *Ragueneau*, des robinets et cannettes en cuivre ; MM. *Lehoux* frères, deux chaudrons ; M. *Marquis*, un chapeau ; M. *Lambert*, des siamoises et des mouchoirs ; M. *Libaut*, des siamoises ; MM. *Mayand* et *Berthelot*, qui occupent de trois à quatre cents ouvriers, des chapelets : tous ces fabricans sont aussi de Saumur.

Chollet envoie des mouchoirs dont la réputation se soutient depuis long-temps tant à l'intérieur que chez l'étranger : ils proviennent des fabriques de M. *Lecoq*,

de M. *Richard* et de MM. *Tharreau-Labrosse*. Ces derniers donnent du travail à trois cents personnes.

DÉPARTEMENT DE LA MANCHE.

Arrondissement d'AVRANCHES.

DES échantillons de toiles dites *de brin, haut brin,
reparon et Saint-George,* sont adressés par M. *Menard,*
qui tient un rang distingué parmi les fabricans de Sainte-
Jame : il y a joint des échantillons de filets, dont il a
récemment établi une manufacture.

M. *James Duhamel,* fabricant de bougies à Avranches,
offre des pains de cire blanchie. Ses ateliers, qui ne
comptent que trois années d'existence, s'agrandissent
tous les jours : ils doivent blanchir cette année 15,000
kilogrammes de cire.

Les ouvriers réunis de la manufacture de poêlerie et
autres ouvrages en cuivre, de Villedieu, ont envoyé
trois chaudières ou bassines en cuivre. La population
entière de cette commune, qui est composée de trois
mille ames, ne subsiste que par la fabrication des ouvrages de poêlerie. On les recherche pour leur bonté
et leur solidité : ils se débitent principalement dans les
départemens de l'ouest. Ceux qui en font le commerce
à Villedieu, se recommandent par leur grande loyauté ;
il n'y a pas d'exemple qu'aucun d'eux ait jamais failli.

Arrondissement de COUTANCES.

Cet arrondissement fournit des toiles de crin, des

poteries, des marbres, des coutils, des serviettes, des toiles, des mouchoirs, des siamoises, des peaux parcheminées.

Les toiles de crin, qui sont propres à divers usages, et que l'on expédie dans les départemens du nord, en Hollande, en Allemagne, et même en Amérique, proviennent de la manufacture de Mme veuve *Gosset* de Gavray; les poteries, du sieur *Vindard*, de Vin-de-Fontaine; les marbres, des ateliers de *Jacques Guyon*, de Coutances, qui, par un procédé particulier, donne à ses ouvrages un beau poli; les coutils, dont la fabrication occupe trois cents ouvriers à Coutances et dans ses faubourgs, de *Joseph Agnes* et de *Pierre Harel*, de la même ville; les serviettes, du même *Pierre Harel*; les toiles, qui sont très-solides et d'un bon usage, de *Charles Savary*; les mouchoirs, de *Pierre-François Dumesnil*; les siamoises, de *Thomas Perrin*; les peaux parcheminées, de *François Lansot* : ces quatre fabricans sont aussi de Coutances.

Arrondissement de *MORTAIN*.

La papeterie de M. *LecHartier*, de Sourdival, est la seule fabrique de cet arrondissement qui prenne part au concours. Elle y présente des papiers pour l'impression, pour les manufactures d'épingles, et à l'usage des orfévres.

Arrondissement de *SAINT-LÔ*.

Des échantillons de serge blanche, de droguet bleu,

de flanelle rayée, de diverses couleurs, sont envoyés par M. *Lepaysant* de Saint-Lô, membre de la chambre consultative de cette ville; des siamoises, par M. *Bourdon;* des rubans de fil, par M. *Cauchard;* des coutils, par M. *Gardye :* ces trois derniers fabricans habitent aussi Saint-Lô.

Arrondissement de VALOGNES.

La manufacture de porcelaine établie à Valognes fut mentionnée honorablement à l'exposition de l'an 10. Elle n'a rien négligé depuis cette époque pour se perfectionner. La bonne qualité des pâtes, l'uni parfait de la couverte ; la modicité du prix, distinguent également les pièces qui en sortent; on en jugera par celles qu'elle a remises pour l'exposition.

Cette manufacture trouve dans l'arrondissement de Valognes les terres et les autres matières premières qu'elle emploie.

La filature de Gonneville fut aussi mentionnée honorablement à la dernière exposition. Elle présente au nouveau concours ses cotons filés.

Deux autres filatures de coton suivent son exemple : l'une est établie à la Coudre, l'autre au moulin du Planchon, commune de Negreville.

DÉPARTEMENT DE MARENGO.

Ce département n'a rien envoyé à l'exposition.

DÉPARTEMENT DE LA MARNE.

La fabrique de Reims tient le premier rang parmi

celles du département de la Marne ; elle est aussi une des plus étendues et des plus importantes fabriques de lainage qui existent dans tout l'Empire. La nombreuse diversité de ses étoffes, leur finesse, l'extrême variété des dessins dans toutes celles dites *de fantaisie*, leur assurent beaucoup de faveur et d'intérêt. On en trouvera de toute espèce et qualité au concours.

MM. *Baligot* père et fils, qui, à la dernière exposition, obtinrent une médaille d'argent pour leurs casimirs; *Baligot-Remi*, *Assy*; *Prévoteau*, *Élie-Sale* et compagnie; *Jobert-Lucas* et compagnie, auxquels une médaille d'argent fut aussi décernée en l'an 10 pour leurs schals, et pour des étoffes appelées *duvet de cygne*, exposeront eux-mêmes des casimirs, silésies, castorines, molletons, drap royal, flanelles, duvets de cygne ou schonandous, viltons, étoffes de laine et coton dites *toilinettes*, patinscotes, &c. MM. *Jobert-Lucas* et compagnie y joindront des schals, façon cachemire, d'une grande beauté, qu'ils fabriquent seuls, en vertu d'un brevet d'invention.

MM. *Derodé* père et fils, *Assy*, *Guerin-Givel* et compagnie, *Renard-Deligny*, ont adressé des échantillons des mêmes objets, les schals exceptés;

MM. *Geruzel-Carlet*, *Grusel-Dauphinot*, *Camus-Pérard*, *André Huge*, *Mennesson-Bouchon*, des flanelles de santé, sèches, croisées et lisses;

MM. *Renaud-Goulet*, *Bouvier-Baligot*, *Jean-Baptiste Richard*, des échantillons de couvertures de laine;

M. *Vuatrin*, un coupon de casimir mélangé;

M. *Herbin*, des bougies ;

M. *Jean-Baptiste l'Ecuyer*, de Bazancourt-sur-Suippe, deux coupons de burat, l'un noir, l'autre écarlate.

Si la fabrique de Reims satisfait les jouissances du luxe, celle de Suippe ne travaille que pour les vêtemens du peuple laborieux des campagnes. Ce qui distingue sur-tout cette dernière, c'est l'art avec lequel elle sait rendre utiles les plus vils rebuts des manufactures de Reims et de Sedan, pour en faire des étoffes grossières à la vérité, mais solides et à très-bas prix. Les échantillons qui en ont été présentés, sortent des ateliers de MM. *Jean-François Jullion*, *Arnould-Aubert*, *Étienne Deroche*, *Nicolas Jeanson* et *Jean-Baptiste Noltret*, tous de Suippe.

Des échantillons d'espagnolettes sont envoyés de Châlons, où il en existait autrefois plusieurs manufactures. L'inconstance de la mode et la révolution les ayant détruites, quelques fabricans en ont rassemblé les débris, et travaillent avec zèle à rendre aux espagnolettes leur première réputation.

M. *Remi Hattat* a établi depuis quelques années, dans la même ville, une fabrique de cotonnades, siamoises, &c., dont il offre des échantillons.

Le principal objet de l'industrie de Châlons est la bonneterie; plus de trois cents métiers isolés, tenus la plupart par de pauvres ouvriers pères de famille, sans compter un certain nombre de petits ateliers où plusieurs métiers se trouvent réunis, y sont occupés continuellement à fabriquer des bas et des bonnets de coton. Les articles de ce genre qui ont été fournis, sont extrêmement variés ; ils appartiennent à MM. *Trichet, Perinet, Martin Grandjean, Dautreville, Henriet, Felise-Viardin, Cordelier, Vienne, Presler*, et *Chretien Perinet*.

La ville de Vitry-sur-Marne s'adonne aussi à la fabrication de la bonneterie : il y en a une manufacture à l'hospice de cette ville, dont les produits jouissent de quelque réputation ; à ceux qu'elle a adressés pour le concours, M. *Milon*, de Vitry, a joint des objets de bonneterie de sa fabrique.

Beaucoup de propriétaires du département de la Marne possèdent des troupeaux de mérinos. Ils se sont livrés avec ardeur à cette nouvelle branche d'industrie rurale, et leurs efforts ont été couronnés des plus heureux succès. Dix d'entre eux ont voulu faire paraître à l'exposition des échantillons des laines de leurs beliers et brebis de race pure : ce sont MM. *Dergere*, de Mondement ; *Locket Duchainet*, d'Épernay ; *Perrier* l'aîné, d'Épernay ; *Degauville*, de Corles ; *Richard*, de Moncète ; *Stevenel*, de Châlons ; *Dectrion*, propriétaire à Cernon ; et MM. *Leblanc-Duplessis* d'Arconte, *Leblanc* de Mareuil-le-Port, *d'Alençon* de Villers.

M. *Goret*, domicilié à Dormans, présente le modèle d'une nouvelle charrue de son invention ; M. *Bernard*, de la commune de Bois-Dépense, dans l'arrondissement de Sainte-Menehould, des échantillons de faïence et de terre de pipe.

DÉPART. DE LA HAUTE-MARNE.

DES fers qui sont recherchés dans le commerce, provenant des forges de Morteau et Lacrette, propriétaire M. *Guennot-Chateaubourg*, et de celle d'Orquevaux, propriétaire M. *Gaide-Roger*; des fils de fer de la tréfilerie d'Orquevaux, que M. *Gaide* s'efforce de faire rivaliser avec nos meilleures tréfileries; des fers assez beaux, fabriqués avec un tiers de houille et deux tiers de charbon de bois à la forge de Rochivilliers, dont M. *Robin* est propriétaire et M. *Mathieu* fermier; des poêles à frire, poêlons, écumoires, cuillers à pot, &c. de la fabrique de MM. *Roch Bonore* et *Popin*, à Biesses, qui est avantageusement connue par sa grande activité et par la modicité de ses prix; des gants de diverses espèces et qualités, distingués par le fini du travail et par la bonne préparation des peaux, de M. *Aubry* et de M. *Genuys*, de Chaumont; de la bonneterie de coton, d'un prix modéré et d'un excellent usage, de M. *Lecuillier* et de M. *Mollot-Simonnot*, de la même ville; des échantillons de droguet et de bouracan, étoffes communes et d'un très-bas prix, de MM. *Chatelin-Mongeon* et *Michel Martin*, aussi fabricans à Chaumont; une peau de veau bronzé, très-belle, et deux peaux de mouton parfaitement chamoisées, par M. *Hastier-Bordet*, de Châteauvillain; des échantillons de laine du pays, de mérinos et de métis, du troupeau de M. *Greffulh*, propriétaire à Reynel: tels sont les objets que présente l'arrondissement de Chaumont.

La ville de Langres, renommée par sa coutellerie, fournit des couteaux et des rasoirs. Les couteaux sortent des ateliers de Mme veuve *Populus*; et les rasoirs, de ceux de M. *Macquart*. Les couteaux sont faits avec soin, même avec élégance; le poli en est très-beau: il y en a un à lame de Damas, qui ne vaut pas moins de 100 francs. Les rasoirs n'ont pas une monture légère, riche ou ornée; mais on y trouve ce qui constitue véritablement le rasoir, bon acier et bonne trempe: ces qualités, jointes à la modicité du prix, procurent à M. *Macquart*, des commandes assez considérables.

Des peaux bien corroyées, des cuirs bien tannés, sont offerts par M. *Parisot*, qui a établi à Vieux-Moulin, à 5 kilomètres de Langres, une tannerie dont les produits jouissent déjà d'un débit facile et assuré.

Des papiers à écrire, pour impression, pour emballage, &c. ont été envoyés par les propriétaires de la papeterie de Perrancey et de celle de Morgon, commune de Saint-Ciergue;

Des verres à vitre, d'un très-bas prix, par les entrepreneurs de la verrerie de Rouelle;

Des toiles peintes, pour habillemens et meubles, par la manufacture de Giey-sur-Aujon; ce qui en fait le mérite, est également la modicité du prix;

Des cotons filés, n.ºs 14, 18 et 24, par la filature d'Auberive, le plus beau des établissemens que l'industrie ait créés dans l'arrondissement de Langres.

{ 157 }

Les articles suivans ont été adressés par l'arrondissement de Vassy : des fers d'une qualité excellente, connus sous le nom de *fers de roche*, des bandes de roue conformes aux nouvelles lois sur le roulage, de 10, 11, 12, 13 et 16 centimètres, de la forge de Poisson appartenant à M. *Mollerat-de-Riancourt*, et de celle de Tomance-les-Moulins, propriétaire M. *Defleury*, membre du Corps législatif; des fers que l'on emploie principalement pour bandes de roues et pour ouvrages de serrurerie, de la forge de M. *Marnaval*, appartenant à MM. *Leblanc*, et de celle de Bieuville, régie par M. *Jacquot*; un échantillon de fer de la forge de Montreuil, propriétaire M. *Adrien*; quatre biscaïens et un boulet fabriqués par le même à son fourneau de Brousseval; des clous pour bateaux, bandes de roues, &c. de la fabrique de M. *Augustin Deschamps*, de Saint-Dizier; des toiles imprimées et des tissus de coton, de la manufacture de M. *Chailley-Zeler*, à Courcelles; des cotonnades de M. *Jaquot*, de Bieuville, et de M. *Patout*, de Vaux-sur-Blaise; des tiretaines fabriquées à Montierender par *Perrin*, *Prévôt*, *Chevrillon*, et à Vassy par *Mauljean*; de la bonneterie de laine, de M. *Seriague*, de Joinville.

M. *Laurent-Bournot*, de Langres, envoie une épreuve de caractères d'impression : le papier sur lequel elle a été tirée, provient de sa fabrique. M. *Laurent-Bournot* ne s'est pas borné à fondre des caractères d'une grande beauté; il a inventé un nouveau procédé à l'aide duquel il établit un papier qu'il nomme grand impérial, et dont les dimensions l'emportent de beaucoup sur celles des plus grands papiers fabriqués jusqu'à présent.

DÉPARTEMENT DE LA MAYENNE.

LORSQU'UNE branche d'industrie se trouve restreinte par l'effet d'événemens politiques, ou par les changemens capricieux de la mode, la nécessité force les individus qui l'exerçaient, à en cultiver d'autres analogues à celle qui ne leur procure plus, soit le même profit, soit les mêmes moyens d'existence. Le département de la Mayenne en fournit un exemple, qu'on peut ajouter à mille autres.

Il s'y fabriquait, avant la révolution, trente-sept mille pièces de toiles par an, dont un tiers environ, composé de toiles légères, passait dans nos colonies. La perte de ce débouché a diminué proportionnellement la fabrication, qui ne s'élève pas aujourd'hui à plus de vingt-cinq mille pièces.

Les bras que cette diminution laissait oisifs, ont été employés à faire des mouchoirs et des siamoises, tissus qui remplacent avantageusement, et même avec quelque bénéfice, les toiles légères ; dont la paix maritime pourra seule ramener la fabrication.

Ainsi le département de la Mayenne verse actuellement dans le commerce, avec ses toiles, qui proviennent principalement des villes de Laval, Mayenne et Château-Gontier, environ mille pièces de siamoises, et quarante à cinquante mille douzaines de mouchoirs.

Les principaux manufacturiers en ont présenté des

(159)

échantillons, des coupons et des pièces entières, de toutes les espèces et qualités ; des mouchoirs blancs, bleuâtres, à carreaux, à bordures, à raies, quadrillés, changeans, bourgeois, &c., fil et coton, tout coton, sortis des ateliers de MM. *Plaichard, Dutertre* frères, *Tiroufflet* jeune, *Huchet, Canu*, veuve *Peigner*, de Laval ; *Pierre Perrin, Victor Trippier, Hedou-Lalande* et *Duhomme, Lecureuil, Dalibart, Maupetit* fils aîné, *Duchemin-Desmares, Lahaye, Bourdin, Victor Lepescheux, Gasseau, Barré, Benoitte-Desvalettes*, de Mayenne. On a reçu des siamoises de diverses couleurs, des fabriques de MM. *Legentil, Tiroufflet* jeune, *Plaichard, Dutertre* frères, de Laval ; des toiles bisonnes, blondines, dites *de Laval* ou *royales*, écrues, blanchies, &c., façon de Flandre, façon de Courtrai, &c., des manufactures de MM. *Lesegretain, Dupatis* frères, de Laval ; *Benoitte-Desvalettes* de Mayenne, *Clavreu.* .e Château-Gontier, et *Benjamin Guyard* de Laval, qui fut mentionné honorablement à l'exposition de l'an 10.

Ce dernier a offert, de plus, une toile superfine, blanchie ; et M. *Seguin*, de Château-Gontier, une toile superfine écrue, de la fabrique de *Patou*, de la même ville. M. *Seguin* a adressé en même temps des étamines, du lin en poupée, et du fil de lin superfin.

Des toiles, façon d'Alençon, pour chemises, sont envoyées par M. *Brault*, d'Évron ; des toiles d'Évron, pour serviettes à linteau, par M. *Daguin*, de Laval ; des flanelles, serges, peluches, molletons, cadis, par l'hôpital général de Saint - Louis de Laval.

On a oublié de dire que MM. *Lesegretain*, *Dupatis* frères, de la même ville, avaient joint aux toiles de leurs fabriques, du lin en poupée, du fil de lin gris naturel, et du fil de lin blanchi.

DÉPARTEMENT DE LA MEURTHE.

CE département est essentiellement agricole. L'industrie n'y a encore formé qu'un certain nombre d'établissemens, dont les plus remarquables ont offert leurs produits à l'exposition.

Arrondissement de *NANCY*.

Cet arrondissement fournit des échantillons de tabac, des toiles de coton, et de cotons filés, de papiers, de papiers peints et des pierres factices.

Les tabacs proviennent de la manufacture de M. *Wouters*, de Nancy, la seule du département où l'on fabrique du tabac en carotte.

Les échantillons de toiles de coton et de cotons filés, des ateliers de M. *Demontzey*, de la même ville : ils sont d'une bonne qualité, recherchés dans le département de la Meurthe et dans les départemens voisins.

Les papiers, de la fabrique de M. *Hæner* l'aîné, située à Champigneulle, établie depuis environ deux siècles. Cette manufacture a acquis de l'importance depuis qu'elle est exploitée par M. *Hæner* : ses papiers rivalisent avec le plus beau papier de Hollande.

Les

(161)

Les papiers peints, de MM. *Laugier* et *Coriolis*, de Nancy : ils sont soignés, d'un bon goût et de couleurs très-solides.

Les pierres factices sont adressées par M. *Fleuret*, de Pont-à-Mousson, qui en est l'inventeur ; elles deviennent si dures en très-peu de temps, que ni la gelée ni le soleil ne peuvent les altérer ; elles sont, sur-tout, propres à former des tuyaux pour conduire les eaux des plates-formes imperméables sur les édifices, des pavés de mosaïque, &c. M. *Fleuret* a construit, avec ses procédés, les conduites des fontaines de la commune de Ludre, qui depuis vingt-sept ans n'ont exigé aucune réparation. Il vient de faire un semblable aqueduc dans la terre de M. le grand-maréchal *Duroc*, à Clemery, et il a surmonté habilement tous les obstacles que présentait un terrain difficile. Sa pierre factice a l'avantage d'être à très-bas prix.

Arrondissement de LUNÉVILLE.

La faïencerie est la branche principale d'industrie de cet arrondissement. Les échantillons qui en ont été adressés, sortent des fabriques de M. *Keller*, de Lunéville, de Mme *Mique* et compagnie, de Saint-Clément ; de MM. *Monginot* et *Grandmougin*, de Lunéville. L'établissement de M. *Keller* a eu de tout temps de la réputation pour la solidité de ses produits et l'élégance de leurs formes.

Celui de Mme *Mique* prospère également. La terre

L

de pipe unie et dorée qui en sort, est très-recherchée, et le prix n'en est pas très-haut.

Les manufactures de MM. *Monginot* et *Grandmougin* fournissent principalement de la poterie brune, résistant au feu, et excellente pour l'usage de la cuisine.

Cet arrondissement envoie de plus, 1.° un échantillon de toile de coton blanche, fabriquée avec du coton filé à la mécanique, et dix échantillons filés de même jusqu'au n.° 88, de la manufacture de MM. *Marmot*, frères, de Domèvre, fabricans dignes des plus grands éloges pour leur zèle, leurs recherches et leurs efforts les plus constans ;

2.° Six échantillons de toile de coton quadrillée d'un bon teint, et d'une qualité parfaite, de la fabrique de M. *Sales*, de Vezelise ;

3.° Deux chaînes de montre en acier poli, de la fabrique de M. *Denis*, de Lunéville, remarquables par leur fini et la modicité du prix ;

4.° Des alènes de première qualité, et des alènes communes, de la fabrique de MM. *Letixerant*, de Badonviller, qui ont enrichi le département de la Meurthe de cette branche d'industrie.

MM. *Letixerant* étaient établis à Sierk, département du Haut-Rhin ; ils obtinrent une médaille de bronze à l'exposition de l'an 9.

Arrondissement de TOUL.

Deux échantillons de coton ; l'un à broder, l'autre

filé à la main et offrant à-la-fois le blanc naturel, le blanc artificiel et les couleurs de l'usage le plus ordinaire, sont les seuls objets fournis par cet arrondissement. Ils sont adressés par M. *Gérard Vaxy*, de Toul, dont les cotons teints et non teints sont recherchés, et méritent tout le cas qu'on en fait.

Arrondissement de CHÂTEAU-SALINS.

MM. *Mauwisse* et *Ancillon*, bonnetiers à Vic, font parvenir différens articles de bonneterie tricotée; leurs fabriques sont renommées à raison de la bonne qualité de leurs produits : elles occupent ensemble cent vingt-cinq ouvriers.

M. *Joseph Vallet*, de Château-Salins, plusieurs peaux de veau et une bande de vache en croûte, le tout bien soigné et d'une bonne qualité.

M. *Carny*, chimiste distingué, breveté d'invention, entrepreneur de la soudière artificielle établie dans les salines de Dieuze, de la soude de première et deuxième qualité, et de la soude cristallisée, parfaitement pure. L'analyse chimique qui en a été faite par les membres de la chambre consultative de Nancy, prouve que cette soude artificielle contient moins de parties hétérogènes que celle connue dans le commerce sous le nom de *soude d'Alicante*, et que 5 hectogrammes de la première équivalent à 12 hectogrammes de la seconde ; elle donne aussi plus de beauté aux ouvrages où on l'emploie, et son prix est inférieur de près de moitié à ceux de la soude ordinaire. M. *Carny*..peut en livrer annuellement au commerce 50,000 kilogrammes.

Arrondissement *de SARREBOURG.*

Les objets présentés par l'arrondissement de Sarrebourg ont tous un mérite particulier.

Les toiles à voiles de M. *Demange*, de Sarrebourg, qui travaille pour le service de la marine impériale, et occupe environ cinq cents ouvriers, sont fabriquées d'après une nouvelle méthode dont il est inventeur, méthode qui réunit deux avantages importans : 1.° par le moyen du retordage, on forme la chaîne de deux fils simples retors ensemble ; 2.° on tisse à sec, c'est-à-dire sans colle et sans aucune espèce d'apprêt, ce qui tend à éloigner les parties susceptibles de se corrompre, et à prolonger la conservation des toiles.

La terre de pipe de M. *Lanfrey*, de Niderviller, est, par son prix, à la portée de la classe commune du peuple. Un vase en biscuit porcelaine de la même fabrique, se fait remarquer par la grâce, le travail, le goût, ainsi que par la pâte dont il est formé.

La gobeletterie de M. *Bella*, à Plain-de-Walsch, est d'une forme agréable, bien taillée, d'une belle eau, et approchant beaucoup du cristal par la transparence et la solidité.

Les verres en table et les verres à vitre, de la verrerie de Saint-Quirin, possédée à titre d'emphytéose par la compagnie *Mena*, sont d'une qualité supérieure, et obtiennent une préférence méritée de la part des connaisseurs. La compagnie *Mena*, qui emploie quatre à cinq cents ouvriers, a trouvé le moyen ingénieux de souffler des glaces d'une forte dimension, de les polir à l'aide d'un moulin à eau, et de les rendre d'une vérité frappante ; elle vient de consacrer des fonds considérables à la formation d'un établissement à couler des glaces qui seront moins chères que celles qui se vendent aujourd'hui.

Le verre à vitre, le verre en table et les glaces soufflées de la verrerie de Cirey, propriétaire M. *Malherbe*, entrepreneurs MM. *Marcel* et compagnie, approchent beaucoup de ce qui se fabrique à Saint-Quirin. M. *Malherbe* fait espérer des glaces coulées, parfaitement belles et de la plus grande dimension, qui, au moyen d'un procédé nouveau et économique, ne coûteraient que les deux tiers des glaces actuellement dans le commerce.

Les verres en table et à vitre de la verrerie de Haarberg, appartenant à MM. *Barabing*, *Restignat* et *Schmit*, sont d'un prix extrêmement modique.

Les créponis, les siamoises, les toiles de coton rayées de M. *Masson*, de Sarrebourg, offrent le même avantage.

Les peaux de veau et de chèvre de M. *Jeannequin*, de Porquin, sont de bonne qualité.

Les instrumens aratoires fabriquées aux forges d'Abrecheviller, qui appartiennent à M. *Houdouard*, sont d'un fer bien affiné, et d'autant meilleur, que ces forges ne mettent en œuvre que de vieux fers.

DÉPARTEMENT DE LA MEUSE.

LA filature et la fabrication des tissus de coton, la bonneterie de la même matière, forment la principale industrie de la ville de Bar-sur-Ornain. On y compte cinq cents métiers pour les tissus, deux cent soixante-quatorze pour la bonneterie, et douze cents mécaniques de diverses formes et grandeurs pour la filature.

MM. *Trancart* et *Lallemand*, manufacturiers à Bar, qui occupent trois cent cinquante ouvriers, présentent des bas de coton blanc, des échantillons de coton filé, et des toiles de coton de différentes couleurs et rouge des Indes; le tout d'une belle exécution.

Des tissus de coton, consistant en siamoises, toiles rayées, mouchoirs &c., sont aussi présentés par MM. *Marc*, fabricans à Vaucouleurs, dont l'établissement, un des plus anciens du département de la Meuse, est précieux pour la ville qui le renferme, et pour les villages qui l'environnent, les habitans sans travail trouvant des moyens faciles d'existence dans le genre d'industrie que l'on y exerce.

M. *Maudru*, ancien évêque, curé de Stenay, a établi dans cette ville un atelier de charité, qui envoie à l'exposition des draps de grande largeur, et des casimirs de bonne qualité.

DÉPARTEMENT DE LA MEUSE-INFÉRIEURE.

LES villes de Maestricht, Vaels et Saint-Trond, sont

les seules du département de la Meuse-inférieure qui prennent part au concours des produits de l'industrie.

La ville de Maestricht a fourni de la garance, des chapeaux, des cotons filés, des peignes de corne, des galons d'or, d'argent, des galons de livrée avec blason, et un ouvrage de tour.

La garance, épurée et préparée, est offerte par M. *Guillaume Gadiot*; les chapeaux proviennent de la fabrique de M. *François Hombrecht*; les cotons filés, de la filature de M. *J. H. Jenny*; les peignes, de la manufacture de *J. H. Scherer*; les galons d'or, d'argent et de livrée, et l'ouvrage de tour, des ateliers de *Zacharie Hardy*.

Cet ouvrage de tour est le portrait en profil, et en ivoire, de S. M. l'Empereur, renfermé dans une boîte également d'ivoire. M. *Hardy* prie S. E. le Ministre de l'intérieur d'en faire hommage à sa Majesté.

Le même artiste a adressé un couteau renfermé dans une boîte de bois de grenadille.

Des coupons de drap, petite largeur et première qualité, de la manufacture de M. *Charles de Clermont*; des coupons de casimir de MM. *Trosdorff* frères, dont un fabriqué avec des laines du troupeau de mérinos appartenant à M. *de Sternbach*; des échantillons de laine de ce troupeau; des aiguilles de la fabrique de M. *Jean Richard-Trosdorff*: tels sont les objets que présente la ville de Vaels.

Celle de Saint-Trond a envoyé de la garance épurée

et préparée par MM. *Lowet* frères et *J. L. Baens*; trois coupons de dentelle, première qualité, de la manufacture de *Henri Swennen et Breus* fils, et un autre coupon de dentelle fabriqué par MM. *Coninchx* frères.

DÉPARTEMENT DU MONT-BLANC.

L'INDUSTRIE était à-peu-près nulle dans ce département avant sa réunion à la France; elle commence à s'y développer, et tout présage que ses accroissemens seront rapides.

Déjà la seule ville d'Annecy a vu s'élever dans son sein huit manufactures de divers genres, qui occupent deux mille ouvriers. On distingue parmi elles la filature hydraulique et la fabrique de tissus de coton de MM. *Duport* père et fils; établissemens qui fournissent du travail à plus de cinq cents personnes de tout âge et des deux sexes, où l'on file de 60 à 70 mille kilogrammes de coton, et où l'on tisse quatre mille pièces par an. MM. *Duport* ont envoyé à l'exposition, de nombreux échantillons de coton filé pour chaîne et pour trame. Leur exemple a été suivi par MM. *George Muller*, fabricans de poterie à pâte jaune, que sa bonté et son bas prix font rechercher; *Secheaye*, imprimeur d'indiennes; *Colomb* père et fils, entrepreneurs d'une verrerie qui fabrique tous les ans quatre cents milliers de bouteilles de verre noir; *Jacques Baïlle*, fabricant de vitriol, et *Chaumontel*, chapelier. M. *Curtel*, qui se livre par goût à la mécanique, a adressé des limes à l'usage des horlogers, et un compas servant à diviser avec précision une ligne en quarante-huit portions égales.

Les autres parties du département ont aussi voulu participer, selon leurs faibles moyens, au grand concours ouvert à tous les arts utiles. On y verra des chanvres récoltés sur les bords de l'Isère, près Chambéry, des lins du canton de Thônes, des laines de mérinos de la bergerie de Cloisel, appartenant à M. *Grand*, conseiller de préfecture, bergerie qui réunit cent soixante bêtes de race pure ; des bouteilles de verre noir et de la très-belle gobeletterie de la verrerie d'Alex, exploitée par MM. *Lafin* et compagnie ; des mousselines fines de la manufacture de M. *Duport* le jeune, de Faverges ; des gazes simples et brodées pour vêtemens de femme et pour meubles, de la plus grande beauté, de la fabrique de M. *Dupuy*, de Chambéry ; des papiers de la papeterie de M. *Basin*, à la Serraz ; de celle d'*Aussedaz*, à Laise, et de celle de M. *Marguien*, à Faverges ; des cuirs bien tannés par M. *Curtet* aîné, de Chambéry ; un chapeau de la chapellerie de M. *Naudin*, de la même ville ; du minium et du jaune minéral, présentés par M. *Socquet*, docteur-médecin, professeur de chimie à Chambéry ; des toiles de chanvre, semblables à celles de Voiron et d'un très-bon usage, fabriquées aux Échelles, par *Chautens* père et fils, qui occupent soixante ouvriers ; des échantillons des draps communs qui se fabriquent dans les arrondissemens de Moutiers et de Maurienne, avec des laines du pays, et dont s'habille toute la classe agricole des hautes vallées. Ces draps sont grossiers, mais chauds et presque imperméables, sur-tout ceux où la laine ne se trouve pas mêlée à d'autres matières.

DÉPARTEMENT DE MONTENOTTE.

M. *Jacques Bosello*, de Savone, présente à l'exposition un groupe en biscuit de porcelaine, dont le sujet est *Herminie dans la forêt*; deux vases à fleurs en terre de pipe, deux autres vases d'une composition marbrée qui lui est particulière, et des assiettes de faïence blanche, peintes en bleu;

MM. *Astengo* père et fils, de Savone, du vitriol de Chypre, des cristaux d'un beau bleu;

MM. *Aliberti* frères, de Savone, des toiles fil et coton;

M. *Scincello*, d'Albissola, des assiettes en poterie brune;

M. *Amoretti (Charles - Dominique)*, d'Oneille, deux échantillons de tabac préparé, l'un façon de Séville, l'autre façon de la Havane;

M. *Massa Ange*, de Piève, de la colle-forte;

M. *Félix Depaoli*, d'Ormea, des tricots fins en laine, et des échantillons de drap fin noir;

M. *Louis Royère*, de Monastero, des soies grèges, des organsins, des soies de cocons doubles apprêtées en trame, &c.;

M. *Thomas de Lorenzi*, d'Acqui, des rubans de soie, de soie et filoselle, et autres;

M. *Joseph Rolland*, de la même ville, des futaines rayées et des rubans;

L'hospice d'Acqui, des cotons filés.

M. le préfet de Montenotte a envoyé trois morceaux de la pierre minérale que l'on exploite près d'Albissola, et qui, d'après l'analyse faite dernièrement, produit en abondance du vitriol bleu aussi parfait que celui fabriqué à Savone.

DÉPARTEMENT DU MONT-TONNERRE.

ON cultive avec succès la garance dans le département du Mont-Tonnerre. La récolte de cette plante précieuse s'exporte pour la plus grande partie, en Suisse, en Saxe et dans toute l'Allemagne. MM. *Michel Freitag, Bernard Branberger*, de Spire, et *Petif*, de Musbach, en ont adressé des échantillons de première et seconde qualité.

La ville de Bingen a fourni des cuirs forts provenant des tanneries de *Henri Peurich* le jeune, *Jacques-Philippe Kertel, Henri Peurich, Jean Veinard, Philippe Peurich, Jean Peurich*; des draps communs et des flanelles de couleur, de la fabrique de MM. *Wolf-Friedboerig*; des futaines de la manufacture de MM. *Aaron* et *Lion-Friedboerig*.

M. *Edmond Waibel*, des Deux-Ponts, a aussi présenté des futaines; et MM. *Rossi* et *Brunau*, de la même ville, des cotons filés.

Il y a à Frankental, Hardembourg, et sur-tout à Neustadt, des fabriques de papiers de toute espèce, et de papiers peints et glacés. Les échantillons qui en ont été remis, appartiennent à Mme veuve *Nokin*, de Frankental ; *Nicolas Schmittberger*, de Hardembourg ; *Erhard-Gosler*, de Neustadt, et *Theis*, de Neustadt : ce dernier se propose d'exposer lui-même des papiers peints et glacés.

La maison des orphelins, de Hombourg, où il se fabrique annuellement onze cents pièces de siamoises, en a offert divers échantillons. MM. *Narker* frères, de Kaiserslautern, ont envoyé des coatings dits *baevers*, des créponis et des molletons ; *Henri Sturmfels*, de Pirmasens, des peluches ou pannes ; *Sébastien Ahlert* de Saint-Lambrecht, *Sam-Olt* et *Reis* de Frankental, des draps communs ; et *Joseph Ressler*, de Frankental, des soieries et donres.

DÉPARTEMENT DU MORBIHAN.

Cinq échantillons de la fabrique de mégisserie du sieur *Richard*, de Napoléonville ; le modèle d'une nouvelle charrue inventée par le sieur *Nitou*, de Lorient, sont les seuls objets que ce département présente à l'exposition.

L'établissement du sieur *Richard* a donné naissance à celui des sieurs *Doranlor* ses élèves. Ainsi il existe deux mégisseries à Napoléonville ; elles fabriquent annuellement plus de treize mille peaux de moutons, d'agneaux et de chevreaux que le pays fournit en abondance. Ces peaux, dit M. le préfet du Morbihan, valent, pour la force et la bonté, celles du ci-devant Poitou, qui sont recherchées comme les meilleures dans les fabriques de Grenoble, de Vendôme et autres.

DÉPARTEMENT DE LA MOSELLE.

Les habitans du département de la Moselle, qui se distinguent par leur inclination guerrière, ne sont pas moins propres à pratiquer tous les genres d'industrie agricole et manufacturière. Ils auraient pu fournir un grand nombre d'objets à l'exposition : car ils cultivent avec succès beaucoup de plantes utiles, la garance notamment ; et l'on trouve sur leur territoire, des fabriques de draperie, de coton, des usines à fer très-importantes, des verreries, des faïenceries, des papeteries, &c. La chambre consultative de Metz n'a jugé digne du concours que les produits portés à une grande perfection, et ci-après désignés :

1.º Les fers-blancs laminés, les cuivres laminés, les clous pour doublage et bordage des bâtimens de guerre et de commerce, les tôles, les scies et les faux des forges de Dilling, dont les anciens entrepreneurs obtinrent une médaille d'or à l'exposition de l'an 9, et que dirige actuellement M. *Guerin* qui en est copropriétaire. Les fers-blancs sont d'une excellente qualité ; les faux aussi bonnes que celles de Styrie.

(174)

2.° Les cristaux, les verres en table et les verres à vitre, de la verrerie de Saint-Louis, entrepreneurs MM. *Seiler*, *Valter* et compagnie, qui furent mentionnés honorablement à l'exposition de l'an 9, et qui obtinrent une médaille d'argent à celle de l'an 10. Les cristaux de Saint-Louis soutiennent leur réputation, et sont d'un prix modéré ; ils continuent à imiter le flintglass des Anglais, fabrication que cette précieuse usine s'honore d'avoir la première introduite en France.

3.° Les poteries de M. *Utzchneyder*, de Sarguemines, qui obtint une médaille d'or à l'exposition de l'an 9. Ce fabricant passionné pour son art, et d'un génie ardent et inventif, est parvenu à faire une sorte de porcelaine rouge, qui paraît être la même que celle des vases étrusques. Au moyen de cette découverte, il fabrique une poterie coloriée, extrêmement solide, résistant au feu le plus vif, et dont le débit devient très-considérable. M. *Utzchneyder* fabrique aussi d'excellent minium.

4.° Diverses pièces de cuir blanc, à l'usage des troupes, de la fabrique de M. *Michel*, de Metz, qui ont paru d'aussi bonne qualité que les véritables cuirs blancs de Hongrie.

DÉPARTEMENT DES DEUX-NÈTHES.

LA mendicité a disparu de la ville d'Anvers, par l'établissement d'un atelier de bienfaisance où l'on fabrique des tapis de pied en bourre ou poil de vache.

Le directeur de cet atelier en exposera lui-même, et tiendra la foire dont l'exposition sera suivie.

A cette branche d'industrie, qui était nouvelle pour le département des Deux-Nèthes, MM. *Beke* et fils, d'Oostmalle, en ont ajouté une autre qui est digne d'intérêt. C'est une faïencerie, ou fabrique de poterie en noir, à l'instar de celle de Colchester. La terre dont ils font usage, est tirée de landes ou bruyères qui leur appartiennent. Leur poterie rend le même son que la porcelaine, a la propriété de résister au feu, et est d'un prix si modique, que les classes les moins aisées du peuple peuvent en faire l'acquisition. MM. *Beke* et fils en font un débit considérable. Aux échantillons qu'ils en offrent se trouve joint un bas-relief dans le genre de la poterie de Wedgwood, qu'ils sont parvenus à imiter : ils s'occupent à perfectionner la découverte qu'ils ont faite à cet égard.

M. *Booghmans* a présenté une étoffe de fil et coton, appelée *dimitte*; les frères *Landsheer*, un moule ou forme à pain de sucre; M. *Mullenbroek*, de l'excellente colle-forte; MM. *Vanderwée* et *Dewit*, des molletons et toiles de coton; M. *Deleg*, de l'amidon d'un beau blanc; M. *Ch. Six*, de la soie à coudre de diverses couleurs; M. *Huysmans*, un pain de sucre raffiné, remarquable par la blancheur, la légéreté et le brillant; M. *Van-regemortel*, des soieries et des rubans de soie et de filoselle; M. *Déliagre*, des dentelles; M. *Muskyn*, du poil de chèvre filé et teint : tous ces fabricans habitent Anvers.

L'arrondissement de Turnhout fabrique, depuis des siècles, des coutils de la plus grande beauté ; il les expédie en partie dans l'intérieur de la France, et en partie en Espagne, en Hollande et en Amérique : ils sont aussi très-recherchés en Angleterre. Cette fabrication fournit du travail à cinq mille ouvriers.

MM. *Michielsen, Sanen, Classen* et *Hendrix* frères, *Michielsen* père, et *Borghs* et compagnie, tous fabricans à Turnhout, adressent des échantillons de coutils ; ces derniers ont joint aux leurs, des échantillons de toiles imprimées.

Une fabrique de lainage établie à Moll depuis l'an 13 occupe déjà soixante ouvriers, et le nombre en augmente tous les jours : elle appartient à MM. *Vandooren* et compagnie, qui envoient des échantillons de leurs produits en draps bleus, bayes et corsayes.

La fabrication des dentelles occupe quinze cents ouvrières à Turnhout et dans les autres communes de cet arrondissement. M. *Mesmackers*, de Turnhout, eut adresse des échantillons.

Des échantillons de dentelles sont aussi présentés par M.me veuve *Brüggeman*, de Malines. La chambre consultative de cette ville les a trouvés de bonne qualité, aussi solides qu'agréables, le dessin en étant bien suivi, et le toilé des fleurs bien rempli.

La même chambre consultative a jugé dignes d'être admis à l'exposition les objets ci-après désignés :

Des cuirs pour harnais et pour selles et brides, qui

se

se distinguent par leur égalité, leur force et leur couleur, de la fabrique de M. *P. F. Vermeulus*, de Malines.

Des chapeaux de bonne qualité, faits de poil de lièvre du pays, de *P. L. Dusart*, de la même ville.

Des cardes pour drapiers, chapeliers et fileurs de coton, de *Ph. Franken*, de Malines.

Des tiretaines et autres étoffes de laine, servant à l'habillement de la classe indigente, qui commencent à remplacer avec succès celles du même genre que l'Angleterre versait abondamment dans la Belgique avant la révolution, de la manufacture de *J. F. Andries*, de Malines.

Des mouchoirs, basins et toiles de coton, de la fabrique de M. *Mens*, de Lierre.

Diverses étoffes de laine, provenant de l'atelier de Charité de Malines, qui occupe cent vingt-quatre ouvriers.

Enfin, une flûte traversière ordinaire, une clarinette, un basson et un cor de chasse présentés par M. *P. J. Tuerlinck*, fabricant à Malines, qui, de simple tourneur en bois, est parvenu, par ses dispositions naturelles, et sans aucune instruction, à porter la fabrication des instrumens de musique à un point si parfait, qu'il ne peut suffire aux demandes qu'on lui adresse. Cet artiste n'a pas eu le temps d'achever une contre-basse, qu'il a perfectionnée de manière que, diminuée de volume, elle donne deux tons de plus. La chambre consultative de Malines pense qu'il serait dans le cas de prendre un brevet d'invention pour ce dernier instrument.

M

M. le préfet des Deux-Nèthes a écrit, postérieurement à l'annonce de l'envoi des objets ci-dessus désignés, que M. *H. Gilles*, d'Arendonck, y avait joint des tricots de laine pour pantalons.

DÉPARTEMENT DE LA NIÈVRE.

La plupart des faïenceries de Nevers sont établies depuis des siècles. Leurs produits se vendent dans la capitale, et en descendant la Loire jusqu'à Nantes; de là ils passent aux colonies lorsque la mer est libre: ils remontent aussi la Loire jusqu'à Roanne, et se distribuent dans les départemens du Puy-de-Dôme, du Cantal, de la Creuse, &c.

Les échantillons qui en ont été adressés, proviennent de trois anciennes fabriques exploitées par MM. *Philippe-Louis Perrony*, *Dubois* et *Senly*, *Pierre-Marie Enfert*, et de celle qui a été établie depuis quatre ans par MM. *Mathieu* et compagnie.

M. *Laurent*, manufacturier à Saint-Amand, a aussi envoyé des échantillons de poterie, parmi lesquels se trouvent des objets recouverts d'un vernis brun qui a été composé avec le seul laitier des hauts fourneaux, réduit en poudre très-fine et passé au tamis; et d'autres revêtus d'un vernis gris-blanc dans la composition duquel le Sr *Russinger*, qui en est l'auteur, assure qu'il n'entre aucune substance métallique.

La fabrication du fer, de l'acier, des instrumens et outils dont le fer ou l'acier forme les principales parties, occupe beaucoup de bras dans le département de la Nièvre.

Des ballons d'acier sont offerts par M. *Grasset*, maire de la Charité, propriétaire des forges de Doué, commune de Saint-Aubin, et par MM. *Berthier* frères, propriétaires des forges de Bizy près Nevers. L'acier de Bizy est recherché ; les procédés employés pour sa fabrication, permettent de le vendre à bas prix. MM. *Berthier* ont substitué des soufflets cylindriques en fonte, dont une seule paire suffit à tous les feux d'une forge, aux longs soufflets de bois qui existaient dans leur établissement : il leur fallait autant de paires de ces derniers qu'il y avait de feux dans chaque forge.

Les fourneaux de Vandenesse ont fourni un morceau de fonte ayant la forme d'une pique ; les ateliers de M. *Dufaut* fils, de Nevers, une vis de pointage, et plusieurs instrumens aratoires, spécialement destinés aux exploitations des colonies ; les belles forges impériales de Guérigny, deux crics, nouveaux modèles, à mouvement horizontal et combiné, exécutés sur les dessins envoyés par le général inspecteur de l'artillerie de la marine, qui en avait trouvé le modèle au conservatoire des arts et métiers, et par les soins de M. *Riondel*, sous-directeur de l'établissement de Guérigny. Ces crics peuvent être employés pour les fardeaux les plus lourds. Manœuvré par un homme d'une force ordinaire, un seul lève jusqu'à vingt-cinq milliers ; ils ont été adoptés pour le service des ports et des vaisseaux.

M. *Gauvilliers*, de Nevers, concessionnaire des mines

de la Machine près Decize, présente un échantillon de houille; MM. *Renault* frères, entrepreneurs de la verrerie de Fours, des feuilles de verre à vitre; et M. *Gardiennet Serizier*, de Nevers, deux petites meules et deux échantillons de grès, propres à aiguiser le tranchant des instrumens de grosse et menue taillanderie. C'est lui qui a découvert, dans les communes de Songis et de Saint-Germain-en-Viri, les carrières d'où ces meules sont tirées; il a été autorisé à en faire l'exploitation.

DÉPARTEMENT DU NORD.

DE nombreuses fabriques sont établies dans le département du Nord, où l'agriculture est en même temps très-florissante. La généralité des communes manufacturières envoie à l'exposition. MM. *Demersmmann*, *Antoine Hebben*, *Jean-Baptiste Caleo*, de Hondschoote; *Antoine Denise*, de Saint-Amand; *François Thomassin*, de Douai; *Brillon*, de Valenciennes; *Alexandre Delu...*, de Cambrai; *Crinon-Boussu*, d'Etringt; *Henri Dutrieux* et *Alexandre Lemoine*, de Landrecies, présentent des échantillons de *lin de fin et de gros*, écru, peigné et préparé pour la filature. On nomme lin de fin, celui qui est semé très-épais, et qui a besoin d'être soutenu dans sa croissance par des ramures. Les environs de S.-Amand sont renommés pour la culture de cette sorte de lin, dont Riga fournit la semence. Les quatre communes de Fenain, Sommain, Ezze et Wallers, dans l'arrondissement de Douai, sont de temps immémorial en possession exclusive de le rouïr et de le fabriquer. On l'emploie à faire le fil de mulquinerie. Le lin de gros est semé moins épais que le lin de fin. Une partie du lin de gros est consommée dans les manufactures mêmes du département; on expédie le surplus dans les départemens de l'Orne, de la Mayenne, du Calvados et de l'Eure, où il sert à fabriquer les toiles de cretonne et de Bretagne.

MM. *Harduin*, *Duhamel* et *Yan Hœdon* et compagnie, de Merville, envoient des fils de lin de gros, préparés pour la fabrication des nappes et du linge de table. La filature de ces fils se fait par des femmes, des enfans des deux sexes, et par quelques hommes, au moyen d'un rouet mu par le pied ou par la main. On compte dans le département environ quarante mille de ces métiers. Les métiers qui servent à filer le fil de fin dit *de mulquinerie*, sont d'une construction différente; les uns sont mus à la main, et les autres par le pied. Les premiers sont en plus grand nombre, et le fil qui en provient est plus beau et moins tors. On verra dans les portiques, des échantillons de ce fil de différentes qualités, fournis par MM. *François Thomassin*, de Douai; veuve *Moreau*, de Saint-Amand; *Carrez-Gaffart*, de Valenciennes, et *Marc Béthune* et *Languille*, de Castillon.

La fabrique de fil retors est très-ancienne; les villes de Lille et de Bailleul en sont les chefs-lieux; il y a aussi des moulins à retordre le fil à S.-Amand et à Douai. Le fil retors est de deux sortes : le fil retors ordinaire, dit *au tour*, et le fil retors à dentelle, dit *fil d'once*. Le fil retors ordinaire est en grande partie blanchi dans le département; le reste est destiné à la teinture, et on l'expédie à cet effet presque tout pour Lyon. Le fil d'once est envoyé à Anvers pour y être blanchi ; et ce que les ouvriers en dentelles ne consomment pas, se vend dans les lieux de la France où l'on fabrique de la dentelle.

Plusieurs fabricans de Bailleul et d'Hazebrouch, et MM. *Bigo* frères, de Lille, présentent des échantillons de fil retors ordinaire, ayant de vingt à quatre-vingt-seize tours. MM. *François Thomassin*, de Douai; les héritiers *Dubois-Durabo*, de S.-Amand; *Lepers*, de Valenciennes; *Legrand*, de Fournies; *Lethierry*, de Lille, envoient du fil à dentelle blanchi, depuis le n.° 24 jusqu'au n.° 130.

MM. *Demailly*, de Lille; *Roussel*, et *Bailly*, de Commines; *Roussel-Grimonporez*, *Alexandre Decresme*, de Roubaix; *Gombert* et *Woussen*, de Houplines; *Alexandre Duquesne*, de Valenciennes; *Desurmont* frères, *Louis Desurmont* et compagnie, de Turcoing; *Lolliot* et *Gauthier Duhen*, de Douai, et *Roch Croquefer*, de Cambrai, présentent des échantillons de fil de coton, depuis le n.° 25 jusqu'au n.° 155 : ce fil, que l'on obtient par les machines dites *Mull-jennis*, et par celles à filature continue, est employé presque'en totalité par les fabriques de tissus du département.

Les toiles du département jouissent d'une grande réputation dans le commerce. On les fabrique avec du lin de gros et du lin de fin. Les fabricans d'Hazebrouck et de Godewaerswelde, et M. *Blanchard*, d'Estaires, en présentent de différentes qualités et dimensions ; MM. *Harduin, Duhamel, Yon Hædon* et compagnie, de Merville, *Louis Parent, Jean-Baptiste Revel*, d'Estaires, et *Lescornez-Malingié*, d'Armentières, envoient du linge de table ; les fabricans d'Hazebrouch et M. *Louis Modard*, des toiles de fil de lin de couleur.

En 1789, la fabrication des toilettes, dénomination sous laquelle on a compris les batistes, les linons et les gazes, avait une grande activité ; elle comptait plus de quatorze mille métiers battans : quoiqu'elle ait diminué, les fabricans ne se sont pas moins empressés d'envoyer leurs produits au concours ouvert pour l'encouragement des arts utiles. Parmi eux se font remarquer MM. *Antoine Laplace, Mestivier* et *Haumoir* qui furent mentionnés honorablement à l'exposition de l'an 10, *Dribois-Fournies, Scribe-Brochon, Fizeaux, Jacques-François Canonne, Martin Dinaux, Georges Serret* et compagnie, *Ferwaugne-Paimans, Louis Teinturier, Antoine Duquene*, de Valenciennes ; *Jean-Nicolas Wersen-Margerin, Pierre-Joseph Willerval*, de Saint-Hilaire ; *Pierre-Jean Lemaitre*, veuve *Hilaire Lemaitre, Jean-Baptiste Cotteau*, d'Honnechiés ; *Nicolas Pézin, François Clopin, JeanBabtiste Gabet, Emmanuel Gabet*, d'Avesne-lès-Aubert ; *Antoine Hennot, Denis Cardon*, de Troisvilles ; *Pierre-Antoine Beauvois*, d'Inchy ; *Adrien Foret, Jean-Charles Pannard*, de Solesmes ; *Antoine Mériaux*,

Antoine Tetard, *Nicolas Bruyelle*, *Pierre-Antoine Leducq*, de Saulzoir ; *Louis Delauquine*, *François Croisette*, de Busignies ; *Philippe Daujon*, de Bestry ; *Jean-Jacques Delportes*, *Jean-Baptiste d'Hedu*, *Pierre Mereié*, *Martin Moresse*, *Pierre - Philippe Grassart* et *Pierre-Joseph Canonne*, de Quivry. Les batistes, linons et gazes envoyés par ces manufacturiers, sont de différentes qualités et de différentes dimensions. C'est dans les villes de Valenciennes et de Cambrai que se tient le marché des tissus de cette nature; et c'est là qu'elles reçoivent ce beau blanc qui les fait remarquer et rechercher des consommateurs de l'intérieur et de l'étranger.

La ville de Roubaix possède une fabrique considérable de nankins, nankinets, creponis, satinades, et autres étoffes de coton, fabrique qui a remplacé celle des calmandes, prunelles et satins turcs en laine. On fait aussi des nankins, nankinets, creponis et satinades dans les communes de Lille, Turcoing, Launoy, Scelin, Vaucelles et Cambrai. D'autres communes établissent des étoffes de coton dans d'autres genres. MM. *Bassut*, *Bredart-de-Saint*, *Fréderic Cocheteux*, *Louis Cocheteux*, *Dazin Dusoret*, *Alexandre Decresmes*, qui obtint une médaille de bronze à l'exposition de l'an 10.; *Defrenne fils*, *Defrenne - Floris*, *Delaoutre - Floris*, *Duponchelle*, *Derveaux - Bulteau*, *Desent - Serlie*, *Louis Duthois*, *Duthois- Leclerc*, *Jarsuille - Dubar*, *Sarvaque-Dumortier*, *Florin - Carlos*, *Florin - Scheppe*, *Guidet - Destombes*, *Herman - Pincemaille*, *Holbecq - Delcourt*, *Hourel - Delo*, veuve *Lefebvre*, *Prouvost-Serlié*, *Rousseau-Destombes*, *Requillard* frères, *Roussel-Grimonprez*, *Roussel-Petit*, *Segard-Survaque*, *Watinne-Sursaille*, *Waerenier-Ployette*, *Louis Malfait*, les uns et les autres de Roubaix ; *Louis Delobelle*, *Decresme*, *Dujardin-Damas*, *Chretien-Lebrun*, veuve *Ducoulombier-Catteau*, *Gahide-Tharin*, de Turcoing ; *Jacques Lecherf*, *Trentefaux*, *Simon Defrenne*, *François Trentefaux*, *Sixte Lecherf*, veuve *Page*, de Lannoy ; *Albert Vannoye*, d'Armentières ; *Benjamin Desmestère* et compagnie, *Antoine Demestère*, *Chrisant Stoch*, *Louis Catteau*, *Jean-Charles Dul*, d'Halluin ; *Lauwick-Durot*, *Howin-Guesquière*, *Jean-Baptiste Leclercq*, de Commines ; *Alexandre Duquesne*, de Valenciennes ; *Dufrayer* et fils, de Vaucelles, et *Croquefer*, de Cambrai, envoient des nankins, nankinets, satinades, créponis, reps, velours, prunelles et autres étoffes. M. *Decreme*, de Roubaix, envoie en outre des échantillons d'une étoffe de coton qu'il a nouvellement inventée, et à laquelle il a donné le nom de *Napoline*. MM. *Louis Delaeter*, *Thérèse Delaeter*, et *Augustine Windrif*, de Steenvorde, présentent des rubans bleus croisés, bleus non-croisés et blancs croisés.

Les échantillons envoyés par les tanneurs ont été jugés de bonne qualité ; ils proviennent des fabriques de MM. *Ducrocq* l'aîné, de Douai, *Célestin Hannequard*, du Cateau, et *Blanchard* fils, d'Avesne. Le premier présente deux paires d'avant-pied en veau ciré, et quatre paires de tiges de bottes en peau de cheval, dont deux dites *à la Suwarow*.

La laine peignée et filée est l'une des branches les plus importantes de l'industrie du département : MM. *Dewos*, *Debayer* et *Vandamme*, de Steenvorde ; *Augustin Véraege*, de Cassel ; veuve *Gaspard Desurmont*, *Odoux* frères, et *Jean - François Demacheliez*, de Turcoing, en présentent des échantillons. M. *Pierre Fautrelée*, de Landrecies, y a joint un peu de laine de brebis du pays ; M. *Wauvervich*, d'Avesne, de la laine de brebis de race espagnole ; M. *Delaporte*, de Solesme, de la laine brute de mouton, et M. *Druon - Barbieux*, des échantillons de laine blanche peignée, de laine grise mélangée, et de laine bleue.

Les fabriques d'étoffes de laine figureront aussi à l'exposition : leurs produits se composent de draps de différentes espèces, de camelots, ras ou tricots, calmouchs, molletons, casées, casinettes, serges, flanelles, calmandes, pinchinas, éverlastaings, perpétuantes ; &c. MM. les fabricans de Godewaerswelde envoient des draps - dits *vellinck*, servant à habiller les femmes ; MM. les fabricans de Boescheppe, une étoffe de crin dite *hærre*, servant aux brasseries ; MM. *Jacques Lecherf*, *Louis Trentefaux*, *Simon Defrenne*, *Pascal Bury*, *François Trentefaux*, *Pluquet (Agache)*, veuve *Pluquet*, et *Théophile Duthois*, de Launoy, des pinchinas en laine, en laine et fil, et en laine croisée ; M. *Dewavrin-Dervaux*, de Turcoing, des échantillons d'éverlastaings de différentes qualités ; MM. les frères *Caulliez*, *Jonglé-Gismin*, *Honorez - Libert*, *Desplechin* frères et sœurs, de Turcoing, des perpétuantes ; MM. *Destombes-Roussel*, de Turcoing , des casinettes bleues et blanches ; Mme veuve *Ducoulombier-Catteau*, MM. *Lorthiois-Bonnart*, *Duvillier* l'aîné , *Louis Cocu* , *Lemaire-Beghin* , *Chrétien Lemaître* frères , *Deltour - Honoré* , *Narcisse Leroux* et frères, *Antoine Watel* , de Turcoing, des molletons de différentes espèces ; MM. *Dervaux Thiberghen* et *De-saint-Montagne* , de Roubaix, des calmandes ; M. *Duthois-Leclercq* , de Roubaix , des casinettes ; M. *Destombes-Six* , de Roubaix , des flanelles de différentes qualités ; M. *Roussel-Floris* , de Roubaix , quatre échantillons de calmande apprêtée ; M. *Mathon-Duriez* , de Lille , une pièce de camelot renforcé ; M. *Walbert*, d'Avenelles, une bande de serge rayée, et une bande de casée ; plusieurs fabricans de Solze-le-Château, d'Etrungt et de Dourlers, des échantillons de serge, de casée, de beige, de tricots et de draps, dans différentes couleurs.

Il y a dans le département trois fabriques de toiles peintes, dont les produits se consomment dans le pays même ; elles occupent cent trente ouvriers.

On verra dans les portiques , des échantillons de celle de M. *Delcambre* de Lille. Ce fabricant ne borne pas ses travaux à l'impression des toiles : on file dans ses ateliers le coton avec lequel on y tisse les articles dont il a besoin.

MM. *Bayart - Mélingié* , d'Armentières ; *Bruon-Barbieux*, de Saint-Amand, et *Virlet*, d'Avesnes, présentent plusieurs paires de bas de laine, de gants et de chaussons ; M. *Patoors*, de Cassel , des chapeaux ; M. *Jean - Baptiste Delecourt*, de Lille , plusieurs échantillons de sucre raffinés dans sa manufacture ; MM. *Gigaux*, d'Hondscoote ; veuve *Spyus*, *Deschodt et Coffin*, veuve *Desticker-Mouton*, de Dunkerque ; *Mathieu Dubourg*, de Douai, des échantillons de tabac de différentes qualités ; M. *Girard*, d'Onnaing, une caisse de chicorée-café.

Il existe dans le département six verreries, dont trois à verre noir : cinq de ces établissemens ont envoyé des objets à l'exposition ; ce sont ceux de Sars-Poterie, Fournies, Anor, Douai et Fresnes.

M. *Legrain-Gadelain*, de Douai, présente un petit fleuve en argent ciselé ; MM. *Moulin* et *Soetenage*, de Dunkerque, des harpons et autres instrumens pour la pêche de la baleine, du thon et autres poissons ; MM. *Lolliot* et *Gauthier*, entrepreneurs de la filature de coton de Douai, et *Scrive*, de Lille ; des plaques et des rubans de cardes ; M. *Wilmart* (*François*), féronnier, une corbeille de fleurs en fer, ciselée ; M. *Boulé Delacroix*, ferblantier, de Douai, plusieurs cafetières, un plat ovale et une soupière en fer-blanc, forme antique ; M. *Delacroix-Contrejean*, de Douai, une cafetière à côtes, ciselée, façon argent ; M. *Philippe Boisseau*, coutelier à Douai, un couteau à trente pièces.

DÉPARTEMENT DE L'OISE.

LE département de l'Oise renferme aujourd'hui près

de trois mille brebis de race espagnole pure, ou devenue telle par le croisement, et plus de quarante mille métis de différens degrés de finesse. Les échantillons de laine qui ont été envoyés, proviennent des troupeaux de MM. *Mullon de Saint-Preux*, de Bourneville; *Delessert*, banquier à Paris, propriétaire à Éve; *Brodelet*, du Plessis-Belleville, membre du conseil général du département; *Poitevin - Maismy*, de Guiscard, préfet du Mont-Blanc; *Lehoc*, de Bains, membre du conseil général; *Tronchon*, de Fossemartin, membre du conseil général; *Personne*, de Songeons, membre du conseil général; *Didier*, de Mareuil - sur - Ourcq; *Carrier*, de Puysieux; *Thérouenne*, de Lagny - le - Sec; *Dauchy*, conseiller d'état, propriétaire à Saint-Just-en-Chaussée; *Estelé* et *Nase*, de Nogent-les-Vierges ; *Bernier*, de Borest; *Millon*, de Montherlant; *Levavasseur*, de Breteuil ; *Lecourt*, de Chevrille ; *Duvivier*, de Verberie; *Lecourt*, de Rully; *Prévost*, de Catenoy; *Moquet*, de Russy-Montigny; *Lefevre*, de Chambly; *Chartier*, de Beaulieu-Baron.

La principale branche d'industrie de ce département est la fabrique d'étoffes de laine, comme gros draps, ratines, tricots, molletons, serges, bouracans, bayettes, &c. Deux mille métiers sont en activité, et occupent chacun sept individus : la manufacture de l'hospice des pauvres de Beauvais, MM. *Jean Guerrier, Jean-Louis Ansel* pere, *Pierre-Louis Parmentier*, de la même ville; *Honoré Horoy, Picard Parmentier, Louis Prince, Louis Flamant, Chry-*

sostome *Leroy*, *Jean-Baptiste Papavoine*, de Mouy ; *Nicolas Villette*, de la commune de Tricot ; *Bertin Boulanger*, *Bertin Heu*, *Godin*, de Granvilliers ; *Honoré Dizengré-mel*, *Mathieu Demarcy*, d'Esquenoy ; *François Gayaut*, *Minard*, de Cormeilles ; *Caron* et *Godo*, d'Hanvoile, ont adressé des échantillons d'étoffes variées de leurs fabriques.

C'est à Beauvais que se donnent les apprêts des étoffes de toutes les fabriques du département. Il y existe trente-quatre apprêteurs de toute espèce, lesquels occupent cent quarante-deux ouvriers. On y distingue principa-lement le rouge de la teinturerie de M. *Delacour*, et les étoffes pressées par M. *Brosser*, qui obtint une médaille de bronze à l'exposition de l'an 10. L'un et l'autre prennent part à l'exposition, ainsi que M. *Rançon*, teinturier dans la même ville.

De petits fabricans disséminés dans quarante com-munes, et occupant cinq cents métiers, se livrent exclu-sivement à la bonneterie de laine ; des échantillons ont été fournis par MM. *Louis Thuillier*, de Molliens, et *Dupuis Lequeu*, de Campeaux.

Sur tous les points du département se trouvent des tisserands qui fabriquent des toiles de ménage. Les fa-briques de ce genre qui méritent quelque attention, sont placées à Bulles, près Clermont, et dans les environs de Carlepont, près Noyon ; ces dernières produisent des batistes communes, des toiles de lin et de chanvre, et du treillis à sac. M. *Malicux*, de la commune de la rue Saint-Pierre , qui obtint une médaille de bronze en l'an 10, M. *Queux*, de la commune de Cus, M. *Leroux*, de la même commune, ont envoyé des échantillons de toiles dites *demi - Hollande*; de batiste , de toiles de chanvre et de treillis.

Il existe à Saint-Just-en-Chaussée, trois fabriques de bas de fil , qui occupent de huit à dix métiers ; l'une d'elles, appartenant à Mme veuve *Legrand*, qui reçut une médaille de bronze à l'exposition de l'an 10, a envoyé pour échantillons trois paires de bas de fil.

Dans le nombre des filatures de coton que possède le département de l'Oise, on distingue celles de MM. *Belcourt* et *Duval*, à Beaupré ; *de la Rochefoucauld*, à Liancourt , et *Jeanneret*, à Senlis. Toutes trois ont adressé des échantillons.

Ce département a encore des fabriques de toiles et autres tissus de coton. M. *de la Rochefoucauld* offre pour échantillons des calicots en écru ; M. *Jeanneret*, à Senlis , aussi une pièce de calicot ; MM. *Pillon* et *Roy-Hennon*, à Esquenoi, des velverettes et des cannelés ; M. *Mahieux*, à la rue Saint-Pierre, une pièce de perkale ; M. *Poitevin*, à Tracy - le - Mont, des calicots ; MM. *Queux* et *Olivier*, à Cus, des mouchoirs, des siamoises, des toiles de coton ; la fabrique de Carlepont, mêmes objets ; et M. *Parent*, à Tracy-le-Mont, une couverture de coton et une pièce de molleton.

Trois cents métiers sont occupés à fabriquer des bas, et autres articles de bonneterie de coton. Les fabricans les plus remarquables sont MM. *de la Rochefoucauld*, à Liancourt ; *Cahours* père et fils, à Rentigny ; *Pierre Hubert*, à Cires-lès-Mello ; *Canonge*, à Beauvais ; *Thiberge*, à la Ville-Tertre ; *Jibaul*, même commune, et *Dupuis*, à Wavignies : tous ont envoyé des échantillons.

Sur cinq blanchisseries que possède le département, trois ont envoyé au concours : ce sont celles de MM. *Turquet*, de Senlis ; *Guesnet* père et fils, de Clermont-Oise, et *Baron* neveu, de Beauvais.

Il se trouve à Beauvais six manufactures de toiles peintes, employant six cents ouvriers, et imprimant par an de trente-six à quarante mille pièces : trois d'entr'elles appartenant à MM. *Sallé*, *Baron* neveu, et *Guérin-Radel* fils, ont adressé des échantillons.

On remarque trois différentes fabriques de dentelles ; celle de Chantilly, celle de Méru, et celle de Gisors : elles occupent trois mille six cents ouvrières pendant six mois de l'année ; les autres six mois sont consacrés aux travaux de la campagne. MM. *Moreau*, de Chantilly ; *Vendessel*, du même lieu, qui obtint une médaille de bronze à l'exposition de l'an 10, ont envoyé des tableaux allégoriques en dentelle ; Mme *Chevaux*, de Chantilly, une robe de dentelle noire, et M. *Déméantis*, de la même commune, un couvre-pied.

On fabrique dans ce département, des rubans, des cordonnets, des boutons de soie, fil, poil de chèvre, laine et coton. M. *Lesueur* aîné, de la commune de Noailles, présente cinq échantillons de rubans dits *de Padoue*;

Padoue; M. *Louis Varré*, à Ercuis, des boutons dans tous les genres et toutes les couleurs.

Trois papeteries sont en activité. La plus considérable est celle de M. *Morel*, à Glaignes, qui a adressé, pour échantillons, une rame de papier pot fin, une autre couronne fine.

Le bourg de Méru sert d'entrepôt à onze communes qui s'occupent à fabriquer des montures d'éventails, des jeux de dominos, des étuis, des fiches, des jetons, des joujoux; ce seul bourg compte de quatre-vingts à cent ouvriers de tout âge. Ce genre d'industrie doit, à la paix générale, reprendre une grande faveur. La France est en possession de fournir d'éventails l'Amérique et une grande partie de l'Europe. MM. *Saunier*, *Dumont*, *Fessart*, *Colombel*, *Blot*, *Descroix*, *Varangot*, *Dumont* fils, *Violette*, de Méru, ont envoyé des échantillons, ainsi que M. *Gromas*, de la commune de Campeaux.

Les articles de lunetterie et de miroiterie se fabriquent dans quinze communes, dont le bourg de Songeons est le centre. On calcule qu'il se fabrique annuellement dans ces communes, cinq-mille grosses de lunettes, et trois cents douzaines de miroirs à grossir, simples, doubles, à facettes, d'optique et de prisme. MM. *Léonore* et *Lambert Patin*, *Thomet*, *Cozette* frères, *Cozette* cadet, et *Langlois*, tous de Songeons, et *Gromas*, de Campeaux, présentent des échantillons.

Quinze ou dix-huit tanneries répandues sur différens points, fournissent Beauvais et les environs. MM. *Follet*

Ladrancourt, et *Cossart*, à Pont-Sainte-Maxence, et M. *Martin*, à Saint-Just-des-Marais, offrent des échantillons en ce genre d'industrie.

M. *de la Rochefoucauld* possède à Liancourt et à Crèvecœur deux fabriques de cardes pour le coton : il en existe une troisième à Chantilly. M. *de la Rochefoucauld* offre des échantillons de ses deux fabriques.

M. *Béranger*, taillandier à Breteuil, a envoyé un échenilloir et deux faucilles.

MM. *Piranesy* frères ont à Plailly, près Morfontaine, un établissement de sculptures plastiques, dont ils présentent divers produits, notamment un groupe couronnant S. M. l'Empereur; les quatre-heures de Raphaël, des trépieds, des vases, des urnes, &c. Le département est redevable de cet établissement à S. M. le roi de Naples, qui a fourni le local et favorisé les premiers essais. La terre qu'on y trouve, est du plus beau rouge. On y fabrique deux genres d'ouvrages; des imitations de modèles antiques, des poteries, des faïences ordinaires.

M. *Pigory*, maire le Chantilly, vient de rendre à la manufacture de porcelaine qui existait autrefois dans cette commune, son ancienne activité. On y fait de la porcelaine peinte et dorée, des vases d'ornemens, des services de table. Tout fait présumer que cette manufacture sera, sous peu, en état de rivaliser avec les premiers établissemens en ce genre. M. *Pigory* offre pour échantillons, deux vases, un encrier à filets d'or, une tasse et sa soucoupe.

Le département de l'Oise a quatre manufactures de faïences, deux de blanches, deux de brunes : les deux premières appartiennent à MM. *Bagnall* et *Saint-Cricq-Casaux*, à Creil, et à MM. *Paillard* frères, à Chantilly ; les deux autres à M. *de la Rochefoucauld*, à Liancourt, et à M. *Michel*, à Gouincourt : des échantillons sortis de ces quatre manufactures, paraîtront à l'exposition.

MM. *Delamarre - l'Affineur*, qui fut mentionné honorablement à l'exposition de l'an 10, et Mme veuve *Patte*, à Savignies, ont des fabriques de poteries de grès ; M. *Godin*, à Savignies, une fabrique de poteries vernissées : MM. *Blond* et *Courtin*, à Saint-Sanson, fabriquent des creusets. Tous ont fait passer des échantillons. Ces fabriques fournissent Paris de fontaines; elles fournissent les laboratoires de chimie et de distillation, de creusets et de cornues : la modicité de leurs prix leur assure un débit constant de leurs marchandises.

Trois manufactures de sulfate de fer emploient de trois à quatre cents ouvriers ; l'une, située à Gouincourt, est tenue par les héritiers *Guerin* ; l'autre, placée commune de Saint-Paul, est la propriété de M. *Gaillard* ; la troisième, établie à Verberie, est exploitée par MM. *Montgolfier*, *Clément* et *Désormes*. Toutes trois présentent à l'exposition des sulfates de fer.

On a la certitude qu'il existe dans ce département beaucoup de terrains qui recèlent de la tourbe ; mais ces terrains, pour la plus grande partie, ne sont pas exploités. Cependant des tourbières sont ouvertes à Bresles et à Mareuil. La tourbière de Bresles occupe quatre cents individus : celle de Mareuil où l'on carbonise la tourbe, est tenue par les frères *Callias*, et n'occupe encore que quatre-vingts ouvriers; mais MM. *Callias*, pourvus de brevets d'invention, travaillent en ce moment à établir des fours à tuile et à chaux qui seront chauffés avec la tourbe en nature, ce qui contribuera nécessairement à agrandir leurs relations commerciales. Des échantillons de tourbes naturelles et de tourbes carbonisées feront partie de l'exposition.

M. *Liépin* a, depuis trois ou quatre ans, établi à Senlis une manufacture de chicorée en poudre remplaçant le café, ou plutôt se mêlant avec le café, et produisant par ce mélange une liqueur agréable, salubre et peu coûteuse. Le propriétaire ensemence annuellement 25 hectares en chicorée; et les deux premières récoltes ont donné 250 myriagrammes de cette poudre qui est envoyée à Paris.

L'école impériale d'arts et métiers établie à Compiègne, et où sont élévés et instruits cinq cents élèves aux frais de l'État, présente des outils de moulure, de menuiserie, de serrurerie, des vis à bois, un étui de mathématiques, &c.

La manufacture impériale de tapisseries de Beauvais est trop connue par la beauté de ses produits et par son ancienneté, pour qu'il soit besoin d'en faire l'éloge ; les ouvrages qu'elle fournit, parlent hautement en sa faveur.

Une manufacture de tapis veloutés s'est formée à Beauvais des débris de l'ancienne manufacture royale. Les ouvriers avaient été dispersés pendant la révolution ; et M. le préfet trouva le contre-maître actuel travaillant à la terre. Rétablie en l'an 11, dès l'an 12 elle compta cinquante ouvriers, y compris les élèves, dont plusieurs surpassent de beaucoup en talent les anciens ouvriers : il s'y fabrique par an de deux cent cinquante à trois cents aunes carrées de tapis. Cette manufacture présente trois échantillons de tapis de première, deuxième et troisième qualités ; en outre, deux grands tapis, un siége, et un dossier de fauteuil.

DÉPARTEMENT DE L'ORNE.

LA belle manufacture de toiles de lin, dites *crétonnes*, établie en 1738, occupe à Vimoutiers, et dans un rayon de 4 myriamètres de cette ville, vingt mille ouvriers des deux sexes, et y fait circuler 4 millions ; elle produit annuellement quinze mille pièces de toiles. MM. *Ridel-Beaupré*, de Crouptes, *Jacques Hébert*, *Yver*, *P. Poussin*, de Vimoutiers, en ont remis des échantillons.

Une autre fabrique de toiles de lin, et de toiles de chanvre, assez intéressante pour le département de l'Orne, puisqu'elle fournit de l'occupation à cinq ou six mille ouvriers, est celle des toiles dites *d'Alençon*. MM. *Laveille* frères, d'Alençon, qui tiennent un rang distingué parmi ceux qui l'exploitent, se sont empressés d'envoyer au concours, des produits de leurs ateliers.

(198)

MM. *Lambert Lenfant*, aussi d'Alençon ; *Hodebourg*, *Lochard*, *Louis Girard*, *Champion*, *Julien Marchand*, tous de Ceton, arrondissement de Mortagne, y présentent des siamoises, des cotonnades, des mouchoirs et des toiles de coton ;

MM. *Martin* et *Chevessailles*, de Bellême, des cotonnades, nankinettes et siamoises ;

MM. *de Vaussay-Millot* et compagnie, de Mortagne, des cotons filés.

La ville de l'Aigle renferme des habitans industrieux qui, par leur exemple, excitent l'émulation de ceux des communes qui les environnent. Les établissemens qu'elle possède, n'ont pas été des derniers à prendre part à l'exposition. On y trouvera des coutils dont la vente est d'autant plus assurée, que la qualité en est bonne, de la fabrique de M. *Gueret-Demignères ;* une peau de veau pour reliure, bien préparée, par M. *Toussaint Camus ;* des épingles raffinées, ordinaires, drapières, houzeaux, de la manufacture de MM. *Metton* frères et compagnie, qui occupent cent ouvriers ; des lacets, de MM. *Delaporte, Anquetin, Frédéric* l'aîné ; des objets concernant l'équipement des chevaux, de MM. *Blondel* père et fils ; des clous de fil de fer, anneaux, agrafes de fer, de cuivre, &c., de M. *Frédéric* l'aîné ; de beaux fils de carde et à carcasse, de M. *Louis-Fleury*, qui obtint une médaille d'argent à l'exposition de l'an 10 ; des broches de fer, fils d'acier, fils pour cardes, de la tréfilerie de Boisthorel, près l'Aigle, appartenant à MM. *Jean-Baptiste Mouchel* père et fils; des fils de laiton de divers numéros, et des fils de laiton en noir, de la fabrique de Chandey, à 7 kilomètres de l'Aigle, établie en l'an 8 par MM. *Boucher* et compagnie, qui ont déjà reçu une médaille d'argent à l'exposition de l'an 10, et qui fournissent annuellement au commerce près de 800 quintaux métriques de fil de laiton; des agrafes, anneaux, épingles et clous d'épingle, solides, bien confectionnés, d'un usage général et d'un débit facile, de MM. *Louis-Charles Primois, Primois-Desmousseaux, Primois-l'Echardeau*, et veuve *Primois-Moutardier*, de Gros-sous-l'Aigle.

On y trouvera encore des fers de la forge de Saint-Denis-sur-Sarthon, exploitée par M. *Guérin-Beaupré*; des bougrans, de *Jean Boulay*, d'Alençon; une peau de mouton passée au blanc, et bien préparée par *François-Jean Aubert*, d'Argentan.

Les points d'Alençon et d'Argentan figureront aussi au concours ouvert aux produits de notre industrie : ils forment une branche intéressante de celle du département de l'Orne.

Le point d'Alençon, admis dans le costume des sénateurs, l'emporte sur le point d'Argentan, qui a d'ailleurs son mérite par l'élégance du dessin et la beauté du travail. Le fil avec lequel on le fabrique, coûte jusqu'à 3,600 francs le kilogramme.

N 4

M.rs *Lainé* et *Guérin* d'Argentan, offrent des points d'Argentan, dont un représente, dans une allégorie, un hommage des fabricans à leurs Majestés impériales et royales ; M. *Mercier fils*, d'Alençon, qui occupe six cents ouvriers, quatre échantillons de points d'Alençon, remarquables par la finesse extraordinaire de la dentelle, la régularité et la solidité du travail, la grâce et la légèreté du dessin.

Un de ces échantillons est un tableau allégorique qui prouve jusqu'où peut s'élever la fabrique qui l'a produit. Il présente d'abord le commerce maritime sortant triomphant de la lutte causée par les prétentions de l'Angleterre ; le palmier du Delta, cher aux amis de ce brillant patrimoine de gloire, qui n'est pas borné à l'Europe ; les pampres unis à l'épi nourricier, qui indiquent la fécondité de notre agriculture ; et le bras d'une justice toute-puissante qui tient une balance égale contre laquelle un serpent s'élève et s'épuise en vains efforts.

Au milieu du tableau paraît un trophée d'armes appuyé sur deux cornes d'abondance. Le code Napoléon figure avec éclat sur ce trophée, auquel se rattachent les enseignes de la victoire, sur lesquelles on lit les noms à jamais mémorables de Marengo et d'Austerlitz. Le faisceau de lances que surmonte une lance plus forte, présente l'image du grand Empire fédératif. Au-dessus du faisceau, et sous les serres d'un aigle intrépide et calme, éclate une bombe qui lance la foudre. Plus haut on distingue une couronne d'étoiles à laquelle sont unis par un indissoluble nœud le laurier des triomphes et l'olivier de la paix.

Telle est la description que M. le préfet de l'Orne donne de ce tableau. M. *Mercier* fils prie son excellence le ministre de l'intérieur d'en faire hommage à sa Majesté, pour être placé dans un de ses palais.

Depuis la rédaction de cette notice, un nouvel envoi a été annoncé par M. le préfet du département de l'Orne ; il consiste dans les objets suivans :

1.° Des plumes à écrire, communes, fines et super-fines, préparées par les Srs *Desauncaux* et *Barbot*, d'Alençon.

2.° Une romaine à cadran, portant 200 kilogrammes, faite par le Sr *Boelle*, de Saint-Christophe, canton de Tinchebray.

3.° Des molletons de coton, de la fabrique de MM. *Marie-Collières*, *Monpetry* et *Guyard*, tous trois anciens capitaines d'infanterie, manufacturiers de Saint-Fron.

4.° Des siamoises et retors, des fabriques de *Michel Noire*, *Gervais Martin*; des rubans, de fil de *Julien Rallu*; des coutils de *Jean Roussel*, tous de la Ferté-Macé.

5.° Des coutils de *Charles Garnier*, de Flers.

6.° Des siamoises de *François Lesueur*, du même lieu.

7.° Des siamoises et bistors d'*Édouard Leroy*, de Domfront.

8.º Des futaines, des siamoises, &c., de *Nicolas-Jacques Hédiard*, de Sainte-Honorine-la-Chardonne, canton d'Athis.

9.º Des objets en verrerie, de M. *François Ragaine*, propriétaire de la verrerie de Bellevue, commune de Tourouvre.

10.º Un mouchoir, des échantillons de nankinets et toiles de coton, de M. *Léonore Duval*, d'Argentan.

11.º Des frocs teints en pièce, de la fabrique de MM. *Lecerf* frères, d'Écouché.

12.º Des échantillons de siamoise, de MM. *Lefevre*, du même lieu.

13.º Des cotons filés pour chaîne et pour trame, sous les n.ºˢ 72, 105 et 133, de l'établissement formé en l'an 11 à Seez, par MM. *Richard* et *Noir-Dufresne*, tant pour la filature du coton que pour la fabrication des basins, piqués, &c. ; établissement qui occupe plus de cinq cents ouvriers : ils en ont un aussi considérable à Alençon, et qui donne les mêmes produits.

MM. *Richard* et *Noir-Dufresne* ont adressé postérieurement une pièce de piqué fin, dont ils desirent le dépôt au conservatoire des arts et métiers.

DÉPARTEMENT DE L'OURTE.

LA ville de Liége envoie à l'exposition, des limes, du muriate d'ammoniac, des échantillons de dentelles, de draps croisés et non croisés, de tricot molletonné et de serges, de cire à cacheter de diverses couleurs, et cinquante platines identiques de fusils de guerre, modèle de 1777 corrigé.

Les limes, égalant en bonté celles de l'étranger, et moins chères, proviennent de la manufacture de MM. *Poncelet* et *Poncelet-Raunet*; l'ammoniac, de la fabrique de MM. *Chevremont*; les dentelles, de l'hospice des Orphelines; les draps croisés et non croisés, de l'atelier de charité, dirigé par le bureau central de bienfaisance, qui fournit du travail à quatre cent quatre-vingts indigens valides; les tricots molletonnés que l'on emploie principalement pour l'habillement des troupes, et les serges, des ateliers de MM. *Closon* et *Lahaye*; les cires à cacheter, de la fabrique de MM. *Pizel* et *Lefevre*, qui peut multiplier ses produits en proportion des demandes, et dont les prix sont inférieurs à ceux de l'étranger, à qualités égales.

La manufacture de platines identiques n'existe à Liége que depuis dix-huit mois; elle y occupe deux cent vingt personnes. Les moyens mécaniques dont elle fait usage, suppléent à l'insuffisance des ouvriers platineurs, doublent et peuvent tripler les produits des fabriques impériales de fusils de guerre.

Ces platines, à la première vue, ne semblent que des platines ordinaires. Si on en démonte un certain nombre, et qu'on mêle les pièces toutes ensemble, on peut recomposer les platines de pièces détachées, prises au hasard, et en faire un nombre égal à celui des platines démontées.

C'est à cause de la similitude parfaite des pièces qui les composent, qu'on les a qualifiées d'*identiques*. Cette identité fournit les moyens de remplacer sur-le-champ, à la guerre, les pièces qui manqueraient à une platine, et de conserver ainsi l'usage d'une arme que précédemment il aurait fallu remplacer par une neuve.

On sent aisément, dit M. le préfet de l'Ourte, toute l'économie et les avantages militaires qu'offrira cette manufacture, à fur et mesure que ses produits se multiplieront dans l'armée.

Quoique la tannerie soit une branche d'industrie commune à tout le département de l'Ourte, c'est à Malmédy qu'elle a acquis le plus d'activité. Cette branche y est d'autant plus précieuse, que l'étranger en solde tous les frais. Les colonies espagnoles fournissent les cuirs en poil; et lorsqu'ils sont tannés, les Allemands les achètent aux foires de Francfort et de Leipsick.

Les tanneurs de Malmédy présentent un cuir de Buenos-Ayres, tanné à fort pour semelles. Diverses fabriques de la même ville, une carte d'échantillons de dentelles noires en soie. *J. G. Delvaux*, *G. Christian Crepu* et *Henri Steinbach*, envoient aussi de Malmédy, qui est le siége de leurs manufactures; le premier, un morceau de colle-forte; le second, des échantillons de mousselines, basins et piqués; et le troisième, un carton pour presser les draps, papiers et soieries. Avant l'établissement de cette dernière fabrique, les manufactures de draps du département de l'Ourte étaient, pour les cartons à presser, tributaires de l'étranger ; M. *Steinbach* les a affranchies de ce tribut.

Le sieur *Dechene*, bottier à Spa, adresse un soulier de nouvelle invention.

Une pierre à rasoir, très-fine, est expédiée de Salen.

Les casimirs de Verviers, d'Ensival-lès-Verviers et de Francomont-lès-Verviers, rivalisent avec un grand avantage les casimirs anglais. Les draps de ces fabriques, peu estimés en France avant la révolution, sont devenus plus solides et plus beaux depuis la réunion de la Belgique. Les connaisseurs seront à portée d'en juger à l'exposition. Ils y verront des cartes d'échantillons de draps fabriqués par M. *Jacques-Joseph Simonis*, de Verviers, qui occupe à lui seul deux mille cinq cents ouvriers, et par MM. *François Biolley* et fils, de la même ville, qui en occupent neuf cents ; ils y verront encore une carte d'échantillons de draps de la manufacture de M. *Henri Schiervel* fils, aussi de Verviers, fabriqués avec des toisons de beliers d'Espagne.

M. *Pierre Godin*, d'Ensival, et M. *Joseph - Aubin Sauvage*, de Francomont, exposeront eux - mêmes des draps de leurs fabriques, de diverses qualités ; MM. *Ternaux* frères en exposeront également de leur fabrique d'Ensival, où ils fournissent de l'occupation à douze cents personnes : ces derniers fabricans, qui ont reçu des distinctions honorables aux précédentes expositions, réuniront à des draps d'Ensival, des draps des trois autres fabriques qu'ils exploitent à Sédan, à Louviers et à Reims ; ils sont brevetés d'invention pour la fabrication d'étoffes appelées *sati-draps* et *sati-vigognes*.

Les produits des manufactures de Verviers, Ensival et Francomont, ont pour débouchés, outre l'intérieur de la France, l'Italie, l'Espagne, le Portugal, la Suisse, l'Allemagne, la Russie, la Turquie, l'Égypte et la Barbarie.

Les manufactures du Limbourg, dont le siége principal est dans la ville d'Eupen ou Néau, font aussi de beaux draps et de beaux casimirs ; mais elles s'adonnent, d'une manière plus particulière, à la fabrication de ces tissus légers et brillans, connus sous le nom de *draps-sérail*, parce qu'ils sont employés dans tous les riches harems de l'Orient. Elles y ajoutent celle des draps-londrins et des draps-vigognes. On verra, par une carte d'échantillons des premières fabriques de Néau, que les industrieux habitans de cette petite contrée sont parvenus à substituer à la couleur naturelle de la vigogne, des nuances foncées qui relèvent le soyeux de la matière première.

M. *Charles Bohme*, fabricant à Eupen, se rend à Paris pour exposer lui-même deux cents pièces de casimir, première qualité.

MM. Z. *Homberg Stoltenhoff* et compagnie, de la même ville, ont adressé dix pièces de casimirs superfins et deux pièces de drap pour le commerce du Levant.

M. *J. F. Jaumenne*, qui possède une belle forge à Marche-lès-Dames, envoie sept barres de fer. C'était d'abord un simple ouvrier. Instruit par une pratique manuelle, il a eu le courage d'étudier la théorie, et il est maintenant un des hommes les plus éclairés dans cette partie.

Deux morceaux d'alun de roche sont adressés par M. *Paqua*, de Flone, qui exploite la plus importante alunière du département de l'Ourte.

La fabrication de la tole s'est perfectionnée dans ce département, depuis l'introduction des laminoirs. M. *Dautrebande*, M. *N. Delloye* et M. *H. J. Bastin*, tous trois de Huy, en ont présenté divers échantillons. M. *Bastin* y a joint dix lames de fer, et M. *Delloye*, des échantillons de toile peinte, de papier, et six feuilles de fer-blanc, provenant d'une fabrique dont les travaux ont commencé avec l'année.

L'atelier public de filature de Huy offre des échantillons de coton filé, du n.° 5 au n.° 26 ; et M. *Parnajon*, tanneur dans la même ville, une bande de cuir fort de Buenos-Ayres.

Depuis la rédaction de cette notice, M. le préfet de l'Ourte a adressé des mouchoirs et toiles imprimés, de la manufacture que M. *Erhard* a récemment établie à Liége, et dont l'impression a été reconnue solide et bien soignée, par la chambre consultative de cette ville.

DÉPARTEMENT DU PAS-DE-CALAIS.

Désignation des objets que ce département présente à l'exposition :

DRAPS beiges, de M *Pamart* et de M. *Postel Vestart*, de Desvres, canton de Boulogne : les étoffes de M. *Pamart*, sont d'une très-bonne qualité. Ce fabricant fut honorablement mentionné à l'exposition de l'an 10.

Draps croisés, beiges et pinchinats, de MM. *Vandenbossche, Mais Bellin, Jean-Marie Lefebvre, Billeau Masse, Gouret, Despestres* frères et sœurs, *Buillart* et *Masse-Thullier*, de Saint-Omer. Ces étoffes sont très-estimées ; il n'en existe pas en France qui soient plus solides et d'un prix plus modéré.

Draps pinchinats et beiges, fabriqués par des orphelins à l'hospice de Saint-Omer. Cette institution présente le double avantage d'occuper ces enfans, et de former de bons ouvriers qui, à leur sortie de l'hospice, sont sûrs de trouver du travail.

Échantillons de panne en laine, de MM. *Leduc*, de Saint-Omer, et *Delepierre*, de Magnicourt-sur-Canche. La fabrique de ce dernier est très-utile au consommateur, par ses prix modérés.

Molletons et frocs, serges blanches, tricots, droguets croisés, de MM. *Louis Deligny, Antoine Bulot* et *Martel* et *Justin Hochard*, de Fruges ; *Jacques Martel, Antoine Martel*, d'Aix-en-Eygny ; *Jacques-Antoine Thomas, Jacques Bondoux,*

Bondoux, de Rumilly. Cette branche d'industrie répand l'aisance dans les communes qui s'y livrent.

Basins rayés, cannelés, toiles de nankin, velverettes écrues, et velours de coton de MM. *Nizard*, de Beaufort, arrondissement de Saint-Pol ; échantillon de velours de très-bonne qualité, de M. *Pecquet*, d'Orville.

Échantillons de velours, draps de coton, velverettes et nankin, de MM. *Henry Ledru*, d'Avesnes, arrondissement de Saint-Pol, et *Morel*, de Bucquoy, arrondissement d'Arras.

Échantillons de basins blancs, créponis à côtes, créponis unis, nankins unis et rayés, et basins unis, de M. *Branquart*, de Saint-Pol.

Cotons filés, basins et piqués, de M. *Denten*, d'Arras. Sa fabrique est la seule du pays qui possède des mécaniques pour la chaîne et la trame : elle a aussi l'avantage de donner de suite des fils aussi fins qu'on puisse le desirer. Le procédé ingénieux de M. *Denten* l'a mis à même de faire confectionner des basins et piqués de très-belle qualité et à un prix très-bas ; il emploie constamment cent vingt-cinq ouvriers.

Cotons filés, à broder, et cardes pour le coton, de M. *Deladerrière-Dubois*, d'Arras : sa fabrique est une des plus importantes. M. *Deladerrière-Dubois* a obtenu en l'an 10 une médaille de bronze. Il est le seul dans ce département qui soit parvenu à adapter à sa fabrique une carderie, un laminoir et un boudinoir, qui peuvent carder, laminer et boudiner 10 kilogrammes de coton par jour.

Cotons filés de MM. *Servatins* et *Martin*, d'Aubigny; *Bodet-Vincent*, d'Avesnes-le-Comte; *Deladerrière*, d'Hesdin; Mme *Mury*, *Louis Ronsier*, d'Arras; *Say* et compagnie, d'Auchy-les-Moines. De grands capitaux et une grande activité assurent le succès de cette dernière filature.

Fil à dentelle de MM. *Dufour* et *Crespin Faucompré*, d'Arras. Le premier de ces fabricans a obtenu une mention honorable à l'exposition de l'an 10 : soixante-dix ouvriers sont employés tant auprès de ses moulins, qu'à la préparation des fils; outre ce nombre, plus de 400 femmes travaillent à la filature des lins.

Bas de toute qualité de MM. *Godard*, *Gelas* et *Larzet* d'Arras; les bas fins sont d'une grande beauté : la fabrique de MM. *Gelas* et *Godard* entretient quatre cents métiers toujours en activité.

Bas de fil et coton de MM. *François Wallé* et *Wallart*, propriétaires des fabriques de Fruges; de MM. *Pierre Évrard*, *Delalleau*, *Pinchon*, *Halleste-de-Neuville* et *Deladerrière*, propriétaires des fabriques d'Hesdin. Ces deux fabriques sont renommées. Celle d'Hesdin n'emploie que des matières indigènes, et fournit presque exclusivement à toutes les troupes de l'Empire.

Dentelles de MM. *Pierron* et *Saint-Remy Carette*, d'Arras, qui furent mentionnés honorablement à l'exposition de l'an 10. La fabrique de dentelles est une des branches les plus considérables et les plus lucratives du commerce de cette ville et de sa banlieue ; elle y occupe trois mille ouvriers. Le fil provient des matières premières que l'on tire du pays.

Toiles blanches écrues étramées, dites *grises de saquin*, toutes fabriquées avec le lin du département, par M. *Hoyez*, de Félubert, arrondissement de Béthune. Ces toiles sont très-recherchées, et il s'en fait une grande consommation.

Bougies de M. *Cornille* fils, d'Arras.

Amidon de MM. *Boutry* frères, à Carvin.

Pipes de MM. *Gonsseaume*, *Vandenbuessche*, d'Arras ; *Louis Pontieu*, de Béthune, et *Fiolet*, de Saint-Omer. Le grand nombre d'ouvriers que ces fabriques occupent, les rendent extrêmement intéressantes.

Faïence de M. *Mussart*, de Saint-Omer.

Verres en bouteilles, bidons et damejeannes, de la verrerie de Hardinghen, appartenant à M. *Cazin*. Les verres de M. *Cazin* sont de la plus grande beauté, d'une forme commode et agréable, et d'un prix modéré. Ses débouchés pour les damejeannes sont principalement les îles ; souvent elles forment toute la cargaison d'un bâtiment.

Huiles de colzat, de camomille, d'œillette, de lin, de chenevis, de MM. *Meunier*, *Beke*, *Gendermen* et *Souillart*, d'Arras. Cette branche d'industrie s'accroît dans le pays. Les huiles d'œillette, propres à manger, ont acquis une grande supériorité.

Cuirs de veau et de vache, de MM. *Florentin-Eudes Duttois* et *J. B. Dutilleul*, de Carvin; *Derwilde* et *Desir*, d'Arras; *Douchet*, de Lens; *Christophe Massutte* et *Jean-Joseph Corseau*, de Fruges.

Deux rouleaux de papiers à dessiner et à écrire, d'une grande beauté, de M. *Brosbank-Éliza*, d'Arras.

Échantillon de tabac de M. *Masson-Demoi*, de Saint-Omer.

Différens ouvrages de tour, faits avec le tilleul et le peuplier, par M. *Leverd* fils, d'Arras : ils sont remarquables par un travail très-délicat.

Instrument de l'invention de M. *Marre* fils, médecin à Arras.

Marbres extraits des carrières de Ferques, Hélingen et Hoban, arrondissement de Boulogne, parmi lesquels se trouve un échantillon du marbre gris-blanc qui a été choisi pour la construction de la colonne Napoléon.

ÉTATS DE PARME,

PLAISANCE ET GUASTALLA[*].

On trouve dans la principauté de Guastalla, et

---

[*] La principauté de Guastalla avait offert les produits de son industrie à l'exposition avant le décret impérial qui a prononcé sa réunion au royaume d'Italie.

principalement au village de la Rolta, ou village des Chapeaux, un genre d'industrie bien singulier; il consiste à faire des chapeaux avec du bois de saule, qui est tiré du royaume d'Italie. Cette fabrication procure des moyens d'existence à six cents personnes. M. *Antoine Chierici*, de Rolta-de-Guastalla, qui en achète presque tous les produits pour les vendre soit à l'intérieur, soit dans l'étranger, en a adressé divers échantillons, dont le travail est fait avec beaucoup de soin.

La principauté de Guastalla a fourni d'autres objets provenant d'un atelier de charité, établi à Luzzara, par M. *Plateslainer*, archiprêtre de cette paroisse : ils consistent en tissus de lin et de coton, de soie et de chanvre, de lin et de bourre de soie, &c., en bonneterie de coton, en cotons filés à la main, en filoselle et cotons filés à un grand rouet qui donne vingt fils à-la-fois, de l'invention du fondateur; il y a joint quelques essais en tissus de paille de blé, et un essai de tissu de bois de saule, tissu fait au moyen d'une machine qu'il est sur le point de terminer. Cet estimable ecclésiastique mérite la reconnaissance de ses concitoyens et la bienveillance de l'autorité, pour avoir ouvert aux filles pauvres ou orphelines une maison de travail, au soutien de laquelle il consacre ses modiques revenus.

La ville de Parme envoie des chapeaux, de la bonneterie en soie, en fil, des cuirs, des lampas, de la cire et du rhum de miel, des tissus de coton, des toiles de chanvre, des plumes et plumets.

Les plumes et plumets proviennent de la fabrique de M. *Louis Laurent;* les toiles de chanvre, les tissus de coton consistant en futaines et en toiles de coton blanches, de la manufacture *Sauvitale de Fontanellato,* sous la raison de commerce *Pierre Armanetti* et compagnie; la cire et le rhum de miel, d'*Alexandre Serventi;* les lampas, de *Jean Menandri;* les cuirs, de *Louis Darroni;* la bonneterie en soie et celle en fil, des ateliers de MM. *Calloud* frères; ces derniers ont aussi remis des chapeaux : *Dominique Marra* en a remis un feutré à plumet blanc.

On est sûr d'éveiller la curiosité des amateurs des belles productions typographiques, en annonçant que l'envoi fait par la ville de Parme, était accompagné de quatorze éditions du célèbre *Bodoni;* en voici la désignation sommaire :

1.° L'*Anacréon* grec, petit in-4.° 1784, dont M. *Gail* a fait un bel éloge dans son énumération des éditions d'*Anacréon;*

2.° Idem, *litteris quadratis,* grand in-4.° 1785;

3.° Idem, *litteris quadratis,* petit in-8.° 1791;

4.° Idem, *in-16,* sur parchemin, 1791.

5.° L'*Aminte* du *Tasse;* in-4.° 1789, qu'*Arthur-Young* apporta d'Italie à Londres, et qu'il proposa aux imprimeurs anglais comme un modèle achevé d'exécution typographique ;

6.° *Idem,* grand *in-folio,* 1793, sur parchemin.

7.° *Théophraste* grec et latin, grand *in-4.°*, contenant deux chapitres inédits. Lors de sa publication, ce livre ne coûtait que quinze pauls : à la vente de la bibliothèque de M. *Cravenne* à Amsterdam , un exemplaire fut acheté près de trente sequins.

8.° *Tryfiodore* grec, petit *in-folio* , sur soie.

9.° Les *Stances* de *Politien*, petit *in-4.°*, sur soie.

10.° *Description de la chambre du Corrège*, grand *in-fol.*, avec les gravures de *Rosa-Spina*, et leur explication en italien, en français et en espagnol. On ne peut qu'admirer l'art avec lequel *Bodoni* a su, en imprimant cet ouvrage, qui n'est pas très-commun à Paris, varier ses caractères dans les frontispices, les dédicaces et les descriptions , sans jamais se répéter.

11.° L'*Hymne* grec *à Cérès*, qu'on a attribué long-temps à *Homère*, grand *in-folio*, 1805, et la superbe traduction italienne que *Louis Lamberti* en a donnée. Cet hymne est imprimé avec les mêmes caractères grecs que *Bodoni* va employer pour l'impression de son *Homère in-folio*, dont sa Majesté l'Empereur a bien voulu agréer la dédicace.

12.° *Recherches sur la plante du papyrus*, par *Dominique Cirillo*, grand *in-folio*, 1794.

13.° *Bref du Pape* Pie VI, en grosse nompareille, dont on n'a tiré que trois exemplaires sur papier de Hollande.

14.° *L'Oraison dominicale* en cent cinquante-trois langues orientales et latine, petit *in-folio*, 1806, dédiée à LL. AA. II. le prince *Eugène NAPOLÉON*, Vice-Roi d'Italie, et la princesse *Auguste - Amélie* son épouse. Ce dernier ouvrage va étonner les vrais connaisseurs de l'art typographique ; ils auront de la peine à comprendre qu'un homme seul ait eu le courage et la hardiesse de l'entreprendre sans aucun secours étranger.

Ces quatorze éditions appartiennent à M. le général *Junot*, ci-devant gouverneur général des États de Parme, Plaisance et Guastalla, &c., et aujourd'hui gouverneur de la capitale de l'Empire ; ils font partie de la collection entière des ouvrages de *Bodoni*, qu'il a achetée, et qui est une des plus complètes qui existent. On ne peut lui comparer que celle de M. le prince ministre des relations extérieures, et celle que se montra jaloux d'acquérir, lorsqu'il remplissait des missions diplomatiques en Italie, le frère de notre auguste Empereur qui règne aujourd'hui à Naples.

DÉPARTEMENT DU PÔ.

DES échantillons de divers marbres blancs, verts, noirs, jaunes, mélangés, &c., tirés des carrières du ci-devant Piémont, présentés par M. *Spalta*, sculpteur, conservateur du Muséum des arts du dessin de la vingt-septième division militaire ; de tulle à plusieurs dessins, ouvré sur le métier à bas de la fabrique de M. *Boliano*, de Turin ; de basins, couils, nankins, de la manufacture de MM. *Folio* et compagnie, de Chieri ; de savon blanc et de savon marbré, fabriqués par-

M. *Professione*, de Turin ; d'organsins teints en noir par M. *Lamberti*, de la même ville ; de draps, ratines et molletons, de la fabrique de MM. *Depaoli* et compagnie de Turin ; de draps et casimirs provenant de la manufacture qu'a dernièrement établie dans cette ville la société pastorale de la Mandria, manufacture qui emploie uniquement les laines du beau troupeau que cette société possède : tels sont les objets que le département du Pô fera paraître à l'exposition.

Le grand conseil d'administration de l'université de Turin y a joint des échantillons de toutes les substances minérales exploitées dans les départemens de la vingt-septième division militaire, et employées aux usages des manufactures et des arts : ces échantillons ont été tirés du Muséum d'histoire naturelle de Turin.

DÉPARTEMENT DU PUY-DE-DÔME.

Cinq cent-cinquante ateliers de quincaillerie, disséminés dans la ville de Thiers et dans les communes environnantes, occupent quinze à seize mille individus. Ils peuvent fournir par jour sept cent vingt douzaines de couteaux, depuis un franc jusqu'à 18 fr. la douzaine ; sept cent vingt douzaines de ciseaux, depuis 75 centimes jusqu'à 15 francs la douzaine ; quatre cents douzaines de fourchettes, depuis 50 centimes jusqu'à 3 francs la douzaine ; trois cents douzaines de cuillers, depuis 1 franc jusqu'à 3 francs la douzaine ; quarante douzaines de canifs, depuis 75 centimes jusqu'à 2 fr. la douzaine ;

cent vingt douzaines de rasoirs, depuis 5 francs jusqu'à 10 francs la douzaine. Le travail y est divisé et subdivisé d'une manière bien entendue ; c'est ce qui est cause que les quincailleries de Thiers se vendent à bas prix : elles se répandent dans l'intérieur de la France, en Espagne, en Suisse, en Italie, dans une partie de l'Allemagne, dans les échelles du Levant, en Afrique et en Amérique.

Les objets que ces nombreux ateliers présentent à l'exposition, consistent en ciseaux, couteaux et jambettes de différentes espèces : ils proviennent de MM. *Antoine Jacqueton, Brasset-Lheraud, Henri* père et fils, *Marquet, Desuptimberdis, Farge Blettery, Glometon* fils, *Antoine Odin* fils, *Pradier, Bertry Dubost, Chervet* frères, *Gouret-Planche, Taillandier-Chabrol,* veuve *Grange, Grange-Riberon, Riberon, Vacherias Tixier, Coutaret-Blettery, Chabrol* père et fils, *Perret-Vacherias,* de Thiers ; *Joannis, Fedit, Bayle,* de Saint-Remy.

L'arrondissement de Thiers renferme vingt-deux papeteries, et celui d'Ambert trente-cinq. La bonté du papier qui en sort, et la modicité de son prix, assurent aux fabricans des demandes sans cesse renaissantes. Il sert à tous les besoins, suivant ses diverses espèces, à l'impression, à l'écriture, à la gravure en taille douce, à la fabrication des éventails, pour le pliage des marchandises, pour tentures, &c. : outre la grande consommation qu'en fait la France, il en passe dans l'étranger et sur-tout en Angleterre.

MM. *Malmenayde* aîné , *Jacques Berger*, de Thiers; *Madur* aîné , *Pourrat* , d'Ambert ; *Pierre Serves* , de Chamalières , en ont envoyé des échantillons.

On trouve de plus dans l'arrondissement d'Ambert, des fabriques de camelots et satins turcs , de dentelles et blondes , de merceries et d'étamines à Pavillon.

MM. *Mandel*-frères, *Jacques Fustier* , de Cunlhac, ont remis des camelots et satins turcs ; MM. *Calmard Tiallier*, *Jean-Baptiste Demichel*, *Jean-Baptiste Chauve*, de Viverols , *Bravard-Faure* , d'Arlanc , des blondes et des dentelles ; *Vimal Flouvat* père et fils , *Imberdis Peschier*, *Pourrat* , *Goubeyre* , *Chabrier Arthaud* , *Vimal-Vialis*, d'Ambert, des lacets , jarretières , rubans de fil, et autres objets de mercerie : *Vimal-Madier* et *Groine* , de la même ville , des étamines à pavillon ; *Decroix*, *Touzet* , *Buisson* et compagnie , *Vimal Teyras* , aussi d'Ambert, des étamines à pavillon, et des articles variés de mercerie. La fabrique de M. *Vimal-Teyras* est une des plus considérables d'Ambert.

DÉPARTEMENT DES BASSES-PYRÉNÉES.

IL existe dans la ville de Pau à-peu-près cinq cents tisserands , et dans les environs près de quatre cents : ils sont considérés comme ne formant qu'une seule fabrique, sous le nom de *fabrique de mouchoirs de Béarn* , parce qu'ils ont une même manière de travailler , qu'ils établissent une même marchandise, et que leurs prix et leurs dessins sont les mêmes. MM. *Lacassin*, *Bordenave* et *Bergeyre*,

M. *Larrin-Bezet*, fournissent des mouchoirs ; M. *Begué*, des serviettes. Tous ces fabricans sont de Pau. La plus belle toile et les plus beaux mouchoirs de Béarn sont faits avec le lin récolté dans le premier et le cinquième arrondissement du département, et sur-tout dans la commune de Lescar. Ce lin est fort court ; il est désigné par le nom de *linet*. La chambre consultative de Pau en a adressé un échantillon.

Les échantillons de cotons filés appartiennent à M. *Damborges*, propriétaire d'une filature située à Lescar, et qu'il a acquise de M. *Linard*, auquel il fut accordé en l'an 10 une médaille de bronze.

La ville de Nay renferme plusieurs manufactures dans lesquelles on fabrique des berrets, des droguets, des cadis, des grismores, des bonnets, des bas de laine, et des bonnets façon de Tunis. Des échantillons de chacun de ces objets paraîtront à l'exposition.

Les berrets sont des espèces de bonnets de laine à l'usage des campagnes. Cent ouvriers sont occupés à les faire, et en livrent au commerce deux mille douzaines par an. Cette quantité était plus forte avant la révolution ; elle a diminué par l'usage qu'ont adopté les habitans riches des campagnes de porter des chapeaux.

La fabrication des droguets, des cadis, des grismores, occupe douze cents ouvriers. Le produit annuel de cette fabrication, est de deux mille deux cents pièces.

Trois cents ouvriers travaillent à la fabrication des

bonnets, et en établissent annuellement deux mille quatre cents douzaines.

Il est versé annuellement cent douzaines de bas dans le commerce, fabriqués par soixante ouvriers.

L'échantillon d'acier provient de la fabrique que M. *Lalanne* possède dans la commune de Pontacq. Les fabricans de la même commune fournissent des échantillons de cordeillats ; ceux de Bruges, des étoffes pour capes, des razes et des cadis pour doublures ; ceux de Rebenacq, des razes ; ceux d'Arros, des couvertures de laine, que consomment en très-grande partie les armées et les hôpitaux.

La fabrique de la bastide de Clairance produit des bas et des berrets ; ils sont d'une grande utilité pour la classe peu aisée. Les bas sont adressés par MM. *Béhérain-Palge, Dominique Béhérain, Jean Saint-Bois* ; les berrets, par MM. *Am.ᵈ Diharre*, et *Bertrand Detchard.*

Quoiqu'il n'y ait point d'établissement en grand dans l'arrondissement d'Oléron, les produits des ateliers particuliers sont néanmoins assez considérables. Les objets qui s'y manufacturent, sont les bas de laine, les jupes en flanelles, les cordeillats ; les berrets, les chapeaux ; les papiers.

Des bas de laine à deux bouts, pour homme et pour femme, sont adressés par M. *Antoine Lamarque*, d'Oléron : ce fabricant y joint trois pièces de flanelle ou jupes rayées de laine, deux pantalons de laine fine, travaillés au métier à bas. On peut évaluer à quatre mille huit cent soixante-dix douzaines les bas fabriqués annuellement dans l'arrondissement : le nombre des jupes peut être porté à trente mille.

Les cordeillats fabriqués dans la ville d'Oléron, forment un produit annuel de cent mille mètres ; ils servent à l'habillement des artisans et des habitans de la campagne. Les échantillons de cordeillats qui figureront à l'exposition, ont été présentés par MM. *André Paillé*, de Moumour ; *Camalés* aîné et *Abadie - de - Loustannau*, de Précilhon. *Pierre-Antoine Dagusan*, d'Oléron, offre des berrets.

La proximité de l'Espagne, qui fournit la matière première et un débouché avantageux, est favorable au succès d'une fabrique de chapeaux. M. *Lamarque* en a établi une à Sainte-Marie-d'Oléron ; il envoie quatre chapeaux ; Mme veuve *Camon*, et *Daniel* fils, des papiers de différentes qualités ; MM. *Garinet* et *Renobert*, propriétaires d'une manufacture de toile peinte, à Sainte - Marie- d'Oléron, un schal d'un mètre trente centimètres carré.

Les fabricans d'Arthès-d'Asson offrent du fer, des bas, des berrets, qui sont les seuls articles fabriqués dans leur arrondissement. Les échantillons de fer appartiennent à M. *Dangosse* ; ceux en bas, à MM. *Colombots* et *Castagnet-Sance* ; les berrets, à M. *Baptiste Diu*.

DÉPARTEMENT DES HAUTES-PYRÉNÉES.

QUOIQUE ce département ne renferme aucune grande manufacture, on ne peut dire néanmoins qu'il soit dépourvu d'industrie. La classe ouvrière, qui, en général, y possède de petites propriétés, partage son temps entre la culture, l'éducation des bestiaux et la fabrication.

La vallée d'Aure fournit une assez grande quantité de *cordelats*, connus aussi sous le nom de *fleurets d'Aure*; la ville de Bagnères, des cadis dont le tissu est serré et solide; des voiles ou crêpes composés des plus belles laines du pays, et d'une filature fine, très-répandue aujourd'hui que les dames de la classe la plus fortunée en ont adopté l'usage; des tricots variés dans leurs dessins, leurs formes, leurs couleurs, pour robes, schals, gilets, pantalons, couvre-pieds, tapis, &c. La moitié des femmes de Bagnères donne à ce dernier travail tout le temps que leur laissent les soins de leur ménage; et, chaque année, l'imagination, le goût et la dextérité embellissent l'ouvrage de leurs mains.

Les fabriques de la vallée d'Aure se sont empressées d'envoyer à l'exposition, des cordelats; et celles de Bagnères, des cadis, des voiles, des tricots, des échantillons d'étamines, de lin, de toiles de lin, de laine dite de *bānies*, de papier à sucre et autres papiers.

Leur exemple a été suivi par les autres parties du département des Hautes-Pyrénées où il y a quelque industrie. MM. *Raguettes*, de Tarbes, et *Ferrand*, de Soues, ont adressé des échantillons de papier; MM. *Dupont* et *Fouchoux*, de Tarbes, des casseroles en cuivre; M. *Francel*, de la même ville, des échantillons de cuirs et peaux; M. *Dominique Lafite*, de Vic, un paquet de cendres gravelées; MM. *Moulette*, *Mouniq*, *Lurmon*, de Saint-Pé, présentent, le premier, des hameçons et des filières; le second, des clous propres à divers usages; et le troisième, un mouchoir commun et du lin; *Lézian - Pouzeaux*, coutelier à Tarbes, deux couteaux de prix; et M. *Bresseuil*, arquebusier, demeurant aussi à Tarbes, une platine de fusil.

DÉPARTEM. DES PYRÉNÉES-ORIENTALES.

LA fabrique de Prats-de-Mollo est la seule de ce département qui prenne part à l'exposition. Les échantillons de draps communs qu'elle y envoie, ont été fournis par MM. *Roger*, *Rose Xalart*, *Jean Durand*, *Joseph Durand* et *Louis Compidor*, tous fabricans à Prats-de-Mollo.

DÉPARTEMENT DU BAS-RHIN.

NOMS et demeures des manufacturiers et artistes de ce département qui ont été admis à l'exposition, et désignation sommaire des objets qu'ils présentent:

M. *Malapert*, de Strasbourg, six échantillons de coton très-bien filé, du n.° 30 au n.° 100. M. *Malapert*, qui n'a formé son établissement qu'en l'an 10, a en ce

moment

moment trente assortimens de mécaniques, et emploie cent soixante personnes : ses mécaniques peuvent filer jusqu'au n.º 180.

La ville de Haguenau, un paillasson, un chapeau de paille à l'usage des habitans de la campagne, un échantillon de dentelles, et une paire de gants de laine d'un prix modique. Ces quatre articles proviennent de divers ateliers de charité établis à Haguenau pour occuper la classe indigente.

M. *Bucher*, de Strasbourg, six coupons de nankins, d'excellente qualité. Son établissement, qui ne fait que de naître, donne les plus belles espérances ; il fabrique déjà quinze cents pièces par mois. C'est après de nombreux essais chimiques qu'il a trouvé la véritable nuance des nankins : son teint est à toute épreuve.

MM. *Lebel* et compagnie, de Lambertsloch, divers échantillons de graisse d'asphalte ; les travaux de la mine d'où cette substance est tirée, et les préparations qu'on lui fait subir, fournissent du travail à environ cinq cents personnes.

MM. *Ræderer* et *Boehm*, de Strasbourg, des échantillons de papiers maroquinés imitant si bien le véritable maroquin, par le grain et la vivacité des couleurs, qu'il est assez difficile, quand on les emploie dans la reliûre, d'en faire la différence. La société d'encouragement pour l'industrie nationale a fait mention honorable de cette fabrication, comme ayant approché du prix pour la

P

reliûre économique. MM. *Rœderer* et *Boehm* fabriquent en outre des papiers de couleurs ordinaires.

M. *Reinhard*, de Strasbourg, onze feuillets séparés et quatre cahiers de musique stéréotipée, beaucoup plus belle que la musique gravée.

MM. *Oppermann*, *Lefèbure* et compagnie, de Strasbourg, une bouteille d'acide sulfurique, connu dans le commerce sous le nom d'*huile de vitriol anglaise*. Ils en fabriquent annuellement 100,000 kilogrammes, dont la plus grande partie s'exporte dans les pays d'outre-Rhin.

M. *Faber* et MM. *Chrétien Bertrand* et compagnie, de Bischwiler, des gants et mitaines de laine, au crochet, d'une bonne qualité et d'un prix modique. MM. *Chrétien Bertrand* y ont joint des échantillons de chanvre.

MM. *Gau* frères, de Strasbourg, cinq échantillons de toiles à voiles, d'une qualité parfaite ; leur manufacture emploie au-delà de deux cents métiers battans ; elle travaille exclusivement pour la marine impériale, et peut fournir jusqu'à 300,000 mètres par année. Cet établissement est un des plus utiles du département du Bas-Rhin ; il entretient pendant l'hiver environ six mille femmes et enfans dans les villages auprès de Strasbourg, quand les besoins du Gouvernement font augmenter la fourniture annuelle.

Mlle *Zimmer*, d'Oberhausbergen, un pain de céruse.

MM. *Roswaag* père et fils, de Schelestat, des toiles métalliques que l'on emploie à faire des formes pour les papiers vélins, et des tamis à l'usage des faïenceries, verreries, &c. La qualité en est parfaite, elle surpasse tout ce que l'on fabrique en ce genre dans les diverses contrées de l'Europe.

MM. *Saglio* frères, de Strasbourg, deux pains de sucre raffiné, d'une assez bonne fabrication.

M. *Schneider*, de Strasbourg, une petite caisse contenant plusieurs feuilles de plomb et cartouches pour tabac, tirées de la fonte, et non étamées : ces feuilles ont autant d'éclat que celles que l'on étame ; elles sont beaucoup plus solides, moins poreuses et conservent mieux le tabac.

MM. *Gouldenkeusch* et compagnie, de Bischwiller, quatre coupons de drap de couleurs différentes, d'une bonne qualité. La fabrication des draps fait une des principales branches de l'industrie du bourg de Bischwiller. Beaucoup de régimens de hussards et de dragons s'y approvisionnent. Il y a dans ce moment quatre-vingts à quatre-vingt-dix métiers qui peuvent fournir 60,000 mètres de draps par an, et même davantage, si les circonstances l'exigeaient ; ils occupent mille à onze cents ouvriers.

M. *Georges Dietsch*, de Strasbourg, échantillons de draps de bonne qualité. Ce fabricant occupe présentement environ six cents personnes.

M. *Wilckens*, de Saar-Union, échantillons de siamoise et de nappage.

M. *Forcht*, de Strasbourg, une paire de bas de coton, supérieurement fabriquée.

Mme *Antoinette Acker*, veuve de *Luc Watter*, de Strasbourg, un poêle de faïence d'un bel émail, et d'une fabrication parfaite. Mme *Acker* se propose d'en faire hommage à sa Majesté l'Impératrice.

MM. *Dietrick* et compagnie, de Niederbroon, qui furent mentionnés honorablement à l'exposition de l'an 10, divers échantillons de fer d'une bonne qualité. L'établissement de M. *Dietrich* consiste en plusieurs usines qui occupent journellement neuf cents personnes, et fournissent à l'arsenal de Strasbourg toutes sortes de munitions, telles qu'obus, bombes, boulets, &c.

MM. *Levrault* frères, de Strasbourg, la Relation des fêtes données par la ville de Strasbourg à leurs Majestés impériales, à leur retour d'Allemagne, très-belle édition, tant pour l'impression que pour les caractères. MM. *Levrault* ont une fonderie qui fournit des caractères depuis vingt ans à différentes imprimeries de France, d'Allemagne, de la Suisse et du Nord : plusieurs ouvrages sortis de leurs presses les ont fait connaître très-avantageusement.

M. *Jean-Jacques Dietz*, de Barr, un paquet de coton rouge, façon d'Andrinople, bon teint. Sa manufacture occupe trois cents personnes pour la filature du coton, et dix ouvriers pour la teinture : par un procédé particulier, il fait son rouge en seize jours, tandis qu'on emploie généralement un mois et plus pour obtenir le même résultat.

MM. *Coulaux* frères, entrepreneurs de la manufacture

d'armes blanches de Klingentall et de celle d'armes à feu de Muntzig , six caisses d'armes blanches et deux fusils du modèle de 1777 corrigé.

Parmi les lames de sabre que présentent MM. *Coulaux,* on distingue celles en damas qu'ils ont su perfectionner, rendre au moins égales aux damas de Perse et de Syrie, et qu'ils livrent à un prix bien inférieur. Les connaisseurs remarqueront sur-tout deux de leurs damas, l'un doré, et l'autre brillanté, portant en lettres corroyées et incrustées dans la matière, le premier, À NAPOLÉON I.er, Empereur et Roi ; le second, *Au Prince EUGÈNE, Vice-Roi d'Italie.*

Les deux manufactures de Klingentall et de Muntzig occupent cinq cents ouvriers. Celle de Klingentall fournit annuellement 50,000 baïonnettes et 20,000 sabres : elle fabriquerait au besoin 60,000 sabres montés , 60,000 lames de sabre, et 200,000 baïonnettes. C'est la seule fabrique d'armes blanches qui travaille en France pour le compte du Gouvernement.

La fabrique de Muntzig livre par an 18,000 fusils de guerre , et pourrait doubler ce nombre s'il était nécessaire.

DÉPARTEMENT DU HAUT-RHIN.

Il y a peu de départemens qui se soient montrés plus jaloux de prendre part à l'exposition que celui du Haut-Rhin ; il y figurera d'une manière intéressante par les produits de ses usines, de ses manufactures de toiles peintes, de tissus de coton, bonneterie, rubans de fil, tanneries, maroquineries, draperies, &c.

Les usines de Corendlin, Undervelier et de la Reuchenette, dont MM. *Georges* et *Cugnolet* sont propriétaires, offrent des fers, des lames en fer pour canons de fusils, des aciers, des faulx; celle de Bellefontaine, appartenant à MM. *Meiner* et *Borneque*, des fers, des lames à canon; les forges d'Audincourt, propriétaire M. *Rochet* ainé, qui obtint une médaille de bronze à l'exposition de l'an 9, des fers, des fers blancs brillans, des fers noirs; la manufacture de fer blanc de MM. *Gast* frères, située à Wegscheid, la plus ancienne qu'il y ait en France, des fers blancs; les forges de Bedfort, appartenant à MM. *Veillard* et *Antonin*, des fers, un gueuset en fonte, des lames à canon; M. *Weber*, de Mulhausen, du réalgar ou arsenic rouge; M. *Borneque* l'aîné, fabricant à Bischvilliers, qui fut mentionné honorablement à la dernière exposition, du fil d'acier et des faulx. M. *Borneque* a rendu un véritable service à notre industrie, ainsi que MM. *Georges* et *Cugnolet*, en établissant en grand la fabrication des faulx que l'étranger nous fournissait : ces fabricans en mettent déjà chaque année près de cinquante mille dans le commerce, dont trente mille sortent des ateliers de Bischvilliers.

Les manufactures de toiles peintes sont bien plus importantes encore pour le département du Haut-Rhin que ses usines : presque toutes ont présenté leur tribut à l'exposition; savoir : celles de MM. *Hartman,* au val de Munster; *Gros-Davillier*, *Roman* et compagnie, à Ves-serling; *Zurcher* et compagie, à Cernay; *Verdan*, à Bienne; *Dolfus-Mieg* et compagnie, *Blech-Tries* et compagnie, *Paul Blech*, *Kohler-Heilmann*, *Schlumberger-Kœnnig* et compagnie, *Baumgartner* et compagnie, *Huguenin* l'aîné, *Weber* père et fils, *Jungahen-Blech* et compagnie, *Jean Hofer* et compagnie, *Schoening* et compagnie, *Koechlin* frères, à Mulhausen, *Petit-Pierre* et *Robert*, à Thann; *Schwartz-Hofer* et compagnie, à Mulhausen et Cernay; *l'Huillier* frères, à Sainte-Marie-aux-Mines, et *Hauss-man* frères, sur le canal de Logelbach près Colmar. Les objets qu'elles envoient consistent en échantillons et coupons de toiles peintes, en mouchoirs, gilets, schals imprimés, &c. « On distinguera, dit M. le Préfet du » Haut-Rhin, ceux provenant des ateliers de MM. *Hauss-* » *man*, à Logelbach; *Gros-Davillier* et *Roman*, à » Wesserling; *Hartman*, à Munster, et *Dolfus-Mieg*, » à Mulhausen : les schals de Logelbach attireront sur- » tout les regards du public par la beauté des dessins, » des couleurs, et par d'ingénieux emblèmes : l'un d'eux » est remarquable en ce qu'il offre le premier essai de » la teinture écarlate en cochenille appliquée par satu- » ration sur le coton. »

M. *Koechlin*, de Mulhausen, a entrepris de prouver qu'en toiles de coton peintes, on pouvait imiter les tableaux peints à l'huile et rendre le même effet, ces tableaux étant en bon teint et leurs couleurs ne s'alté-rant pas à la lessive. Il en exposera lui-même quatre, de plus de deux mètres de hauteur chacun, et de plus d'un mètre de large, représentant, le premier, un vase antique en marbre blanc rempli de fleurs; le second, une allégorie en l'honneur du général *Desaix;* le troisième, le buste de *Franklin,* et le quatrième le buste de *Napoléon* premier Consul, en grandeur naturelle, d'après le premier buste en stuc, fait en Italie. Ces tableaux, qui peuvent servir de tenture, réunissent au sujet principal des accessoires et ornemens choisis et exécutés avec goût. M. *Kœchlin* y joindra six fauteuils ou housses de fauteuils coloriés, gravure au burin.

Il se fabrique dans le département du Haut - Rhin, sur des métiers à navette volante, plus de vingt mille pièces de toiles de coton par an, qui sont imprimées dans les manufactures de toiles peintes. MM. *Gros-Davillier, Roman* et compagnie, de Vesserling, en présentent une avec des échantillons de coton filé; ils ont été imités par M. *Lischi Dolfus,* qui a établi, au mois de juillet 1805, une filature et une fabrique de tissus de coton, dans le château de Bollwiller, où il espère porter sa fabrication annuelle à dix mille pièces de toiles propres à l'impression. M. *Reber,* fabricant à Sainte-Marie-aux-Mines, offre aussi un écheveau de coton filé, desirant qu'il serve de modèle pour un dévidoir commun.

Aux objets que nous venons sommairement de désigner, le département du Haut- Rhin a ajouté de la bonneterie en fil de lin et en coton, de la fabrique de

MM. *Leydeker* et *Caesar*, de Sainte-Marie-aux-Mines, qui emploient cinq cents ouvriers ; des peaux maroquinées, vert, puce et rouge, distinguées par la beauté du grain, la bonté de l'apprêt, la solidité et l'éclat des couleurs, de la manufacture de M. *Bruckner*, de celle de *Georges - Jacques Schlumberger*, et de celle de *Jean-Conrad Schlumberger*, de Mulhausen ; un échantillon de cuir fort, tiré du dos de l'animal et préparé dans la même ville ; des verres à vitre et en gobleterie, provenant de la verrerie de Lausson, appartenant à M. *Gresly*, et de celle de Roches, exploitée par MM. *Gérard* et *Greschs* fils ; des papiers des papeteries de MM. *Kiener* frères, à Luttenbach, *Schwindenhamer*, à Turkeim, *Ochl*, à Cernay, *Jean Zuber*, à Roppentzviller ; des rubans de fil, fleurets, galons, &c., des manufactures de MM. *Debary* et *Bischoff*, à Guebriller, *Legrand* père et fils, à Saint-Morand près d'Altkirch ; des siamoises et mouchoirs, des fabriques de MM. *J. G. Reber* et compagnie, *J. J. Uhlenhulh, André Stackler*, *Schwarts* et compagnie, à Sainte-Marie-aux-Mines, *Hartmann* frères, *Laurent Veber*, à Mulhausen, *Jacques Ehret*, à Massevaux, *Kayser*, à Alspach ; des siamoises servant à l'habillement des pauvres, présentées par le S.ʳ *Péchin*, instituteur à Nommay ; des draperies, de *Schlumberger* et *Clemann*, *Martin Steiner, Mathieu Mieg* et fils, *Frédéric Reber*, *Pierre Hartmann* le jeune, *Jonas Jelensperger*, *Henri Lengelin* le jeune, *Pierre Henri*, *Jean Mansbendel* et autres fabricans de Mulhausen.

Les artistes du Haut-Rhin envoient aussi au concours le résultat de leurs découvertes.

M. *Laurent Weber*, de Mulhausen, breveté d'invention, adresse un nouveau métier de tisserand, qui réunit la simplicité dans sa construction à l'immobilité nécessaire pour son jeu, procure une économie de moitié sur le bois avec lequel on l'établit, et une économie de moitié sur la main d'œuvre. Ce même artiste à trouvé un moyen de fouler les draps, qui leur donne plus de corps sans en rien détacher, et n'exige que douze à quinze heures de foulage ; il fait don de 2 mètres et demi de drap ainsi foulé au brave d'Austerlitz que désignera son Excellence le Ministre de l'intérieur, desirant seulement connaître le nom de celui qui les aura reçus.

M. *Japy*, de Beaucourt, également breveté d'invention, qui fut mentionné honorablement à l'exposition de l'an 10, pour les mouvemens de montre qu'il exécute à l'aide de moyens mécaniques, et dont il fait un débit immense, offre, avec quelques-uns de ces mouvemens, des vis à bois fabriquées par le procédé dont il s'est assuré la jouissance exclusive en prenant un brevet.

MM. *Jean Zuber* et compagnie, qui, outre leur papeterie de Roppentzviller, possèdent une fabrique considérable de papiers peints à Rexheim, ont composé une magnifique collection des paysages les plus intéressans de la Suisse. Le coloris en est si brillant et tellement diversifié, qu'un semblable travail fait au pinceau le surpasserait difficilement. Ils se proposent d'exposer eux-mêmes cette collection avec d'autres décors exécutés dans leurs fabriques.

DÉPARTEMENT DE RHIN-ET-MOSELLE.

IL se fabrique une assez grande quantité de draps communs, et de gros draps dans le département de Rhin-et-Moselle ; on y trouve aussi plusieurs filatures et fabriques de tissus et de bonneterie de coton nouvellement établies, des forges, des tanneries, mégisseries, corroieries, quelques papeteries, des manufactures de produits chimiques, &c.

Les fabricans de draps de ce département, admis au concours des produits de l'industrie, sont MM. *Jean-Hibgert Liers, Jean-Pierre Liers, Herm. Jos. Buch, Edmond Muller,* d'Altendoff ; *Jacques Castor, Pierre Metzger, Mathieu Weinert,* d'Oberwesel ; *Jean Hess, Jacques Ganier, Daniel Zehren, Adam Breul,* de Mayen.

MM. *Frohwein-Berg* et compagnie, *Louis Koppenhagen, Fattensteim* et *Kroels, Nicolas Felz,* de Bonn ; *P. Baaden,* de la même ville, présentent des cotons filés, du n.° 16 au n.° 100. La filature de MM. *Frohwein-Berg* et compagnie, qui n'existe que depuis quinze mois, occupe déjà cent ouvriers.

MM. *Brans* et *Neumager,* aussi de Bonn ; et *Charles* et *Louis Doll,* de Boppard, des cotons très-bien filés, des tissus et de la bonneterie de coton de bonne qualité.

M. *Augustin Schwager*, d'Andernach, des siamoises ; *Mathieu Gerst*, de Coblentz, de la bonneterie de coton et de filoselle ; MM. *Werth* et *Peil*, de Bonn, des cotons filés et des tissus de coton.

Les cuirs tannés qui ont été fournis, proviennent, ainsi que les peaux mégissées ou corroyées, de MM. *Frieling*, de Bonn ; *Eichen*, *André Roth*, de Meckenkeim, *Frédéric Hefterich*, *Henri Palm*, d'Andernach ; *Aloys Moeren*, *Jean Muller*, de Cochem, et *Germain-Joseph Muller*, de Rheinbach. Les cuirs de M. *Jean Muller* sont très-bien préparés.

M. *H. G. Remy*, maître de forge à Miesenheim, a remis des fers en barre qui sont tout-à-la-fois doux et nerveux ; et M. *François-Charles Bender*, de Coblentz, de l'acier.

MM. *Richard Boecking* et compagnie, de Trarbach ; *Vander Mullen*, de Brohl ; *Fingerhult* frères, de Cochenheim, des papiers. Les papiers des premiers sont d'une grande finesse ; ceux des deux autres fabricans ont beaucoup de force.

MM. *Jeannelle* et *Meunier*, de Bonn, de l'acide sulfurique ; *Zils* frères, de Metternich, du sel ammoniac d'excellente qualité ; *Joseph Lochrs*, du même lieu, du bleu de Prusse.

Quelques autres objets ont été envoyés par le département de Rhin-et-Moselle, savoir, un fusil double à deux coups, à vis cachées, par *Burkard*, de Creutznach ; de la musique gravée, très-correcte et d'un prix raisonnable, par le S.ʳ *Simerock*, de Bonn ; des pipes, par *Wingerter*, d'Andernach ; des pipes fines, par *Noerdershaeuser*, de Cobern ; un vase de terre, par *Jean Willems*, de Wormersdorf ; des articles de coutellerie, par *Frédéric Saum*, de Coblentz, et *J. P. Groeber*, de Winningen : ce dernier est habile dans son art, ainsi qu'on pourra en juger par des instrumens de dentiste extrêmement finis qu'il a présentés ; de l'amidon, par *Charles Vogel*, de Bacharach ; un échantillon de pierre meulière, par *Webers*, de Meudig ; du trass en nature, et pulvérisé, substance indispensable dans les constructions subaquatiques, par *Webers*, de Bourgbrohl ; de l'eau-de-vie de betterave, qui a une analogie remarquable avec le rum de sucre, par *Winnen*, de Coblentz ; le modèle d'un nouveau rouet à deux fuseaux, par M.ᶫᶫᵉ *Luxem*, de Polch.

Mais, parmi les produits des fabriques de ce département, ceux qui attireront le plus les regards, seront sans doute les toles vernies de MM. *Finck* et compagnie, de Coblentz. Ces fabricans, qui furent honorablement mentionnés à l'exposition de l'an 10, ont agrandi leur établissement, et font aujourd'hui des envois jusqu'en Russie ; ils occupent environ quatre-vingts ouvriers. Le vernis qu'ils appliquent sur la tole, a la couleur de pierre gris-noir mat, et donne à leurs ouvrages une ressemblance parfaite avec les vases de Wedgwood ; malgré sa solidité ineffaçable par l'acier et les acides, il n'excède pas le prix des vernis ordinaires.

MM. *Finck* et compagnie se servent de machines de leur invention, qui diminuent beaucoup la main-d'œuvre. Leurs fours sont construits de manière qu'ils absorbent à peine la huitième partie des matières combustibles des fours d'un usage commun.

La plus remarquable des pièces qu'ils ont adressées, est un vase de fleurs, en forme d'une antique, verni en basalte, dans le genre de la terre de Wedgwood, ornemens bronzés, nouveaux modèles. Ils prient son Excellence le Ministre de l'intérieur, de l'offrir en hommage à Sa Majesté l'Impératrice, si les circonstances lui permettent de le mettre sous ses yeux.

On doit faire observer que le département de Rhin-et-Moselle, semble, par la nature de son sol, qui n'est pas généralement productif, et par la multitude d'eaux courantes qui le traversent, appeler les manufactures. Il n'en possédait cependant point de quelqu'importance, avant sa réunion à l'Empire français, sans doute parce que les richesses s'y trouvaient toutes alors entre les mains du clergé, qui n'est ni manufacturier ni commerçant. Ce qui paraîtrait le prouver, c'est que depuis, l'industrie y a pris un développement déjà très-sensible. En effet, la création de la majorité des établissemens dont il a été parlé dans cette notice, est d'une date très-récente.

DÉPARTEMENT DU RHÔNE.

LES fabriques de Lyon figureront, à l'exposition, de la manière la plus honorable. Elles envoient des objets extrêmement nombreux et variés. Les autres manufactures du département du Rhône ont rivalisé de zèle pour être admises au concours ouvert à l'industrie nationale.

Le commerce de la librairie fleurit à Lyon depuis plusieurs siècles. Parmi ceux qui le font avec distinction, on remarque M. *Bruyset* l'aîné, membre de la chambre de commerce, dont la maison date de l'an 1680. Il est inventeur d'un tissu destiné à remplacer les reliûres en veau et en basanne. Outre l'économie qui résulte de l'emploi de ces reliûres, elles ont l'avantage d'être peu sujettes aux impressions de l'humidité, de résister aux attaques des insectes, de ne point se retirer à l'approche du feu, et d'être aussi solides que les reliûres en peau. M. *Bruyset* présente comme modèles quatre volumes in-8.° reliés de cette manière, et intitulés : *Élémens d'Analyse indéterminée.* Il offre aussi, conjointement avec son associé M. *Buynand*, trois exemplaires d'un ouvrage ayant pour titre : *Flore d'Europe,* contenant les genres de *Linnée,* dessinés et gravés par M. *C. V. Boissieu.*

Le cuivre que fournissent les mines de Saint-Bel et Chessi, est d'une bonne qualité. On verra dans les portiques plusieurs objets fabriqués avec les produits de ces

mines; savoir : un pain cuivre rosette, un fond de chaudière, une planche pour le doublage des vaisseaux, une
barre de cuivre battu à l'usage des fabricans de paillons;
on y verra de plus un morceau de soufre recueilli des
grands grillages de minérai.

MM. *Lorillard* et *Louis-André Prevost*, de Lyon,
présentent des cotons filés, teints d'après des procédés
économiques ; M. *Deschamps* l'aîné, pharmacien, de la
même ville, des échantillons en soie teints avec la
pellicule de raisin noir, lesquels plongés dans l'eau,
exprimés ensuite et tordus, ne perdent rien de leur
beauté, et que l'air n'altère pas lorsqu'on les y expose
après cette opération. M. *Deschamps* se propose de
publier son procédé dès qu'il aura achevé les recherches
qu'il doit recommencer aux vendanges prochaines.

M. *Pipon*, aussi de Lyon, est auteur d'un nouveau
métier pour la fabrication des étoffes de soie façonnées,
auquel il attribue l'avantage d'épargner beaucoup de
peine à l'ouvrier, et d'accélérer le travail. Il envoie plusieurs échantillons d'étoffes faits sur ce métier.

La chapellerie de Lyon occupe un assez grand nombre
d'individus : ses produits se consomment dans l'intérieur
et chez l'étranger. Les chapeaux de toute qualité qu'elle
a fournis, proviennent des fabriques de MM. *Mazard-
Clavel* père et fils, *Ribolet, Guiffray* et compagnie.

De toutes les fabrications qui ont rendu célèbre l'industrie des habitans de cette ville, la plus importante est
celle qui s'exerce sur la soie. Les tissus formés de cette

précieuse

précieuse matière, unis, brochés, façonnés, mélangés d'or ou d'argent, ornés de broderies, &c., appropriés au goût des consommateurs nationaux et étrangers, rendus en quelque sorte propres à tous les besoins du vêtement et de l'ameublement, se distinguent tantôt par la richesse et la magnificence, tantôt par des formes neuves, élégantes et variées, et toujours par le goût qui en dirige l'exécution. Les principaux fabricans en ont remis de toutes les espèces et qualités.

MM. *Coulet*, *Marry* et compagnie présentent divers tricots de soie, un mouchoir en tricot de soie, trame et peluche, un schâl en filoche de soie, à jour double; MM. *Jolivet* et *Cochet* qui ont pris divers brevets d'invention, des bas de soie à mailles fixes, un tulle filoche et un tulle dit *angly* ; M. *Guichard* fils, différentes applications ; M. *Alexandre Binard*, des échantillons d'applications en dorure fausse ; M. *Morin - Perrin*, *idem* ; M. *Couttolenc*, des mouchoirs de soie damassés, petite largeur, à l'usage des habitans de la campagne ; MM. *Piquet* frères, une juppe en soie fabriquée sur un métier à bas; M. *C.^{de} Bonnard*, cinq espèces de tulle de soie.

MM. *Audran*, *Revel* et compagnie, adressent des satins, des gazes, des gourgourands, des parthelines, des tissus or, des grenadines, des lamés, des levantines, des austerlines, des points de rits, des mouchoirs très-grande largeur, serge, madras, cachemire ; M. *Antoine Gros*, des satins; MM. *Neyron*, *Chazottier* et compagnie, des florences, des serges, des velours ; MM. *Pernon*, tribun , qui a obtenu une médaille d'or à la dernière exposition , *Guillaume Charretier , Bissardon* et *Boni* des échantillons de meubles dans le genre riche ; M. *J. M. Veyrieux* et compagnie, des gros-de-tours ; MM. *Pothonier, Valette* et compagnie, des velours à deux et trois poils, des draps de soie , des gourgourands ; MM. *Chanel* et compagnie, des velours miniature, coupés, liserés or ; M. *François Bal ,* des échantillons d'habits brodés ; MM. *Monterrat* et fils, des étoffes de soie dans diverses couleurs ; MM. *Placy* et compagnie, des échantillons d'habits brodés, et un échantillon de robe sur satin blanc brodée, soie nuée ; M. *Favre ,* un cadre représentant une plante impériale, un aigle, et divers ornemens en applications ; M. *Liandras ,* des velours pour bordure en quatre corps pour juppes ; Mme veuve *Chevron ,* un mouchoir grande largeur, perkale blanc brodé en laine ; M. *Platel ,* des échantillons de dorures ; M. *Vanrisamburg* cadet, MM. *Antoine Celle* et compagnie, des échantillons d'étoffes de soie ; MM. *Seriziat* et *Aymard ,* des satins, des tulles, des gazes damassées, des schâls damassés , et une carte d'échantillons d'étoffes de soie ; MM. *Fournel* père et fils, des échantillons de taffetats ; MM. *Lagrive , Diogue* et compagnie, MM. *Guillot* et *Duchamp ,* des satins ; MM. *Rey* et *Salavin ,* des levantines, des veloutés ; MM. *J. Esparon* et compagnie, des florences, des sparteries ; M. *Bouillet ,* des taffetas, un mouchoir de très-grande largeur en satin chiné ; MM. *Chambon* et *Preau ,* des gros-de-tours, des pekins, des veloutés , des sergines ;

MM. *Micoud* fils aîné et compagnie, des gros-de-tours, des droguets ; MM. *Napoly*, *Meynier* et compagnie, des velours frisés, des taffetas façonnés, damassés, des satins façonnés, trois coupons en cordons moirés, des rubans ; M. *Duperret*, un schâl grande largeur, madras, brodé en laine ; MM. *Poulet* et compagnie, des florences, des serges ; M. *Laurent*, des mouchoirs de différentes espèces ; MM. *Debarre*, *Theoleyre* et *Dutilleul*, un écran en velours façonné, des échantillons de divers articles ; M. *Jean-M. Mestrallet*, des satins ; MM. *Berthier* et compagnie, des échantillons de velours pour bordures et gilets, des gazes damassées, des velours pour gilets, des crêpes, des mouchoirs de différentes espèces ; MM. *Reverdy* et compagnie, des échantillons tout soie, et soie et dorure ; MM. *Terrel* et compagnie, des velours de plusieurs espèces, des étoffes de soie de différentes qualités ; MM. *Julien Vanrisamburg* et compagnie, des romaines, des veloutés, des serges ; MM. *Laveur* et compagnie, des mouchoirs, des schâls ; M. *Delapeyrouse*, des échantillons de pékin façonnés, nués ; MM. *Jarrasson* et compagnie, des satins, des veloutés, des italiennes ; Mme veuve *Jacob*, des augustines ; MM. *Fabry* et compagnie, des échantillons d'habits brodés en soie, or fin et pierres ; MM. *Jouve* et compagnie, des échantillons de divers articles, un mouchoir très-grande largeur, fond velouté ; M. *Picard*, des lampasses, un écran lampasse ; MM. *Bauvais* et compagnie, des levantines, des sparteries, des pékinès, des moires, des chatouliennes, des veloutés, des florences, des serges, des velerines, des syriennes, des éclipsines, des asiatiques, des marcelines, des juliennes, des péruviennes, des corresiennes, des velours, des kamstchadales, des bordures brochées, des schâls ; MM. *Garnier* frères, une masse d'organsin de neuf matteaux et une masse de trames, le tout filé dans leur filature du Vernay, canton de Bourgoin ; M. *André Dumas*, des échantillons de divers articles ; M. *Lequin* l'aîné, des échantillons de velours brodés ; MM. *Pierre Brisson* l'aîné et compagnie, un échantillon de velours chiné pour meuble ; MM. *Pierre Pavy* et compagnie, des échantillons de brocards et de damas ; MM. *André Bissardon* et compagnie, des échantillons de diverses étoffes ; MM. *Villard* et compagnie, des échantillons de levantine et reps ; M. *Sapin*, deux mouchoirs damassés ; MM. *Cappeau* et *Charrier*, MM. *François Pinoncelli* et compagnie, des échantillons de diverses étoffes ; M. *Edme Martin*, un cadre représentant différentes allégories en ornemens et applications ; MM. *Hodieu* et compagnie, un écran brodé en soie ; Mme *Paffant-Pelletier*, une carte représentant diverses applications en pelleteries ; les D.^{lles} *Gassiot*, des fleurs ; MM. *Riboux* frères, et MM. *Ramier* père et fils, des rubans ; MM. *Joseph Malié* et compagnie, des coupons de velours, et une carte d'échantillons de divers articles ; Mme *Joly*, Mlle *Devun*, demeurant chez Mme *Cosway*, deux cadres sous glace renfermant, en broderie de soie, nuancée au passé, l'un, deux roses liées par une pensée, fond gros-de-tour blanc, et l'autre, deux arbrisseaux, au milieu desquels se trouve un coq ayant une perle à ses pieds ; Mme *Belliscer*, un écran en satin et velours, appliqué sur un fond de tulle, et contenant un bouquet de fleurs, surmonté par un aigle. Ce dernier ouvrage est exécuté avec un soin extrême, et Mme *Belliscer* desire qu'après l'exposition, il soit offert en hommage à Sa Majesté l'Impératrice ; Mme *Meunier* envoie plusieurs corsets destinés à contenir les descentes et hernies.

Les fabricans de Tarare s'étaient déjà présentés aux deux dernières expositions ; ils ont voulu reparaître à celle de cette année. Leurs travaux sont d'autant plus intéressans, qu'outre les toiles de chanvre, de coton et chanvre, et de coton, ils établissent des mousselines d'une grande finesse. Ce n'est point à Tarare même qu'a lieu la fabrication de ces différens articles ; elle est disséminée dans les environs, et dans les montagnes du ci-devant Beaujolois. Les objets qu'ils envoient consistent en schâls, voiles, fichus de mousseline, en mousselines unies et brodées, et perkales ; ils proviennent des *Mariés Bigard*, qui, à l'exposition de l'an 9, obtinrent une mention honorable ; de MM. *Defranc*, *Matagrin* aîné et compagnie, *Duport* et *Jourdan*. Ces deux derniers fabricans habitent ordinairement Lyon, où ils ont une maison de commerce ; MM. *Claude Rubichon* et compagnie, de Lyon, adressent des échantillons de toiles de coton provenant, soit de leur fabrique d'Amplepuis, soit de celle qu'ils ont établie à la Quarantaine.

DÉPARTEMENT DE LA ROER.

LA réunion à la France du territoire qui forme aujourd'hui le département de la Roer, a été pour notre industrie une acquisition aussi précieuse qu'importante. Des fabriques de presque tous les genres y entretiennent une population nombreuse, et la plupart sont portées à une très-grande perfection. On distingue parmi elles les manufactures de lainages, qui occupent quarante mille individus, exportent des draps dans toutes les parties de l'Europe, plus encore dans le Levant, et fournissent des casimirs que l'on ne craint pas de mettre en parallèle avec ceux d'Angleterre ; les fabriques de soierie, qui procurent des moyens d'existence à quinze mille personnes, et font des envois considérables en Allemagne et dans le nord de l'Europe ; celles d'aiguilles, qui manquaient à l'Empire français, dans lesquelles huit à dix mille ouvriers trouvent de l'occupation, et dont les produits sont recherchés dans tout le monde connu ; celles de Stolberg, qui mettent tous les ans dans le commerce plus de dix mille quintaux métriques d'ouvrages en laiton, ou de fil de laiton ; celles de toiles pour linge et pour service de table, dont la finesse et la perfection du tissu égalent ce que l'on connaît de plus beau dans cette partie. On distingue encore les forges et fonderies, les exploitations de mines de plomb et d'alquifoux, les papeteries, &c.

Les fabricans du département de la Roer qui ont offert au concours des objets de leurs fabriques, sont :

Pour les draps et casimirs, MM. *H.* et *C. Pastor*, *G. Braff*, *Ignace Vanhoutem*, *C. F. Claus*, *Heuten* frères et *Hoselt*, *Dietz* et *Gotschalck*, *Ulric Thierry*, *J. J. Stelin*; *J. M. Delougne*, qui occupe trois cents ouvriers; *F. A. Hoffstadt*, *C. F. Deusner*, *M. B. Schlosser*, *Heusch* frères, d'Aix-la-Chapelle, *J. de Locvenich*, *Steinberg* frères, *H. Schmalhausen*, *J. A. Rosen*, *C. Klermandt* et fils, *F. G. Ernst*, de Borcette;

Pour les draps seuls, MM. *Vonderstraeten* et *Trapman*, de Heinsberg; *Lups*, *P. Hussen*, *Rommel* et compagnie, *Schmitz* et fils, d'Orsoy; *P. C.* et *A. Offermans*; *M. Offrmann*, qui occupe sept cents ouvriers, et *J. H. Offermann* et fils, de Imgenbroich;

Pour les soieries, MM. *C. Eromann*, de Odenkirchen, *F. H. Heydweiler*, *C. Floh*, *L. M. Rigal*, *F. H. Vonderleyen*, de Creveld, *J. A. Urbach*, *G. C. Drouchell*, de Cologne;

Pour les aiguilles à coudre et à tricoter, MM. *L. Beissel* et fils, d'Aix-la-Chapelle; pour les aiguilles à coudre, MM. *C. Springsfeld*, qui occupent quatre cents ouvriers; *Voupier* frères, *H. Hutten*, *Startz*, d'Aix-la-Chapelle; *G.* fils de *Pierre Pastor*, de Borcette, qui occupe sept cents ouvriers;

Pour les ouvrages en laiton et les fils de laiton, dix fabricans de Stolberg réunis.

Pour les toiles, MM. *Preyer*, de Viersen, *Pierre Preyer*, du même lieu, *Leussen*, de Rheidht ;

Pour les fers, MM. *Eberard Heusch*, *Ludolph Heusch*, de Schneidhausen, *Bolkhaus* frères, *Heuseler*, de Vussem ;

Pour le plomb en saumon, à giboyer, et pour l'alquifoux, substance qu'on emploie à vernisser les poteries, MM. *Heuseler*, de Vussem, *Meinerzhagen*, de Mechernich, *Guennersdorff*, de Commeren, et *Abels*, du même lieu, dont l'établissement est un modèle en ce genre, et prouve ce que peut l'industrie laborieuse d'un homme actif et intelligent ;

Pour les papiers, M. *Eberhard Heusch*, de Schneidhausen.

Des fabricans de la rive droite du Rhin ont transporté leurs établissemens sur la rive gauche. Ainsi le département de la Roër s'est enrichi d'une manufacture de vis à bois, établie à Cologne par *F. Lutters*, qui fait usage, pour la fabrication des vis, d'une machine de son invention, et d'une fabrique de coutellerie établie à Stolberg par *J. Peipers*. Ces deux manufacturiers ont offert pour l'exposition quelques produits de leurs ateliers.

M. Jean *Urffer*, de Stolberg, a présenté des garnitures de commodes ; MM. *Birken* et *Raeder*, de Creveld, des garnitures de meubles et des vis ; *Isaac Lynen* le jeune et compagnie, de Stolberg, C., fils de *Gothard Pastor*, des dés à coudre de différentes formes et grandeurs ; *Germain Gobbel*, de Cologne, un grand poêle de fonte, surmonté d'une urne ; *C. Lutscher*, de Zittard, de la quincaillerie de fer ; *Stamm* et *Loch*, de Duren, de la quincaillerie de fer et de cuivre ; *A. Dubusc*, d'Aix-la-Chapelle, des cardes ; *Urbach* et *Slottenhoff*, de Schwarzenbroich, de la couperose, qu'ils affirment égale en qualité aux meilleures couperoses étrangères, quoiqu'ils la vendent trente pour cent meilleur marché ; *Siegwart* frères, de Stolberg, des pièces de verreries communes ; les potiers de *Langerwehe*, un vase de terre ; *Schurnacher* et *Remken*, de Creveld, différentes sortes de sucres.

M. *Laurent Jeker*, qui obtint en l'an 9 une médaille de bronze pour des instrumens de précision qu'il avait fabriqués, a établi depuis deux ans, à Aix-la-Chapelle, une manufacture d'épingles qui occupe déjà cent vingt ouvriers, et dans laquelle il emploie des machines très-ingénieuses qu'il a ou inventées ou apportées d'Angleterre. S. M. a favorisé son entreprise, en ordonnant de lui concéder, sur estimation, le bâtiment national qu'il avait pris à loyer. Les succès qu'il a déjà obtenus, lui en assurent de plus grands pour l'avenir. M. *Jeker* s'est empressé d'envoyer au concours des épingles de sa nouvelle fabrique.

Son exemple a été suivi par MM. *H. Hulsen* et compagnie, fabricans de flanelles et de gilets de coton à Gueldres ; *A. Geist*, bonnetier à Cologne ; *Hergrutter*, teinturier à Creveld ; *C. Petzer*, corroyeur à Aix-la-Chapelle ; *F. Rethel*, fabricant de bleu de Prusse dans la même ville ; *G. Vanhees*, de Neuss ; *L. Vanhees*, de Cologne, fabricans d'étoffes de soie et coton ; *J. H. Ritterhaus*, *Bunger* et *Barten*, de Neuss, fabricans de lacets et rubans de fil.

Il a été encore imité par les entrepreneurs de filatures de coton, *J. J. Dumont*, *G. F. Bredt*, de Neuss ; *G. Brandt*, de Xanten ; *F. Wintgens*, de Meurs ; *F. Ritterkaus*, *F. J. Huissen*, de Cologne ;

Et par les fabricans de tissus de coton, *J. Koch*, *Carroux* et *Gérard*, *G. Feldhaus* fils, de Neuss ; *G. Dillkey*, *Petzer* et *Feldhoff*, *Preyer* et *Frowein*, *Preyer* et compagnie, *J. P. Bresser*, *J. Muhlen*, *Nieper*, de Rheidt, *D. Kyllmann*, de Gladbach ; *L. Lautaborn*, de Cologne. Ces manufacturiers ont presque tous des filatures qui leur fournissent le fil de coton avec lequel ils fabriquent des tissus de la même matière ; ils en ont aussi adressé des échantillons.

On n'a pas cru devoir rejeter du concours, des souliers de l'arrondissement de Clèves, que l'on recherche pour la solidité et pour la modicité de leur prix. Ils ont été envoyés par trois cordonniers de Veuray, petit bourg où l'on en confectionne six cents paires par semaine, qui passent presque tous en Hollande pour le service militaire et maritime.

M. *Birrenbach*, peintre à Cologne, s'est occupé des moyens de retrouver l'art de peindre sur verre, et il paraît que ses recherches n'ont pas été infructueuses ; on en jugera par six pièces de verre peint qu'il a présentées.

DÉPARTEMENT DE SAMBRE-ET-MEUSE.

M. *Dartigues*, propriétaire des verreries et autres établissemens de Vonèche, près Givet, où il occupe près de cinq cents ouvriers, a adressé de nombreux échantillons de cristaux de différentes espèces; cristaux en table pour vitres, cristaux minces pour estampes, cristaux en gobleterie. Ils sont de la plus grande beauté, tant sous le rapport de la matière que sous celui du travail. La gravure est traitée avec perfection. Il a également envoyé six échantillons de différentes préparations de plomb, qui ont paru de bonne qualité.

M. *Wouters*, manufacturier à Andennes, fait parvenir dix-huit échantillons de faïence. Cette faïence a été trouvée fort belle, de bonne qualité, et d'un prix modique.

MM. *Misson* et compagnie, fabricans de terre de pipe à Saint-Servais, près Namur, cinq échantillons des produits de leur fabrique, qui ont été jugés de bonne qualité.

M. *Vanderwarde*, fabricant de terre de pipe et de faïence à Andennes, différentes pièces de vaisselle et poterie qui sont de bonne qualité et d'un prix raisonnable.

M.ᵐᵉ *Boucqueau*, née *Bosquet*, d'Andennes, des produits de sa fabrication dans le même genre.

M. *Jean Steinbach*, tanneur à Andennes, un échantillon de cuir pour semelles, parfaitement bien tanné.

M. *Baré-Comogne*, tanneur à Namur, envoie un semblable échantillon, de bonne qualité.

M. *Henri Bivort-Raymond,* maître batteur en cuivre à Namur, cinq échantillons de sa fabrique, qui paraissent d'une qualité supérieure à tout ce qui se fabrique en France.

- M. *Louis Raymond de la Roche,* maître batteur et fondeur en cuivre à Namur, fait parvenir également de sa fonderie cinq échantillons d'une qualité supérieure, et propres à soutenir la réputation des cuivres de Namur.

M. *Antoine-François Amand,* maître de forges à Bouvigne, propriétaire de trois hauts fourneaux et de sept affineries qui procurent de l'occupation à huit cents ouvriers, un échantillon de fer fort propre au charronnage et aux usages du labour.

M. *Jean Genot,* du village de Godinne, un modèle d'ancre en fer, parfaitement forgé, et qui peut donner une idée de sa capacité. *Jean Genot* est réputé un des meilleurs forgerons du département ; il a fourni une grande quantité d'ancres à la flottille de Boulogne.

M. *Denison,* dit *Schaeys,* fabricant de colle-forte à Namur, trois échantillons de colle-forte d'une très-bonne qualité, et comparable aux meilleures colles étrangères.

M. *Gédéon-Contamines,* de Givet, divers échantillons de marbre rouge Saint-Remy, rouge floragé, violet, grand floragé, cailloutin, bleu Luçon, bleu vicaire, bleu coutil, gris Robert, gris damassé, gris coquillé. Tous ces marbres présentent des nuances très-agréables.

M. *J. G. Éverard,* de Namur, un échantillon de

minium, propre, dans l'état où il se trouve, à la fabrication de la faïence et à la détrempe.

La dame veuve *Moret*, fabricant d'étoffes de laine à Namur, trois échantillons de lainages qui ont paru de bonne qualité et d'un prix assez modique.

MM. *Demanet* et *Doux* fils, fabricans à Namur, six échantillons de leur fabrication dans le même genre et de la même qualité.

DÉPARTEMENT DE LA HAUTE-SAONE.

CE département a des matières premières en abondance, et cependant l'industrie n'y est qu'un objet secondaire et accessoire à l'agriculture.

MM. *Bolot* et compagnie, propriétaires de la verrerie de Miellin, commune de Servenne, arrondissement de Lure, ont envoyé des échantillons de verre à vître simple et double.

M. *Lombard*, de Plancher-les-Mines, arrondissement de Lure, six douzaines de carrés de montre, en fer, en acier, avec ou sans boules. Le débouché de ces petits objets est immense; il ne se borne pas à la France; des marchands ambulans viennent les acheter sur place, et les disséminent dans une partie de l'Europe.

M. *Rochet*, commune de Faucogney, arrondissement de Lure, des échantillons d'une nouvelle espèce d'émeril; substance rare, très-intéressante pour la France, précieuse pour les manufactures d'armes et de glace, pour les couteliers, les ébénistes, &c., et que les Anglais seuls sont en possession de nous fournir.

M. *Kibler,* de la même commune, deux tabatières en corne garnies, l'une en cuivre, et l'autre en argent.

Mme *de Buyer,* de Saint-Loup, arrondissement de Lure, des fers blancs de sa manufacture de la Chaudeau, des fers noirs et des fers martinés.

La Haute-Saone compte un nombre considérable de forges et de fourneaux. MM. les propriétaires se sont empressés de présenter des échantillons de leurs produits. Parmi eux se font remarquer M. *Dornier,* qui fournit des lames de canons de fusil aux manufactures impériales d'armes de Versailles, Roanne et Saint-Étienne, et des fers aux arsenaux de Grenoble et d'Auxonne et M. *Damotte,* qui fabrique des projectiles pour l'artillerie de terre, pour l'artillerie de la marine, et des cuirasses pour les troupes à cheval.

Dans la commune de Melisey, il existe une scierie de granits, dont est propriétaire M. *Declerk,* qui présente des échantillons variés d'ouvrages en granit et en roche.

Des échantillons de schiste-argilo-calcaire, assez dur et d'un grain assez fin pour servir de pierre à rasoir, de mines de plomb, de cuivre, d'argent, de houille, de tourbes, de sulfate de fer, d'oxide de manganèse, d'argile, sont envoyés par M. *Rochet,* de la Vaivre; par Mme *de Valentinois,* par MM. *Besson* et les propriétaires de la faïencerie de Claire-Fontaine.

Des échantillons de fil de fer, de cloux d'épingles, ont été envoyés par M. de *Mandre*, propriétaire de la filerie et clouterie de la commune d'Aillevillers ; des échantillons de marbres, de pierres calcaires, par les habitans de la commune de Fouvent ; des verres simples, doubles, en forme de losanges, rectangulaires, par la verrerie de Champagney.

Des échantillons de mine de fer sont arrivés des forges et fourneaux de Scey-sur-Saone, de Villeferoux, de Dampierre, d'Autray, d'Échalonge, de Vanconcour, de Vallay, de Passavant, de Magny et d'Aillevillers.

Enfin, M. *Noblot*, de la commune d'Héricourt, présente des cotonnades rayées, grands carreaux, des cotons blancs, rouges, &c.

DÉPARTEMENT DE SAONE-ET-LOIRE.

Ce département, beaucoup plus agricole que manufacturier, devait nécessairement fournir peu d'objets à l'exposition ; cependant la ville de Tournus renferme des fabriques de couvertures de coton dans les grandes dimensions, et décorées de fleurs d'ornement. MM. *Thibaut*, *Juvanon* et *Bassecourt*, se sont empressés d'envoyer des échantillons en ce genre. Tournus renferme aussi d'habiles mégissiers, dont le travail laissé entrevoir ce que peut le zèle joint au talent. MM. *Meunier et Daubes*, oncle et neveu, présentent à l'exposition des peaux tannées en blanc.

M. *Joseph Dufour*, de Mâcon, déjà connu avantageusement par sa fabrique de papiers peints, a expédié de nouvelles tentures, dont les sujets tirés des voyages du capitaine *Cook*, sont peut-être ce que l'art a produit de plus curieux en ce genre; peines, soins, sacrifices pécuniaires, rien n'a pu décourager M. *Dufour*. Des difficultés sans nombre étaient à surmonter; tout était à créer; il est enfin arrivé au but, et au point de recueillir le fruit de ses longs travaux.

DÉPARTEMENT DE LA SARRE.

LES environs d'Obèrstein fournissent à l'industrie des habitans de ce département, des cailloux et des bois pétrifiés dont ils savent tirer le plus grand parti, auxquels ils donnent une valeur presque illimitée, et qu'ils répandent dans presque toute l'Europe; ils fabriquent aussi des ouvrages de papier mâché, qui se distinguent sur-tout par la modicité de leur prix; MM. *Philippe* et *George Cæsar*, MM. *Lyeser* et *Gottlieb*, d'Oberstein, ont envoyé un grand nombre de marchandises en agate et bois pétrifié, et des tabatières de papier mâché.

M. *Vopelius*, de Soutlzbach, divers échantillons de bleu de Prusse et de sel ammoniac. Ce fabricant s'est déjà fait connaître très-avantageusement lors de l'exposition de l'an 10, et y a obtenu une mention honorable.

MM. *Roechling* et *Ritter*, de Sarrebruck, des échantillons de magnésie, de sel de Glauber, d'alun, première qualité. Il est bon d'observer que le département

de

de la Sarre excelle dans ce genre de fabrication, et jouit, sous ce rapport, d'une réputation méritée.

MM. *Gouvy* et *Guentz*, de Goffontaine, des échantillons d'acier de diverses qualités, dix paquets de limes, deux paquets de râpes à bois et un carreau d'acier ou lime à bras. Ces aciers, ces limes égalent au moins en bonté ce que l'industrie étrangère peut présenter de mieux en ce genre.

M. *Helm*, de Buhlemberg, des serviettes imitant le damassé. Ces serviettes réunissent à la bonne qualité, le mérite de pouvoir être livrées au commerce, à un prix très-modique.

M. *Noël*, propriétaire à Birkenfeld, a fait passer des échantillons de laines et de lin indigènes, perfectionnés par ses soins. Cette laine peignée, fournit une filature de 34,000 mètres de fil par kilogramme de laine. Quel degré de perfectionnement ne doit pas espérer le département de la Sarre de cette production, quand les troupeaux du pays auront été croisés par la race d'Espagne !

M. *Charles-Théodore Risch*, de Reiffercheid, offre une carte d'échantillons variés de draps de différentes qualités, sortis de sa manufacture, dont les produits sont de nature à faire honneur et au département et à l'entrepreneur.

MM. *Gaspard Feilen* et *Conrad Klein*, de Trèves, ont envoyé deux échantillons de draps communs, propres à l'habillement des troupes. La ville de Trèves compte

R

plusieurs fabriques de draps, mais toutes du même genre ou à-peu-près.

M. *François-Gérard Wittus*, de Trèves, présente une couverture de laine, qualité commune, mais très-bonne d'ailleurs, et d'un prix très-modéré : cette espèce de couverture est très-propre à l'usage des troupes, et la fabrique peut en fournir de six à huit mille par an.

DÉPARTEMENT DE LA SARTHE.

LA ville de Château-du-Loir présente des toiles faites avec les chanvres de son territoire, filés à la main, toiles qui joignent la force à la modicité du prix, et que l'on recherche pour linge de lit et de table.

La ville de Bessé, des siamoises qui sont d'un grand usage pour l'habillement des gens de la campagne.

La ville du Mans, des étamines à pavillon, des étamines noires, des bougies, des couvertures de laine, des peaux tannées et mégissées, des articles de gainerie, des échantillons de dentelles. Les étamines à pavillon, en couleurs blanche, bleue et rouge, proviennent des ateliers de MM. *Thoury* père, *Jacques-Louis Thoury-Leclou*, *Louis Lemaitre*, *Jacques-André Venot*. La fabrication de cette espèce d'étamines, qui sont toutes employées pour le service de la marine impériale, occupe mille personnes au Mans et dans les environs. Les étamines noires ont été fournies par M. *Desportes*, qui fut mentionné honorablement à l'exposition de l'an 10 ; les bougies, par M. *Charles Orry*, et par

MM. *Leprince*, dont la fabrique établie depuis deux cents ans, est avantageusement connue ; les couvertures de laine, par M. *Saint-Père* ; les peaux tannées, par M. *Legoué* aîné ; les peaux mégissées, par M. *Jacques Jamet* ; les articles de gainerie, par *Gabriel Manguin*, et par *Joseph Cherouvrier* ; les échantillons de dentelles, par M. *Davoust*, qui n'a formé son établissement que depuis une année.

M. *Chevalier* père, de Mamers, envoie des toiles et coutils propres à divers usages.

M. *Loiseau*, fabricant à Malicorne, des assiettes, vases, et autres objets en faïence blanche, brune, marbrée, &c.

DÉPARTEMENT DE LA SEINE.

LES objets sur lesquels s'exerce l'industrie parisienne sont infiniment variés et nombreux ; quatre-vingts mille individus peuplent ses ateliers. Dans l'orfèvrerie, la bijouterie, la joaillerie, l'horlogerie finie et ornée, l'ébénisterie, la fabrication des porcelaines, des bronzes &c., elle ne connaît que peu ou point de rivale : si les départemens ou l'étranger peuvent lui faire craindre leur concurrence dans d'autres fabrications, tous les jours elle améliore les siennes.

Paris est pour les arts mécaniques ce qu'il est pour les sciences et les lettres. C'est-là que sont réunis les artistes les plus habiles dans tous les genres ; c'est-là qu'ils trouvent le plus de moyens pour augmenter et étendre leurs connaissances ; c'est-là que se font la plupart des découvertes, des inventions, des perfectionnemens.

Les manufacturiers et les artistes du département de la Seine qui ont été jugés dignes du concours, sont au nombre d'environ trois cents. On ne peut qu'indiquer leurs noms, leurs demeures, et sommairement leurs productions, qui seront rangées sous divers titres.

Cristaux, Porcelaines, Verrerie, Poterie.

MM. *Dilh* et *Guerard*, rue du Temple, au coin du boulevard : porcelaines. Cette fabrique obtint une médaille d'or à l'exposition de l'an 6 ; elle est, depuis 20 ans, une des plus florissantes qui existent en Europe. Aucune autre manufacture ne l'emporte sur elle par la beauté des formes, la solidité et la vivacité des couleurs ; en un mot, par toutes les qualités qui constituent une belle porcelaine.

M. *Ladouëpe-Dufougerais*, fabricant de cristaux de S. M. l'Impératrice, rue de Bondi, n.° 10, qui obtint une médaille d'argent à l'exposition de l'an 9, propriétaire de la verrerie du Creusot près Montcenis, département de Saone-et-Loire : cristaux du Creusot, connus depuis long-temps par leur beauté et l'élégance de leurs formes.

MM. *Pouyat* et *Russinger*, rue Fontaine-Nationale, qui occupent plus de cent personnes dans leur fabrique de porcelaines : divers articles en porcelaines, et notamment un grouppe en biscuit, d'une superbe exécution, représentant le Vainqueur d'Austerlitz, qui offre à l'Europe l'olivier de la paix.

MM. *Caron* et *Lefebvre*, rue Amelot, n.° 64 : deux trépieds égyptiens, un trépied composé de trois cariatides, haut de trente-trois pouces, une corbeille, des vases, des tableaux, une fontaine d'environ quarante-cinq pouces de hauteur ; le tout en porcelaine et bien exécuté. Le commerce principal de cette grande manufacture se fait avec l'étranger, et sur-tout avec la Russie.

M. *Schoelcher*, rue du Faubourg-Saint-Denis, n.° 544 : porcelaines parmi lesquelles on remarque de grands vases très-ornés, une assiette représentant la Vierge connue sous le nom de la Jardinière de *Raphaël*, peinte avec beaucoup de pureté et de goût ; un groupe en biscuit, servant de support à une pendule, représentant la chûte de Phaéton.

M. *Neppel*, rue de Crussol, n.° 8 : porcelaines blanches, peintes et dorées, grands vases en porcelaines, distingués par la beauté des formes et de l'exécution.

M. *Dagoty*, boulevard Poissonnière, n.° 4 : des porcelaines à fond blanc et de diverses couleurs, avec or mat et brillant, uni et en relief ; vases et urnes à l'imitation des anciens, remarquables par la beauté des formes, le goût et la richesse des ornemens.

M. *Nast*, rue des Amandiers, n.° 8 : porcelaines de toute espèce, réunissant la beauté de la pâte à celle des formes, la richesse des peintures à celle des dorures. On admirera parmi ces porcelaines les bustes de LL. MM. l'Empereur et l'Impératrice, qui sont du plus beau fini, et deux vases ornés de bas reliefs, d'environ un mètre et demi de hauteur, en trois parties et du meilleur goût. La manufacture de M. *Nast* peut être regardée comme la plus considérable de Paris.

MM. *Darthé* freres, rue de la Roquette, n.° 90 : porcelaines jugées très - belles. La manufacture de MM. *Darthé* est une des grandes fabriques de porcelaine de la capitale.

M. *Bertrand*, rue Neuve Saint-Gilles, n.° 5 : fleurs en biscuit de porcelaine, imitées d'après nature, et exécutées avec beaucoup de délicatesse.

M. *Gonord*, rue Courty, n.° 8 : porcelaines peintes très-agréablement en or et de diverses couleurs, *par impression*, présentant des dessins aussi finis qu'on pourrait le faire au pinceau. Le procédé dont M. *Gonord* est auteur, offre un moyen nouveau, facile, et économique, de décorer agréablement la porcelaine.

M. *Lambotin*, rue Jacob, n.° 16 : objets divers, exécutés en pâte de porcelaine, tels que formes de sphères et de solides réguliers pour les démonstrations géométriques, couteaux, coussinets, plateaux de balances, mortiers à l'usage des pharmaciens. M. *Lambotin* y joindra des formes de cristaux polièdres de diverses substances minérales, formes utiles aux minéralogistes, exécutées avec beaucoup de précision.

La manufacture des glaces du faubourg S.¹-Antoine est renommée dans toute l'Europe. Les belles glaces qu'elle y exposera ne peuvent qu'ajouter à sa réputation : il y en a une de cent quatorze pouces de hauteur sur soixante de large.

M. *Luton*, rue du Marché-Neuf, n.° 4, qui obtint une médaille de bronze à l'exposition de l'an 9 : vases de cristal, dorés d'une manière aussi agréable que solide.

M. *Saget*, à la verrerie près la garre : bouteilles de verre de la plus grande dimension, dont la bonne qualité a été reconnue par une commission de l'institut : il y en a qui tiennent jusqu'à quatre-vingt-dix litres.

M. *Desprez*, rue des Récollets : médaillons en porce-laine à fond bleu, avec ornemens et figures en blanc, imitant les camées.

M. *Hazard*, rue Sainte-Apolline, n.° 2, qui fournit au Muséum d'histoire naturelle les yeux des animaux que l'on veut empailler : yeux humains et d'animaux en émail, d'un gros volume, très-bien faits.

MM. *Huson* et *Verdier*, rue de la Roquette, n.° 72 : grands poêles et candelabres en faïence imitant la por-celaine; poêle ayant le ton du granit, du porphire, des marbres, d'un prix peu différent de ceux en blanc; vases, genre étrusque, en belle terre rouge, et autres en terre noire; bas-reliefs, médaillons, &c., en terre de couleur; échantillons d'émaux cuits au grand feu; minium. Tous ces objets sont soignés pour la nature des terres, la forme des ornemens, et le choix des couleurs.

R 4

. M. *Russinger*, rue Grange-aux-Belles, n.° 11, qui obtint une médaille d'argent à l'exposition de l'an 9 : creusets aussi bons que ceux de la Hesse ; poteries couvertes d'un vernis non métallique. Les creusets ont été essayés au Muséum d'histoire naturelle, et au laboratoire du conseil des mines : on les a trouvés excellens.

. M. *Poter*, breveté d'invention, rue du Faubourg-Saint-Denis, n.° 88, qui reçut une médaille d'or à l'exposition de l'an 10, pour la beauté des faïences qu'il fabriquait alors : carreaux, briques, tuiles d'une grande perfection. Ces divers objets sont façonnés, dans des moules de fer, avec de la terre en poussière presque sèche, soumise à la pression ; ils sont parfaitement unis, ce qui donne un libre cours aux eaux ; ils présentent exactement les mêmes dimensions, beaucoup de solidité, et on peut les fabriquer l'hiver.

Dorure, Vernis.

. M. *Janin* jeune, rue des Petits-Augustins, n.° 78 : un ancien fauteuil doré et sculpté suivant ses procédés. l'Institut national a reconnu que les moyens découverts par cet artiste, donnent plus de solidité à la dorure sur bois, et la préservent de l'influence de l'humidité. Sa sculpture est solide, et offre des dessins nets, délicats et agréables.

. M. *Seguin*, rue Saint-Victor, n°, 55 : un portrait en émail, d'un gros volume, très-bien peint.

. M. *Daguet* jeune, rue des Marais, n.° 17 : bordures

et ornemens estampés sur cuivre, mis en couleur d'or. Ces ornemens sont riches, agréables, et à plus bas prix que les ornemens ciselés.

M. *Montcloux-Lavilleneuve*, breveté d'invention, rue Martel, n.º 10 : vernis sur métaux, peinture économique ; dorure imitant l'or mat et bruni, composition ressemblant à l'argent poli. Les anciens propriétaires de cette manufacture obtinrent une médaille d'or à l'exposition de l'an 9 ; elle n'a pas dégénéré entre les mains de M. *Montcloux-Lavilleneuve*. Parmi les objets qu'il doit exposer, on admirera un vase de dix pieds de hauteur, de forme égyptienne, destiné pour le château des Tuileries, et des portions d'une rampe, du meilleur goût, exécutée pour le grand duc de Berg, avec une composition métallique, dure, sonore, aussi belle que l'argent le mieux poli.

M. *Demarne*, rue du Faubourg-Saint-Denis, n.º 46 : objets en fer verni et doré, capables de résister aux coups de marteau et à une forte chaleur, ne le cédant en rien pour la solidité et pour l'éclat du vernis, à ce qui se fait de mieux en ce genre.

M. *Duverger*, rue des Petits-champs, n.º 65 : seaux, plateaux, lampes, en tôle vernie, bien décorés, et de formes agréables.

M. *Bugnot*, rue Sainte-Avoye, n.º 40 : garnitures de commodes et porte-montres en cuivre estampé et verni, imitant la dorure d'or moulu au mat et brunie, d'un prix inférieur à celui des ornemens de la même nature, venant de l'étranger.

M. *Baud*, rue Saint-Denis, n.° 32 : chapeaux vernis, objets en cuir, en laine, vernis ; schakos en cuir imitant le crin, et en laine, vernis par-dessus.

M. *Liegrois*, rue de Grenelle, faubourg Saint-Germain, n.° 86, qui à l'exposition de l'an 10 obtint une médaille d'argent avec MM. *Didier* et *Valentin* ; tissus en laine et cuirs vernis, très-brillans, très-souples, et fort solides.

M. *Didier*, rue Saint-Denis, n.° 59, le même qui tira au sort, en l'an 10, une médaille d'argent : cuirs vernis qui ne laissent rien à desirer. C'est à lui qu'on doit l'invention des cuirs vernis en France, et les principaux perfectionnemens qui y ont été ajoutés. .

Couleurs, Compositions, et Apprêts chimiques pour teindre ;
Papiers peints.

MM. *Graffe* frères, à Sèvres, et à Paris, rue Saint-Thomas-du-Louvre, qui furent mentionnés honorablement à l'exposition de l'an 10 : cires à cacheter, à odeur, et de toutes couleurs, ayant la propriété de bien s'allumer et de cacheter solidement.

Mmes *Cosseron* et compagnie, rue de Thionville, n.° 20 ; couleurs lucidoniques, presqu'inodores, papier à calquer, dit papier *lucidonique* ; cires à cacheter de diverses couleurs.

M. *Peytaviu*, rue du Faubourg-du-Temple, n.° 46 : très-belles couleurs, consistant en bleu de cobalt, jaune de chrome, vert de Scheel perfectionné, laques carminées, bleu de Prusse préparé par un procédé économique.

M. *Caullet-de-Vaumorel*, rue des Enfans-Rouges, n.° 2 : pain chinois, ou bleu céleste superfin, pour donner l'apprêt du neuf aux tissus de lin, de coton, de soie, et de laine, et pour les azurer ; boulettes de bleu français pour teindre les mêmes tissus, depuis le bleu clair jusqu'au ton le plus foncé : Ces préparations produisent l'effet que leur attribue M. *Vaumorel*.

M. *Marchais*, rue Saint-Honoré, vis-à-vis la rue Saint-Florentin : boules de bleu d'indigo soluble, ou bleu français ; ces boules ont été perfectionnées depuis l'an 10, et le prix en est modique.

M. *Vuy*, rue Bleue, n.° 15 : bleu-céleste-mars et boules de diverses couleurs. Le bleu de M. *Vuy* est agréable ; les autres couleurs sont généralement fugitives, mais plusieurs suffisent pour donner une teinte qui plaît.

MM. *Machaut* et compagnie, à Passy : draps, casimirs apprêtés par des procédés qui leur sont propres, remarquables par le brillant et la douceur ; tissus de laines reteints en couleurs solides, et dont on a changé la première couleur.

M. *Lambertye*, rue d'Orléans au Marais, n.° 5 : couleurs en tablettes et en poudre, très - bien préparées ; coffrets en carton, décorés d'une manière agréable ; papiers vélins d'une grande beauté, fabriqués à

Annonay, dans la papeterie de M. *Montgolfier*, d'après des renseignemens fournis par M. *Lambertye*.

M. *Prieur*, rue Saint-Dominique, n.° 53 : couleurs liquides très-belles, destinées à l'impression des papiers peints, et susceptibles d'être employées pour la peinture à la gouache. On remarque parmi elles le vert-pré ou vert-foncé, le vert-fleur, le jaune minéral obtenu de l'oxide de plomb, et sur-tout le bleu superfin et le cramoisi lustré ou laque rouge ; papiers peints, de couleurs solides, très-bien faits pour l'égalité du ton des couleurs et de la pose.

M. *Albert*, rue du Bacq, n.° 15, entrepreneur de deux manufactures de papiers peints, où il occupe cent vingt ouvriers : papiers peints pour tenture, à fonds unis satinés, et ornés de desseins en couleur et en tontisse de couleurs solides et agréables.

M. *Simon*, au pavillon de Hanovre : papiers peints très-décorés, rehaussés d'or, de couleurs solides ; bas-reliefs d'un grand effet. La manufacture de M. *Simon* est renommée par la bonté et la beauté de ses produits.

M. *Moutrille*, rue Neuve-des-Petits-Champs, n.° 95 : papiers peints solidement, ornés de tontisse, à dessins gracieux, et d'une modicité de prix remarquable.

MM. *Jourdan*, *Villars* et compagnie, rue des Fossés-Saint-Germain-des-Prés, n.° 14 : tenture de papier relative à la bataille d'Austerlitz.

MM. *Schramm-Susse* et compagnie, rue Basse-du-Rempart, n.° 38 : papiers de différentes couleurs, dont plusieurs glacés d'or, d'argent, de bronze, pour écrire des billets.

MM. *Jacquemard* et *Benard*, successeurs de *Réveillon*, rue Montreuil, n.° 37, qui obtinrent une médaille de bronze à l'exposition de l'an 9 : nouveaux papiers linon-batiste, avec amalgame de tontisse, de divers ornemens en or, et de paillettes transparentes; nouvelle draperie d'après nature, nouveau genre de tapisserie tontisse, plus solide que le papier, pouvant être employé pour meuble. Ces manufacturiers habiles sont connus par la beauté de leurs papiers, et par leur fabrication en grand.

M. *Dodard*, rue Ferdinand, n.° 25 : papiers de couleur, satinés, bronzés, propres à divers usages, et de la plus grande beauté.

MM. *Daguet* et *Caffin*, brevetés d'invention, rue n.°   : papiers peints satinés à reflet d'argent de toutes couleurs; papiers peints satinés imitant le coutil, dont la feuille a environ quatre mètres de longueur.

Tannage et Hongroyage.

MM. *Salleron* père et fils, rue Fer-à-Moulin, faubourg Saint-Marceau, qui tiennent un rang distingué parmi les tanneurs de Paris, et dont le zèle et les soins ont perfectionné en France l'art de la corroierie : des tiges de bottes en cuir de cheval; des tiges cambrées en veau; des veaux à revers, et autres de diverses espèces ; des débris de cuirs de cheval, mis en noir. Tous ces objets sont de la plus belle exécution, et n'ont rien à craindre de la concurrence étrangère.

M. *Mattler*, rue Censier, n.° 13 : maroquins bien préparés sur fleur, uniformément dépouillés sur chair, bien lissés, de couleurs vives et éclatantes.

M. *Rollet*, rue Censier, n.° 15 : cuirs de Hongrie, préparés avec soin.

M. *Hourdequin*, rue des Gravilliers, n.° 7 : cuirs dorés; ornemens imprimés en or et en argent, sur diverses étoffes; impressions en déteinte sur draps, capables de soutenir le lavage et l'action de l'air. Ces objets sont très-utiles pour les grandes décorations, les tentures, &c.

MM. *Fauler* et *Kempf*, à Choisy, auxquels une médaille d'or fut décernée à l'exposition de l'an 9 : maroquins qui soutiennent la réputation que ces fabricans se sont acquise.

M. *Meslant*, rue de Grenelle-Saint-Germain, n.° 102 : livres reliés et couverts en papiers maroquinés, de diverses couleurs; ces reliûres sont propres, solides, et peu coûteuses.

M. *Olombel*, rue de la Loi, n.° 10, qui entretient à Bicêtre un atelier de cent vingt prisonniers, lesquels ont fabriqué 30,000 gibernes en cinq mois, lors de la campagne d'Austerlitz, et qui se propose de monter un autre atelier où il n'emploiera que des sourds-muets : bottes et souliers bien fabriqués.

M. *Delvau*, breveté d'invention, rue Notre-Dame, n.° 4 : bottes sans coutures à la tige, préparées en très-peu de temps, avec le cuir des jambes de chevaux tanné par un procédé particulier.

M. *Merciol*, rue Bailleul, n.° 6 : bottes sans coutures à la tige, faites avec du cuir tanné à la manière ordinaire ; autres bottes économiques, que l'on peut élargir et rétrécir à volonté, dont la couture est par le côté.

Toiles cirées, Mastics, Bougies, Compositions tirées des règnes végétal et animal.

M. *Seghers*, rue de l'Orillon, n.° 8, qui obtint une médaille de bronze à l'exposition de l'an 9, et une d'argent à celle de l'an 10 : toiles cirées fines, flexibles, du plus beau poli, et de couleurs agréables ; tapis de pied, à l'instar de ceux que fabrique l'Angleterre. Il y a cent cinquante ouvriers dans la manufacture de M. *Seghers*, et trois mille châssis montés en œuvre.

MM. *Desquinemare, Palu* et *Delalain*, rue Notre-Dame-des-Champs, n.° 24 : toiles et taffetas imperméables ; seaux à incendie, revêtus de toile imperméable. La bonté de cette toile est reconnue ; elle fit obtenir à M. *Desquinemare* une médaille de bronze, à l'exposition de l'an 10.

M. *Collet*, rue Saint-Martin, n.° 8 : taffetas gommés, unis, luisans, et propres à divers usages.

M. *Salmer*, rue Pierre-Sarrasin, n.° 6 : instrumens de chirurgie très-bien faits, en gomme ou résine élastique.

MM. *Humont* et *Paroisse*, rue S.¹-Antoine, n.° 102 : un bassin où il y aura de l'eau et des poissons, fait uniquement avec le mastic qu'ils composent, et qui sert à empêcher l'infiltration des eaux à travers les murs, &c.

MM. *Brune* et compagnie, rue Saint-Martin, n.° 33, et MM. *Trudon* père et fils, à Antony : de très-belles bougies.

M. *Ducroos*, à Bagnolet, porteur d'un brevet d'importation : savon français dit *de Windsor*, à la rose, à la violette, à l'huile de palmier, &c. imitant le savon anglais de Windsor, et entrant avec lui en concurrence dans le commerce.

M. *Millerant*, rue du Lycée, palais du Tribunat : très-bons chocolats, dont le sucre et le cacao sont purifiés par une méthode particulière qu'approuvèrent, en 1783, la faculté et la société de médecine de Paris.

M. *Duchet*, rue Traversière-Saint-Antoine, n.° 8, qui obtint une médaille de bronze à l'exposition de l'an 9 : colles-fortes, transparentes, très-belles et très-bonnes, parmi lesquelles se trouve de la colle d'éléphant.

M. *Marcel*, au nom de la compagnie *Callias*, rue du Faubourg Montmartre, n.° 67 : tourbe carbonisée par des procédés particuliers pour lesquels il a été pris un brevet d'invention ; il s'est vendu l'hiver dernier, à Paris, une quantité considérable de cette tourbe ; nouveau moulin à farine, qui peut être mis en mouvement par un homme, et même par un enfant, pour lequel un brevet a été aussi demandé.

Composition métallique, Produits du règne minéral.

M. *Yanveux*, rue des Orfèvres, n.° 13 : plaqués en
argent,

argent, très-bien faits, représentant les armes de l'Empire.

M. *Launay*, rue d'Hauteville, n.º 29, qui a fait exécuter les fontes de fer des deux ponts de Paris : fontes de fer adoucies au point de pouvoir être limées et polies ; modèle en fonte de fer d'un pont propre à être placé vis-à-vis l'École militaire, et qui serait, suivant M. *Launay*, plus économique, plus solide, plus agréable et plus promptement exécuté que les ponts de fer existans ; autre modèle en fonte de fer et fer forgé, de coupole pour la halle au blé de Paris, dont M. *Launay* se propose de faire hommage à M. le Préfet de la Seine.

M. *Frichot*, rue des Jardins-Saint-Paul, n.º 3 : paillettes d'acier de diverses formes, et d'un très-beau poli.

M. *Chomel*, rue du Faubourg-Saint-Honoré, n.º 21 : deux bocaux de camphre français ; le premier, de camphre brut, annoncé extrait de l'essence de térébenthine ; le second, de camphre purifié, parfaitement semblable au camphre de l'Inde.

M. *Marc Costel*, rue de l'Oursine, n.º 23 : sulfates de fer, sulfates de cuivre, jaune minéral de très-belle qualité ; acide sulfurique à bas prix.

M. *Humblot*, gendre de feu M. *Conté*, place du Tribunat, n.º 223 : crayons imitant la plombagine, montés en bois, et non montés, dits *Crayons-Conté*, du nom de leur inventeur, que les arts regretteront long-temps, et qui avait obtenu une médaille d'or à l'exposition de l'an 9.

MM. *Cuchet* et *Ducommun*, rue de Beaune, n.º 2 :

fontaines pour filtrer avec célérité les eaux troubles, et pour dépurer les eaux infectes et corrompues : l'avantage de ces fontaines est reconnu ; MM. *Smith* et *Cuchet*, qui en sont inventeurs, obtinrent une médaille d'argent à l'exposition de l'an 9 ; ils sont porteurs de brevets d'invention et de perfectionnement.

Filatures de Coton et Lin.

M. *Alphonse Leroy*, rue de Vaugirard n.°   : fil filé à la mécanique dans toute la longueur du lin, sans cardage et sans perte de matière, au moyen d'une mécanique qui a été trouvée très-ingénieuse par le jury d'examen des objets présentés à l'exposition par le département de la Seine.

MM. *Debrioude*, rue Beautreillis, n.° 13 ; *Charité*, rue Bertin-Poïrée, n.° 3 ; *Baquet* et *Cellarier*, rue Popincourt, n.° 44, qui occupent 180 ouvriers ; *Dunau*, rue de l'Arbalète, n.° 26 ; *Delavacque Kempeners*, grande rue de Chaillot, n.° 5 ; *Albert*, faubourg Saint-Denis, n.° 69 : cotons filés pour chaîne et pour trame. M. *Albert* y joindra des mécaniques qu'il a perfectionnées, très-propres à filer, et qui travailleront sous les yeux du public.

MM. *Gombert* père et fils, rue de Sèvres, n.° 11 : superbes cotons à broder. Ils obtinrent une mention honorable à l'exposition de l'an 10.

M. *Delaporte*, place du Chevalier-du-Guet : cotons à broder et autres servant à la fabrication des étoffes légères mêlées de coton et de soie.

M. *Fournier*, breveté d'invention, mentionné honorablement à l'exposition de l'an 10 : deux modèles de métiers, l'un de préparation, et l'autre de filature de lin.

Étoffes de coton.

MM. *Gabay*, rue Neuve-Saint-Laurent, n.° 10 ; *Dufrayer*, rue de Bondy, n.° 19 ; *Camus*, rue Neuve-Sainte-Geneviève, n.° 12 ; *Jarry*, rue du Faubourg-Saint-Denis, n.° 88 ; *Gérard*, rue de la Boucherie, n.° 23 ; *Bougler*, rue Popincourt, n.° 61 ; *Ducas*, rue d'Orléans, n.° 9 ; *Richard*, rue de Charonne, n.° 95, qui obtint, avec feu *Noir-Dufrêne*, son associé, une médaille d'argent à l'exposition de l'an 9 et une d'or à celle de l'an 10 : tissus de coton de toute espèce.

M. *Biavez*, rue des Lions-Saint-Paul, n.° 14, exposera une pièce de mousseline, de deux aunes et demie de large.

Bonneterie, Fabriques de bas.

M. *Boiteux*, rue du Brave, au bas de la rue Tournon : tricot fourré, dit tricot à toison, fabriqué sur un métier à bas ordinaire.

MM. *Coutan* et *Couture*, qui obtinrent une médaille de bronze à l'exposition de l'an 9 ; *Focachon*, place des Victoires, n.° 4 ; *Fecond*, place des Victoires, n.° 1 ; *Cahours* père et fils, rue des Saints-Pères, n.° 50, auxquels une médaille d'argent fut décernée en l'an 9 ; *Chevrier*, rue Boullerat, n.° 16 : bonneterie de la meilleure fabrication.

Gazes et Étoffes de soie, et de soie et coton.

M. *Deville*, rue Grange-aux-Belles., n.° 10 : gazes sur lesquelles sont imitées des broderies en tout genre, par l'application de la tontisse en laine et coton.

M. *Renouard* fils, rue du Faubourg-Saint-Denis, n.° 4 : étoffes de soie, et de soie et coton ; étoffe mixte, nouveau genre, dont une partie, façon de gaze, représente des rayons de broderie, et une autre des rubans de soie brochés.

MM. *Renouard* père, rue du Faubourg-Saint-Denis, n.° 24 ; *Baudin*, rue Saint-Denis, n.° 247 ; *Pepin*, rue Mêlée, n.° 59 ; *Bontems*, même rue, n.° 53, qui obtint une médaille de bronze à l'exposition de l'an 10 : étoffes de soie, de soie et coton.

MM. *Bellanger* et *Dumas-Descombes*, rue Saint-Denis, n.° 21, et *Monot-Leroy*, rue du Renard-Saint-Sauveur, n.° 7 : gazes.

Couvertures.

MM. *Fayard*, rue Saint-Victor, n.° 89 ; *Gilles*, même rue, n.° 122 ; *Martin*, même rue, n.° 86 ; *Roguinot*, même rue, n.° 16 ; *Denoir-Jean*, rue de la Juiverie, n.° 19 ; *Musset*, rue du Petit-Pont, n.° 22 ; *Albinet*, rue d'Orléans, n.° 18 : couvertures de coton, couvertures de laine. Paris excelle dans ce genre de fabrication.

Chinage.

M. *Grégoire*, rue Charonne, hôtel de Vaucanson, qui obtint une médaille de bronze à l'exposition de l'an 9, pour les tissus circulaires dont il est inventeur : tableaux en velours chiné, trop connus pour qu'il soit besoin d'en faire l'éloge.

Passementerie.

MM. *Godeau*, rue Aubry-le-Boucher, n.° 34; *Girod*, rue Vivienne, n.° 10; *Robert*, rue de la Poterie, n.° 10; *Gobert*, cour des Fontaines, qui fut mentionné honorablement à l'exposition de l'an 10 : passementerie d'un bon goût et d'une exécution parfaite.

Broderies.

MM. *Leroux-de-la-Salle*, rue Saint-Honoré, n.° 55; *Levacher*, rue Vivienne, n.° 16, qui obtint une médaille de bronze à l'exposition de l'an 10, pour des étoffes de soie; *Fleury-Delorme*, rue Saint-Denis, n.° 277; *Esnault*, rue d'Orléans-Saint-Honoré, n.° 19, qui fut mentionné honorablement en l'an 10; *Charpentier*, brodeur de S. M. l'Impératrice, rue du Faubourg-Saint-Denis, n.° 25; Mmes *Lhuillier*, cloître Saint-Marcel; *Lamaque*, rue du Temple, n.° 19; *Dené*, rue Neuve-Saint-Augustin, n.° 50; *Gourdin*, maison Saint-Lazare, faubourg Saint-Denis; *Butté*, rue Neuve-du-Luxembourg, n.° 10; *Demonceaux* et compagnie, rue des Bons-Enfans, n.° 21 : objets en broderie, nombreux et variés, de la plus grande perfection, et dignes de l'admiration des étrangers. Cette admiration se portera principalement sur vingt-cinq tableaux faits à l'aiguille par Mme *Lhuillier*, avec une patience et une adresse inconcevables, fruit de quinze années de travail; ouvrage estimé par les plus habiles brodeuses comme le chef-d'œuvre de leur art.

Orfévrerie, Joaillerie, Bijouterie.

M. *Odiot*, rue Saint-Honoré, n.° 250, qui obtint une médaille d'or à l'exposition de l'an 10 : objets en orfévrerie qui donneront l'idée la plus avantageuse de notre supériorité dans ce genre d'industrie.

M. *Auguste*, place du Carrousel, qui a exécuté pour le Gouvernement, en différentes circonstances remarquables, des ouvrages qui lui ont mérité la grande réputation dont il jouit, artiste distingué, joignant à une imagination vive et féconde beaucoup de goût dans l'exécution des dessins qu'il imagine, et auquel une médaille d'or fut décernée à l'exposition de l'an 10 : orfévrerie propre à fixer les regards de l'étranger.

M. *Blanchet*, rue de la Tixeranderie, n.° 76 : deux ouvrages en filigrane, représentant, l'un un aigle impérial, l'autre un pélican, d'une exécution parfaite.

M. *Boullier*, place des Victoires, n.° 4 : pièces d'orfévrerie, de formes élégantes, et travaillées avec beaucoup de soin.

MM. *Nitot* et fils, joailliers de LL. MM., place du Carrousel : le commerce de cette fabrique est très-étendu ; elle joint au travail du diamant celui des pierres en couleurs. Le choix dont LL. MM. II. l'ont honorée, dispense de faire l'éloge des produits qu'elle offre à l'exposition.

M. *Olivera*, quai de la Mégisserie, n.° 48 : une parure en bijouterie de la plus grande beauté.

(279)

M. *Biennais*, rue Saint-Honoré, n.°   : pièces d'orfévrerie distinguées par la perfection du travail et l'élégance des formes.

M. *Schey*, rue du Faubourg-Saint-Denis, n.° 93, qui
obtint une médaille d'argent à l'exposition de l'an 10 :
bijouterie et quincaillerie en acier d'un beau poli.

M. *Bouvier*, rue du Bacq, n.° 581, qui obtint une
médaille d'argent à l'exposition de l'an 9, artiste connu
et très-distingué : bijouterie.

M. *Guion*, rue Saint-Denis, n.° 15 : pièces d'orfévrerie, qui ne laissent rien à desirer sous le rapport des
formes et de la ciselure.

M. *Leveque*, rue de l'Arbre-Sec, n.° 42 : bouquet
d'argent, ouvrage curieux d'orfèvrerie.

M. *Coudray*, rue du Roule, n.° 17 : grandes et petites
étoiles de la légion d'honneur, tres-bien faites.

M. *Wieland*, rue Française, n.° 6 : joaillerie montée
en pierres fausses. La base de cette joaillerie est le straz,
composition qui imite le diamant. M. *Wieland* est re-
nommé à Paris pour la beauté des bijoux qu'il établit en
straz.

Sculpture, Moulure, &c.

MM. *Ravrio*, rue de la Loi, n.° 211 ; *Thomire*, rue
Boucherat, n.° 16 ; *Duport* père et fils, rue Montmartre
n.° 25 ; *Thevenin*, rue d'Anjou, au Marais, n.° 5 ; *Galle*,
rue Vivienne, n.° 66 ; *Gonon* et *Caulers*, rue Notre-
Dame-Nazareth ; *Héricourt*, faubourg Saint-Martin,
n.° 29 : bronzes dorés et non dorés, de formes agréables.

S 4

d'un bon goût et d'une grande perfection de travail.
M. *Galle* y joindra des lustres, et M. *Ravrio* un lustre
très-riche, doré au mat, et orné de cristaux.

M. *Romain*, rue des Fossés-Saint-Germain-l'Auxerrois, n.° 25 : vases en cuivre couleur de bronze, d'une
forme élégante, enrichis de dorures bien ciselées.

M. *Gardeur*, rue Beaurepaire, n.° 30 : ornemens en
relief, moulés en carton, dans des creux de plâtre, légers
et faciles à transporter.

M. *Alleaume*, rue des Quatre-Vents, n.° 13 : cartes
géographiques en relief, montées en carton, représentant
la forme des vallées et des hauteurs, portatives à raison
de leur légéreté, et que l'on peut multiplier à volonté
par le polytypage.

MM. *Meunier* et *Pontier*, boulevart Bonne-Nouvelle,
n.° 21 : vases en albâtre, très-bien exécutés.

Librairie, Gravures.

Mme *Joubert* et M. *Masquelier*, rue de la Harpe,
n.° 117, qui obtinrent une médaille d'or à l'exposition
de l'an 10 : galerie de Florence.

M. *Lamy*, quai des Augustins, n.° 21 : Voyage pitto-
resque de France, contenant des vues et dessins de
grottes, fontaines, canaux, cascades, torrens, bassins,
rochers, montagnes, vallées, plaines, ports, &c. ; les
dessins gravés sont déjà au nombre de trois cents.

MM. *Treuttel* et *Wurtz*, rue de Lille, n.° 17 : gravures

destinées à l'ouvrage intitulé, *Voyage de Constanti-nople*, &c., d'après les dessins de *Milling*.

MM. *Piranesi* freres, au collége des Grassins, qui obtinrent une médaille d'argent à l'exposition de l'an 9 : calcographie et imitation de monumens antiques.

M. *Baltard*, rue du Bacq : ouvrage à gravures représentant Paris et ses monumens. Ces gravures sont belles, et les sujets bien choisis : les ciels de plusieurs d'entre elles ont été faits avec la machine imaginée par *Conté*.

MM. *Robillard - Peronville* et *Laurent*, rue de la Concorde, n.° 9 : gravures du Musée français, ouvrage qui, par sa belle exécution, mérite les succès qu'il a obtenus.

M. *Denné* le jeune, rue Vivienne, n.° 10 : Histoire naturelle des oiseaux de paradis, qui est connue de la manière la plus avantageuse.

M. *Auber*, rue S.-Lazare, n.° 4 : Tableau historique des campagnes d'Italie, ouvrage qui honore la librairie, comme le sujet qu'il traite honore les armées françaises.

M. *Filhol*, rue des Francs-Bourgeois-S.-Michel, n.° 785 : gravures du musée Napoléon, qui jouissent d'une réputation méritée en France et dans les autres parties de l'Europe.

M. *Étienne Michel*, rue des Francs-Bourgeois, n.° 6 : nouvelle édition du Traité des arbres et arbustes de Duhamel, dont les gravures, d'une très-belle exécution, sont coloriées avec beaucoup de vérité.

MM. *Giguet* et *Michaux*, rue des Bons-Enfans, n.° 3 :

diverses et dernières éditions des œuvres de l'abbé Delille; éditions qui, par la beauté du papier, la netteté du tirage, et la parfaite correction des épreuves, font honneur aux presses de MM. Giguet et Michaux.

M. *Théophile Barrois*, quai Voltaire, n.° 5 : Dictionnaire portatif, français anglais et anglais français, d'un caractère aminci et très-serré.

M. *Pierre Didot*, rue du Pont de Lodi, n.° 6, qui a obtenu une médaille d'or à l'exposition de l'an 6 : édition complète, *in-folio*, de Racine, dont le premier volume a déjà paru à la dernière exposition ; Fastes, et quelques autres ouvrages sortis de ses presses, qui continuent de prouver que l'imprimerie est portée en France au plus haut degré de perfection.

M. *Landon*, quai Bonaparte, n.° 1, au coin de la rue du Bacq : Annales du Musée et de l'école moderne des beaux arts, 11 vol. *in-8.*, contenant chacun 72 planches gravées au trait ; Paysages et Tableaux de genre du musée Napoléon, 2 vol. *in-8.*, contenant chacun 72 planches, gravées et ombrées en taille douce ; Vies et Œuvres des peintres célèbres, 4 vol. *in-4.* et *in-fol.*, contenant chacun 72 planches gravées au trait ; Galerie historique des hommes les plus célèbres de toutes les nations, 6 vol. *in-12*, contenant chacun 72 portraits gravés au trait ; Description de Paris et de ses principaux édifices, première partie, *in-8.*, avec 31 planches ombrées en taille douce.

M. *Landon* est éditeur-propriétaire de tous ces ouvrages.

Ébénisterie, Instrumens de musique considérés comme produits de l'Ébénisterie.

MM. *Jacob Desmalter*, rue Mêlée, qui obtint une médaille d'or à l'exposition de l'an 9 ; *Mansion*, rue des Champs-Élysées n.° 7 ; *Heckel*, grande rue du Faubourg-S.-Antoine ; *Rascalon*, rue du Faubourg-S.-Denis, n.° 144 ; *Papst*, rue de Charonne, n.° 7 ; *Duguers*, boulevart Italien, n.° 2 : divers meubles, enrichis d'ornemens, aussi distingués par la beauté des formes que par le fini du travail.

M. *Baudon-Goubaut*, cour des petites écuries, faubourg S.-Denis : meuble destiné à S. M. l'Empereur, fait de bois d'orme galleux.

M. *Cousineau*, breveté d'invention, rue de Thionville, n.° 20 : harpes auxquelles il a adapté un mécanisme qui produit un effet de sourdine et d'écho inconnu jusqu'alors.

M. *Dupoirier*, rue Bergère, n.° 21 : piano-forte, d'un nouveau genre, dont le mécanisme est en sens contraire des autres instrumens de cette nature, et qui a déjà obtenu l'approbation de la Société d'encouragement de l'industrie nationale.

M. *Schmidt*, rue du Pont de Lodi, n.° 2 : Piano-harmonica, approuvé par les artistes les plus distingués.

Tabletterie, Ouvrages de tour.

M. *Maire*, rue S.-Honoré. n.° 154, qui a reçu une médaille d'argent à l'exposition de l'an 10 : nécessaires d'un goût exquis, de l'élégance la plus recherchée, supérieurs à tout ce que les Anglais font dans ce genre.

M. *Gaudré*, rue S.-Denis, n.° 313 : petits nécessaires, dont les formes sont variées avec goût, et le travail très-soigné.

M. *Defrance*, faubourg S.-Martin, n.° 22 : tabatières et autres ouvrages en écaille fondue, parfaitement exécutés.

M. *Aymable*, rue S.-Martin, n.° 199 : articles de tableterie, faits avec le plus grand soin.

M. *Torlet*, rue Française, n.° 6 : tabatières en écaille, doublées d'or, dont il a porté la fabrication au point où elle est parvenue.

M. *Barreau*, rue S.-Victor, n.° 57 : modèles de moulure, et autres pièces de tour, que l'on peut considérer comme des chefs-d'œuvre.

Coutellerie, Quincaillerie, Armes, &c.

MM. *Gillet*, rue de Charenton, n.° 43 ; *Lethieu*, boulevart du Temple, n.° 1 ; *Petitwalle*, dont le père obtint une médaille d'argent à l'exposition de l'an 9 ; *Renaud-Gloutier*, rue de l'Arbre-Sec, n.° 23 ; *Gavet*, rue S.-Honoré, n.° 138 : objets divers de coutellerie, d'une bonne trempe, et d'un beau poli.

MM. *Boucher* oncle et neveu, quai Pelletier, n.° 22 : pièces soit en fer, soit en cuivre, qui entrent dans la composition de toutes les machines propres à filer le coton.

M. *Caquart*, rue Bar-du-Bec, n.° 17, qui a été mentionné honorablement aux expositions précédentes : boutons de métal.

M. *Page*, rue de Richelieu : fusils, pistolets, et autres armes propres à justifier et à soutenir la réputation dont M. Page jouit en France et chez l'étranger.

M. *Peniet*, rue de Rivoli, n.° 14, estimé pour la précision et la justesse de ses armes à feu : une paire de pistolets très-bien exécutés.

M. *Palle*, rue du Bouloy, n.° 1, ancien fourbisseur du roi : armes blanches, d'une bonne trempe.

Horlogerie.

M. *Lory*, rue de Jouy, n.° 19, jeune horloger, qui donne de grandes espérances : échappement à force constante, avec double impulsion et suspension de pendule.

M. *Breguet*, place Dauphine, auquel une médaille d'or fut décernée à la dernière exposition, et qui continue de faire faire de nombreux progrès à l'art de l'horlogerie : montre compensant toutes les inégalités qui peuvent se trouver dans le balancier, et dans le ressort spiral ; autre montre dite à parachute, dont l'idée est très-ingénieuse, et que l'on peut jeter avec violence, sans que les pivots du balancier souffrent aucune altération ; pendule qui divise les temps pour les compositeurs de musique, et qui peut les marquer pour régler la marche des troupes ; plusieurs autres ouvrages d'horlogerie.

M. *Bofenschen*, boulevart du Temple, n.° 16, Hanovrien plein de talens et de modestie, que S. E. le maréchal-prince *Bernadote* a engagé à venir s'établir en France : pendule très-bien exécutée , avec concert de flûte et de piano-forte, pouvant jouer vingt-cinq airs au moyen de cinq cylindres que l'on substitue les uns aux autres ; horloge de nuit, portative, contenue dans un vase qui fait décoration. Pour se servir de cette horloge, on tourne un des cartouches qui décorent le vase , et aussitôt un cadran lumineux se peint dans l'obscurité, sur l'endroit de l'appartement où l'on veut qu'il apparaisse, et l'heure y est exprimée.

MM. *Robin*, rue Saint-Honoré, n.° 320 , qui ont hérité des talens et des lumières de leur père : plusieurs pièces de mécanique et d'horlogerie, d'une invention très-ingénieuse, et notamment, 1.° une montre à treize cadrans, qui épargne les calculs qu'il faudrait faire pour connaître l'heure simultanée dans les différentes villes auxquelles chaque cadran est consacré ; 2.° une pendule qui donne les levers et les couchers du soleil et de la lune, outre les heures correspondantes de différens lieux ; 3.° un échappement à force constante, le même qui a été exécuté par M. *Lory*, et dont MM. *Robin* réclament la priorité d'invention.

M. *Oudin*, palais du Tribunat, n.° 65 : trois montres, dont l'une se monte par son propre poids, à raison de l'oscillation que lui donne la marche de celui qui la porte ; la seconde a sa clef cachée dans le bouton ; la troisième indique le lever du soleil et celui de la lune.

M. *Louis Berthoud*, rue de la place Vendôme, horloger

de la marine, qui a obtenu le grand prix pour la construction des chronomètres, et une médaille d'or à l'exposition de l'an 10 : diverses horloges, pendules, montres marines, &c., parmi lesquelles on remarquera une pendule semblable à celle qu'il a faite pour l'Observatoire.

MM. *Lepaute*, rue Saint-Thomas-du-Louvre, n.° 42 : plusieurs pendules astronomiques d'une grande perfection.

M. *Pons*, rue de la Huchette, n.° 16, jeune artiste, qui peut et doit s'élever très-haut : plusieurs pendules, une entre autres qui, avec un poids de six grains, entretient l'oscillation du pendule dans une étendue d'arc constante ; machines nouvelles pour fendre, arrondir et polir les dentures des roues, &c.

M. *Janvier*, palais des beaux arts, qui a obtenu une médaille d'or à la dernière exposition : pendule à équation, dans laquelle il a produit l'équation sans employer l'ellipse par laquelle on y parvenait autrefois ; autre pendule dont le cadran porte au centre une carte de l'Empire français, et qui indique non-seulement l'heure de Paris, mais celle qu'il est au même instant dans tous les points du territoire, et dans une partie de l'Angleterre, de l'Espagne et de l'Italie. M. *Janvier* applique spécialement sa haute capacité en horlogerie à l'expression et à l'imitation des mouvemens de l'univers.

M. *Bourdier*, rue Mazarine, n.° 28, horloger très-distingué : pendules à concert, outils d'horlogerie très-ingénieux et de la plus parfaite exécution ; machines à noter les cylindres des pendules à concert.

Instrumens de physique, de mathématiques et d'optique.

M. *Leguin*, rue et parvis Notre-Dame, n.º 20 : planétaire d'une construction simple et d'une assez bonne exécution.

M. *Lenoir*, rue de la place Vendôme, artiste du premier ordre, qui n'a que des émules et point de rivaux en Europe, auquel une médaille d'or fut décernée à l'avant-dernière exposition : divers instrumens de physique, de mathématiques et de géodésie, entre autres un niveau perfectionné, un cercle de *Borda* perfectionné, un comparateur pour vérifier l'exactitude des mesures destinées à servir d'étalon, &c.

M. *Assier-Pericat*, rue des Prêtres-Saint-Germain-l'Auxerrois, n.º 14 : gravimètre ou pèse-monnaie, bien exécuté ; aréomètre ou pèse-liqueur, qui paraît aussi d'une bonne exécution.

M. *Kraines*, quai de l'Horloge-du-palais : lunettes achromatiques jouissant d'une réputation méritée.

M. *Chevallier*, quai de l'Horloge : baromètres, thermomètres et aréomètres bien exécutés.

MM. *Jeker* frères, rue des Deux-Portes, au Marais, qui occupent soixante-six ouvriers, et qui ont le mérite d'avoir mis les premiers les objets d'optique en grande fabrication : instrumens d'optique rivalisant avec ceux que l'on renomme le plus chez l'étranger.

M. *Buron*, quai de l'Horloge, n.º 65 : instrumens d'optique d'une bonne exécution.

M.

M. *Haizing*, au palais du Tribunat : grande machine électrique, à double conducteur ; machine pneumatique perfectionnée, à deux corps de pompe en cristal ; belles lunettes de grande dimension et de théâtre ; baromètres d'un joli genre : tous ces objets sont faits avec soin.

M. *Lerebours*, place de Thionville, n.° 13, qui fut mentionné honorablement à l'exposition de l'an 10 : lunettes d'approche, télescopes, primes et autres instrumens d'optique, exécutés avec une rare perfection ; chambre obscure, la plus belle que l'on ait vue, et qui rend les objets à la grandeur d'un pouce pour pied.

M. *Rochon*, membre de l'Institut, rue de Seine, n.° 12, savant estimable, qui a consacré ses veilles au perfectionnement théorique et pratique des instrumens astronomiques : micromètres à prismes de cristal de roche, pour la mesure prompte et précise des distances ; instrument à guider les opticiens dans l'achromatisme qu'il importe de donner aux objets employés pour l'astronomie ; miroirs de platine concaves pour télescopes, et planes pour les cercles de réflexion inventés par *Borda*, à l'effet d'obtenir la longitude en mer ; gazes métalliques fines, susceptibles de remplacer les cornes de lanterne sur les vaisseaux, de faire des toiles incombustibles propres aux décorations des salles de spectacles ; mêmes gazes à mailles plus grandes, propres à faire des plafonds, des cloisons, étant revêtues en plâtre.

M. *Lançon*, faubourg du Temple, n.° 71 : cristaux pour lunettes ; pierres de couleur imitant les pierres

T.

précieuses. Ces cristaux et ces pierres ont beaucoup de brillant et de solidité.

Métiers à bas et Instrumens à l'usage des tissus quelconques.

M. *Dautry*, cour Abbatiale, n.° 27 : nouveau métier à bas, dont les pièces sont disposées de manière à rendre le travail de l'ouvrier beaucoup moins pénible et plus parfait.

M. *Bellemère*, à l'hospice des orphelins, rue Copeau : métier à bas offrant à-peu-près les mêmes avantages que celui de M. *Dautry*; métier anglais à côtes, simplifié, sur lequel le travail du tricot est plus parfait, et s'exécute avec plus de célérité.

M. *Favreau-Bouillon*, cour Saint-Martin, rue Égalité, n.° 8 : métier à bas construit sur de nouveaux principes, invention aussi belle qu'avantageuse.

MM. *Étienne Favreau* et *Thiébaut*, faubourg Saint-Martin, n.° 13 : nouveaux métiers à bas, sur lesquels on peut fabriquer deux bas en même temps, beaucoup moins fatigans que les anciens métiers.

MM. *Lemaire*, père et fils, rue Saint-Denis, n.° 315 : peignes ou ros d'acier, de cuivre, de canne, avec lisses correspondantes, à l'usage de tous les tissus, depuis le ruban de fil le plus étroit jusqu'à la couverture la plus large, d'un travail très-soigné.

M. *Raux*, rue de la Roquette, n.° 59 : instrument destiné à la filature du chanvre et du lin, sous le nom de *file-fil*, auquel l'Institut a donné son approbation.

M. *Rivey*, rue des Noyers, n.° 52 : métier perfectionné, qui supprime le travail des ouvrières appelées tireuses, pour la fabrication des étoffes de soie brochées et passées en liseré : ce métier a obtenu les suffrages de la première classe de l'Institut.

Lampes.

MM. *Girard* frères, brevetés d'invention, rue de Provence, n.° 12 : lampes économiques et hydrostatiques, faciles à nettoyer, et d'un prix modéré, approuvées par l'Institut et la Société d'encouragement; divers objets en tôle vernie, décorés mécaniquement ; chandelier mécanique et économique, à mèche mobile ; machine à vapeur nouvelle, donnant le mouvement de rotation continue ; appareil de *Wolf* sans lut ; lunette d'une nouvelle invention. MM. *Girard* ont des connaissances très-étendues dans les arts : ils sont auteurs de plusieurs découvertes intéressantes.

M. *Joly*, breveté d'invention, rue des Fossés-Saint-Germain, n.° 43 : lampes de forme agréable ; elles méritèrent à M. *Joly* une médaille de bronze à l'exposition de l'an 10 ; il les a encore perfectionnées depuis.

M. *Bertin*, rue de la Sonnerie, n.° 1 : lampes docimastiques, propres à entretenir l'eau en ébullition, à souder des ouvrages délicats, à fondre les métaux, &c.

M. *Seguin*, cour et rue Mandar, n.° 5 : lampes en forme de lyres et de vases, donnant beaucoup de lumière.

M. *Mégassec*, rue Aubry-le-Boucher, n.° 35 : lampes perfectionnées.

MM. *Carcel* et compagnie , brevetés d'invention , rue de l'Arbre - Sec, n.° 18 : lampes mécaniques qui furent mentionnées honorablement à la dernière exposition.

M. *Parquès*, rue Saint-Honoré, près celle de l'Arbre-Sec : lampes destinées à éclairer le milieu d'un salon, ou d'une salle à manger, dont le jour est à-la-fois vif et doux, et ne fatigue point la vue; elles ont cela de particulier, qu'elles ne jettent aucune ombre dans la pièce où l'on s'en sert; cafetières perfectionnées, qui épuisent tout ce que le café a d'agréable et d'utile, et ménagent de près de moitié la quantité de café qu'il faudroit pour le préparer par les méthodes ordinaires.

Impression et Caractères d'imprimerie.

M. *Godefroi*, rue Neuve-des-Petits-Champs, n.° 4 : essais d'impression de musique, en caractères mobiles, très-bien exécutés, moins chers que la musique gravée.

M. *Poterat*, rue et hôtel Bretonvilliers , dont les connaissances sur les arts sont très-étendues : une manière de clichage en creux pour les dessins; autre manière de clichage pour copier les estampes. M. *Poterat* présente encore une machine à tailler les limes, très-sagement conçue, et qui travaille fort bien.

M. *Henri Didot*, breveté d'invention, rue du Coq-Saint - Honoré : machine pour fondre les caractères d'imprimerie, de façon que, plus fortement appuyés sur la matrice, ils aient plus de netteté et de profondeur.

M. *Firmin Didot*, rue du Regard, n.° 4, qui a porté la gravure et la fonte des caractères d'imprimerie au plus haut degré de perfection, et auquel une médaille d'or fut décernée à l'exposition de l'an 9 : nouveaux caractères imitant l'écriture, et particulièrement l'écriture anglaise.

Le premier ouvrage dans lequel il a employé ces caractères, est une épître dédicatoire à M. *P. Didot* son frère, de la traduction en vers des Bucoliques de *Virgile*.

Ce qu'il y a de remarquable dans cet ouvrage, c'est que l'auteur, après avoir composé les vers et les notes en prose qui les accompagnent, ait gravé et fondu les caractères, et l'ait imprimé. Cela s'appelle, disent les membres du jury d'examen des objets présentés à l'exposition par le département de la Seine, avoir fait complétement un livre, et encore plus complétement que ne faisait *Robert Étienne*, qui ne gravait pas lui-même.

M. *Gillé*, rue Saint-Jean-de-Beauvais, n.° 28, qui obtint une médaille de bronze à l'exposition de l'an 10 : beaux caractères d'imprimerie ; vignettes, ornemens et gravures en bois.

Machines, Appareils de chaleur, Découvertes et Perfectionnemens de divers genres.

M. *Bosse*, rue de Cléry, n.° 84 : fauteuil mécanique pour les malades et les blessés, qui réunit un grand nombre d'avantages, et dont on peut faire un lit au besoin.

T 3

M. *Trechard*, rue des Fossés-Montmartre, n.° 11 : machine pour les incendies, exécutée en grand, et destinée au service de l'Opéra ; elle a obtenu les suffrages de l'Institut, de la Société d'encouragement, et de S. E. le Ministre de l'intérieur.

M. *Davjon*, rue des Vieux-Augustins, n.° 40 : brancard trè-commode pour transporter les blessés ; machine pour soulever les malades, les panser, les retourner, les baigner, faire leur lit, &c., invention aussi simple qu'utile, qui a été approuvée par les plus habiles médecins et chirurgiens de la capitale, par l'administration des hospices de Paris, et par la Société d'encouragement ; autre machine pour les incendies.

M. *Allizeau*, rue Saint-André, n.° 72 : piles galvaniques ; deux échelles à incendie.

M. *Regnier*, conservateur du dépôt central de l'artillerie, qui fut mentionné honorablement à l'exposition de l'an 9 : nouvel instrument appelé *blémomètre*, destiné à comparer et à déterminer séparément la force relative des ressorts qui composent une platine, afin que le fusil rate le moins possible ; *dynamomètre* pour évaluer la force de l'homme, des animaux, et même des machines ; échelle à incendie, corrigée, exécutée en grand pour la Russie ; cadenas de combinaison, perfectionnés ; thermomètres métalliques ; pistolets à réveil et à lumière, pour découvrir les voleurs de nuit.

Le blémomètre de M. *Regnier* peut devenir infiniment précieux. Son échelle à incendie fut couronnée en l'an 6 par l'Institut ; elle a été exécutée par ordre de S. E. le Ministre de l'intérieur, pour le compte du Gouvernemeut. Ses cadenas de combinaison ont donné naissance à une petite fabrique qui occupe six ouvriers, et met annuellement douze cents pièces dans le commerce, dont plus de mille passent à l'étranger. Ses autres inventions renferment des idées heureuses, utiles, et font honneur à ses talens.

M. *Fanet*, à l'Hôtel-de-ville, menuisier très-ingénieux : modèle d'un arc-biais, approuvé par les gens de l'art.

M. *Couturier*, rue d'Anjou au Marais : compte-pas commode et utile : c'est une machine en forme de montre, qui, portée à la ceinture, rend compte de la marche depuis un jusqu'à cent mille pas de deux enjambées.

M. *Pomera*, rue Payenne au Marais, n.º 1 : secrétaires utiles et agréables, servant de coffres-forts, et ayant une nouvelle fermeture.

M. *Loutre*, rue Saint-Victor, n.º 156 : nouveaux outils de jardinage, réunis dans une boîte, particulièrement à l'usage des amateurs.

M. *Kiel*, rue Jean-Saint-Denis, n.º 8 : marmites et rôtissoires, de son invention, très-utiles et très-économiques.

M. *Decœur*, breveté d'invention, rue du Pont-de-Lodi, n.º 5 : garde-robes françaises, bien supérieures aux garde-robes anglaises.

T 4

M. *Leignadier*, rue Saint-Honoré , n.° 338 : garde-robe nouvellement importée d'Angleterre.

M. *Ravelet*, rue Contrescarpe , n.° 18 : nouveaux appareils de chaleur ; cuisines portatives et fourneaux économiques , qui paraissent bien combinés pour les divers objets auxquels on les destine.

M. *Voyenne*, rue du Battoir, n.° 22 : fourneaux économiques en tôle.

M. *Curaudeau*, rue de Vaugirard, n.° 52 : cheminées et poêles de son invention, dont il a été rendu un compte très-favorable par une commission de l'Institut ; appareil pour le blanchissage du linge, et des toiles et fils écrus , dont le mérite a été constaté par diverses expériences publiques ; alun factice très-pur, produisant les mêmes effets que celui de Rome.

M. *Desarnod*, rue Neuve-des-Mathurins, au coin de celle des Arcades, qui obtint une médaille d'or à l'exposition de l'an 9 : nouveaux modèles de foyers propres à économiser les combustibles. Les foyers de M. *Desarnod* sont avantageusement et depuis long-temps connus.

M. *Thilorier*, breveté d'invention, honorablement mentionné à l'exposition de l'an 10 : cheminées particulières, bouilloire de cristal, modèle d'une montgolfière qui reçoit de la flamme un moyen de direction, modèle d'une machine à remonter les bateaux, condensateur de tous les produits volatils de la carbonisation ordinaire.

M. *Harel*, physicien, rue Saint-Honoré n.° 92 :

nouvelle cheminée d'appartement, perfectionnée d'après celle de M. le comte *de Rumfort.*

MM. *Cannes* et *Lanaspese,* brevetés d'invention, rue du Bacq, n.° 42 : mécanisme pour empêcher le refoulement de la fumée ; ce mécanisme est perfectionné ; la girouette qui le dirige, est ingénieuse et nouvelle.

M. *Hoerr,* rue de l'Égout-Saint-Paul, n.° 9 : éprouvette à contre-poids, qui a obtenu le suffrage de l'administration des poudres et salpêtres.

M. *Gromere,* rue Neuve-des-Petits-Champs, n.° 95 : modèle de théâtre, garni des machines nécessaires aux changemens de décoration, et à l'ascension d'un char.

M. *Salleneuve,* rue du Faubourg-Saint-Denis, n.° 58, qui obtint une médaille d'argent à l'exposition de l'an 9, pour une machine à tailler les vis de grande dimension : presse à satiner le papier.

M. *Lasserey,* rue des Lavandières, n.° 22 : deux ruches à housse, l'une en bois, garnie de verre, l'autre en paille, fixées de manière à ne pouvoir être renversées par le vent, couvertes d'une enveloppe qui les préserve de la pluie, tenant moins de place que les ruches ordinaires, et adoptées au Jardin des plantes.

M. *Bazaine,* rue du Pont-de-Lodi, n.° 1 : une jauge universelle, et une autre jauge à divisions fixes, examinées toutes deux par des savans, trouvées très-ingénieuses, et accueillies par S. E. le Ministre de l'intérieur.

M. *Kutsch,* qui fut mentionné honorablement à

l'exposition de l'an 6 : machine simple, et d'une grande précision, pour diviser les nouvelles mesures.

M. *Rosa*, élève de *Vaucanson*, rue des Lions-Saint-Paul, n.º 11 : machine perfectionnée, propre à faire des chaînes en fil de fer; échantillon de chaîne d'un pied de longueur, fait avec cette machine; autre machine perfectionnée, avec un découpoir pour tailler des pignons en cuir; un nœud de sonde, dite à enfourchement, pour la recherche des mines : tous ces objets sont bien exécutés. La machine à faire des chaînes en fil de fer, est la seconde que possède la France; il n'y en avait eu qu'une jusqu'à présent, qui était due au génie de *Vaucanson*, et que M. *Rosa* avait construite : on la trouve au conservatoire des arts et métiers.

M. *Dodé*, rue de la Calandre, n.º 33 : machine ingénieuse pour fendre et arrondir les pignons dans les grandes machines et les horloges.

M. *Migniard Billinge*, à Belleville près Paris, artiste intéressant, plein de talent et d'intelligence : aciers à pignons et autres, parfaitement tirés sous diverses formes.

M. *Caillou*, rue de Seine, n.º 69 : nouvelle machine à canneler les cylindres qu'on emploie dans les machines à filer le coton; heureux résultats de l'essai fait par M. *Caillou*, pour dresser, avec la varlope, les plus fortes barres de fer.

M. *Reiser*, rue du Faubourg-Montmartre, n.º 4 : croquis d'une chaudière carrée, en cuivre, contenant trente-sept muids d'eau, dans laquelle le foyer et les tuyaux conducteurs de la fumée sont établis au milieu de la masse fluide. M. *Reiser* a construit cette chaudière à l'établissement des eaux minérales factices de Tivoli; elle y procure une économie de moitié sur le combustible.

M. *Leschnea*, mécanicien, rue Sainte-Apolline, n.° 7: scie circulaire pour scier des pieux sous l'eau, dont le principe est très-ingénieux, et l'effet prompt et sûr; addition non moins ingénieuse à la machine à vapeur, vulgairement nommée pompe-à-feu.

M. *Verzy*, rue S.¹-Denis, n.° 16 : machine à vapeur, perfectionnée par un moyen très-simple, et qui réunit des avantages considérables. S. E. le Ministre de l'intérieur a déjà distingué cette machine; des fonds sont faits pour l'exécuter en grand.

M. *Roger Philips*, passage et café du Dragon : nouvelle machine hydraulique.

M. *Fourché*, rue de la Ferronerie, n.° 4 : romaine à queue oscillante, contenue par une verge de fer en diagonale, qui diminue beaucoup la flexion de la verge dans la pesée des poids considérables; cette romaine a de plus un étrier qui empêche les accidens lorsqu'on charge ou décharge la balance.

M. *Hamelin*, rue Saint-Martin, n.° 8 : balance oscillante, construite sur le même principe que celle de M. *Fourché;* autres balances bien exécutées.

M. *Douglas*, ingénieur mécanicien, breveté d'invention, aux moulins à vapeur, île des Cygnes : machines à ouvrir, mélanger, carder et filer la laine ; machines à lainer, tondre et brosser pour la presse.

L'importation de ces machines en France, est une véritable conquête faite sur l'industrie étrangère. M. *Douglas* les a déjà répandues à Reims, Sedan, Bruxelles, Verviers, Ensival, Saint-Brieuc, Louviers, Elbeuf, les Andelys, Montauban, Castres, Auch, Dieu-le-Fit, &c. ; outre ses ateliers de construction placés à l'île des Cygnes, il a établi une filature mécanique de laine, rue Saint-Victor, n.° 57.

M. *Lesvier*, rue de Bellefond : cardes pour le coton et pour la laine, d'une très-bonne exécution.

M. *Gervais Jeker*, chez son frère, rue des Deux-Portes au Marais : vis à bois, d'une perfection que l'on n'avait pas encore atteinte en France, d'un prix inférieur à celui des autres fabriques, et exécutées à l'aide de machines de son invention.

M. *Auger*, vieille rue du Temple, n.° 77 : mécanique nouvelle et très-ingénieuse pour la fabrication des ouvrages de passementerie, par le moyen de laquelle on couvre un corps cylindrique, ferme ou flexible, avec trente-deux fils de couleurs différentes, dont les combinaisons et les permutations peuvent varier indéfiniment les systèmes de couleurs.

M. *Calla*, mécanicien habile, rue du Faubourg-Poissonnière, aux Menus-Plaisirs, qui obtint une médaille de bronze à l'exposition de l'an 9 : carde à cylindre de métal et à doiles mobiles ; plusieurs échantillons de feuillets et rubans de cardes; une trosselle de quatre-vingts broches; une mull-jenny de cent douze broches.

M. *Leroy*, commissaire des guerres, rue du Faubourg-Saint-Martin, n.° 169 : le modèle en petit d'une voiture qui, entre autres avantages, offre celui d'empêcher la voiture de tomber à terre et de ne point blesser le cheval, lors même que l'essieu et les roues se briseraient.

M. *Chenavard*, rue de Thorigny, n.° 10 : étoffes de feutre, nouveau genre d'industrie.

M. *Félix*, mécanicien, quai des Orfévres, n.° 14 : mécanique servant à moucher une chandelle à des temps marqués toujours proportionnés à la longueur de la mèche charbonnée, et cela par l'effet même de la combustion de la chandelle et de son raccourcissement.

M. *Marre* fils, docteur médecin, rue de la Tisseranderie, n.° 7 : nouvel instrument de médecine opératoire.

M. *Courtois*, cour du Dragon, n.° 593 : nouvelles serrures et cache-entrées mécaniques.

M. *Fougerolle*, breveté d'invention, rue de la Vieille-Draperie, n.° 8 : mitres de cheminée et faîtières à recouvrement en terre cuite.

M. *Baudoin*, menuisier, rue Guerin-Boisseau : nouvelle pompe en bois, de son invention, à laquelle il attribue l'avantage de fournir une beaucoup plus grande quantité d'eau, en moins de temps et avec une moindre force qu'aucune autre machine de ce genre.

M. *Laurent*, quai de Gèvres, n.° 2 : flûte en cristal,

qui n'est pas sujette aux mêmes variations que la séche-
resse ou l'humidité occasionnent dans les flûtes de bois,
et dont il a été fait un rapport avantageux au Conservatoire de musique.

M. *Raoul*, cloître Notre-Dame, qui obtint une médaille d'argent à l'exposition de l'an 9 : limes plus dures
que les anglaises, entamant mieux l'acier trempé et
moins cassantes, portées à un degré de douceur, de
mordant et de perfection, auquel on n'était point
encore parvenu. Leur supériorité sur celles d'Angleterre
a été constatée par les meilleurs horlogers et armuriers
de Paris, dans une suite d'expériences faites sous les
yeux de M. le préfet de la Seine.

M. *Henri*, rue de l'Université, n.° 9 : lits de fer que
l'on peut porter à la guerre ou en voyage ; autres lits
de fer qui se démontent aisément, et que leur suspension
à double mouvement oscillatoire rend particulièrement
propres à être employés dans les vaisseaux.

M. *Desouches*, breveté d'invention, rue de Verneuil,
n.° 18 : lits de fer portatifs, ne tenant pas plus de place
qu'un porte-manteau.

M. *Hanin*, rue Notre-Dame, n.° 11 : peson ou dynamomètre à tenon et à cadran.

M. *Bossu*, rue du Bouloy, n.° 8, à Paris : modèle
d'un moulin sans roue, de son invention.

Objets divers.

M. *Touron*, rue du Ponceau, n.° 35; toiles de crin imprimées.

M. *Bellanger*, rue de la Loi, n.° 10 : tapis dans le genre de la Savonnerie; tapis moquette, double broche.

MM. *Rogier* et *Sallandrouse*, rue des Vieilles-Audriettes, n.° 6, qui obtinrent une médaille d'argent à l'exposition de l'an 10 : tapis dans le genre de la Savonnerie.

M. *Coulon - Thevenot*, rue du Fouare, au coin de la rue Galande, n.° 19, qui a rendu de grands services à l'art tachygraphique : plumes tachygraphiques.

M. *Heyman*, ferblantier, rue du Caire, n.° 21 : lanternes destinées à être placées aux quatre angles de l'une des voitures de l'Empereur, ouvrage remarquable de ferblanterie.

Atelier des aveugles de la rue Sainte-Avoye : bourse en filet, exécutée par des aveugles.

MM. *Fouquier* et *Henri Didot*, rue du Coq-Saint-Honoré : timbres gravés pour les autorités administratives et judiciaires.

M. *Demillière*, rue Bourbon-Villeneuve, n.° 6 : fleurs artificielles, supérieurement fabriquées, et qui produisent une illusion parfaite.

MM. *Lagrénée* et *Lenoir*, place Saint - Germain-l'Auxerrois, n.° 24 : marbres incrustés, d'un bel effet, avec lesquels on peut imiter parfaitement la mosaïque.

M. *Georget*, rue Saint-Denis, n.° 14 : de la très-belle serrurerie.

M. *Bobée*, à Saint-Mandé : dentelles assez bien fabriquées par de jeunes filles prises dans les hospices.

M. *Coursier*, mécanicien, Grande-Rue du faubourg Poissonnière, n.° 68 : colonne triomphale en acier fondu, d'une belle exécution et d'un nouveau genre.

M. *Demeantis*, rue Bourbon - Villeneuve, n.° 53 : tableau de dentelle ombrée, représentant le buste de S. M. l'Empereur et Roi.

M. *Fleury*, place Thionville, n.° 13 : garnitures de boutons d'habit, représentant des batailles peintes en camée ; autres représentant les sujets des fables de Lafontaine, en bas-relief ciselé ; tabatières de goût. avec bas-relief en or ciselé et très-soigné.

M. *Tarlay*, rue Saint-Gervais-Laurent, n.° 12 : gouges et boute-avant pour les graveurs en bois.

MM. *Feron* frères, rue des Bourdonnais, n.° 6, ténant le dépôt de M. *Versavhel*, fabricant à Bruges, département de la Lys, ont présenté, au nom de ce dernier, une toile qui réunit à l'égalité et à la solidité du tissu une grande finesse, et dont la largeur est de deux mètres quatre-vingt-quinze centimètres.

M. *Perrin*, quai de l'Égalité, n.° 6, qui obtint une médaille d'argent à l'exposition de l'an 9 : toiles métalliques d'une fabrication soignée.

MM. *Corbeau-Maréchal* frères, fabricans à Mayenne,

ayant

ayant un dépôt à Paris, rue Greneta, n.° 18 : mouchoirs de Mayenne.

M. *Bolle,* rue de la Paix, abbaye Saint - Germain : toiles imprimées, parmi lesquelles il y en a de peintes à la réserve blanche, qui sont très-délicates, très-blanches et très-nettes.

MM. *Ternaux* frères, place des Victoires, n.° 3 : draps. A ce qui a été dit de ces négocians-manufacturiers dans les articles concernant les départemens de l'Ourte, des Ardennes, de la Marne, de l'Eure et des Forêts, où ils possèdent de belles et importantes manufactures, on doit ajouter qu'ils ont établi récemment à Auteuil un lavoir pour le lavage des laines provenant des troupeaux mérinos et métis de France, sur-tout des départemens voisins de la capitale, et qu'ils ont commencé à monter, dans le faubourg-Saint-Marceau, des mécaniques propres au cordage et à la filature des laines. L'établissement du lavoir d'Auteuil est à-la-fois un bienfait pour nos manufactures de draperies fines, et pour les propriétaires de troupeaux de race. Il rendra marchandes nos belles laines nationales, et les fera apprécier ce qu'elles valent comparativement aux laines d'Espagne. Le lavoir est construit sur les principes des lavoirs espagnols les plus renommés ; on y suit les mêmes procédés dans le triage, le lavage et la séparation des qualités de laines. Ces procédés y ont été introduits par un *triador,* que MM. *Ternaux* ont fait venir, à grands frais, d'Espagne.

V

DÉPARTEMENT DE LA SEINE-INFÉRIEURE.

CE département renferme un nombre si considérable de branches d'industrie , et ces branches sont si variées , que l'énumération en deviendrait extrêmement longue. Dans quelle partie de l'Europe la rouennerie n'est-elle pas connue ! Le seul arrondissement de Rouen pourrait former une notice qui exigerait plus d'une feuille d'impression. Les arrondissemens d'Yvetot , de Neufchâtel , de Dieppe et du Havre , en augmenteraient encore l'étendue. Ils contribuent à donner au département de la Seine - Inférieure , un rang distingué parmi ceux dont l'industrie honore et enrichit la France.

Arrondissement de *ROUEN.*

De nombreux échantillons de coton filé , soit à la filature continue , soit aux mull-jennys , paraîtront à l'exposition. Ils sont envoyés par MM. *Dusquesnoi* , dont la manufacture est établie à Houlme; *Raulin* , de Saint-Gilles , près Darnetal , qui fut mentionné honorablement à l'exposition de l'an 9; *Delafontaine* et compagnie , de Lescure près Rouen; *Barbay* frères , de Petit-Couronne; *Rawle* , de Desville; *Adeline* le jeune , de Malaunay , qui occupe trois cent cinquante ouvriers; *Adeline* l'aîné , de Darnetal; *Guichet* et *Allard* , de Rouen. MM. *Delafontaine* et compagnie y ont joint deux coupons de calicots , de bonne qualité.

MM. *Bennelot* , *Laurent* et compagnie , *Gain* et *Blanc* , de Rouen , ont adressé des cotons teints ; ainsi que MM. *Gonfreville*, domiciliés à Deville, qui furent mentionnés honorablement à l'exposition de l'an 10 ; *Leprévot*, de Darnetal, et *Osmond*, de Rouen : M. *Osmond* a le mérite d'avoir le premier fait le rose bon teint ; il était, à ce titre, pensionné de l'ancien Gouvernement ;

M. *Enos* l'aîné, de Rouen, des bas de coton unis et mélangés ; sa fabrique rivalise avec avantage les fabriques anglaises dans le même genre : M. *Enos* est d'ailleurs le meilleur constructeur de métiers pour cette fabrication ;

M. *Dubosc* fils, de Rouen, des mouchoirs de coton ; M. *Beaufour*, de Rouen, des basins et calicots ; M. *Adeline* le jeune, de Malaunay, des basins, mousselines et garas : il est le premier qui ait fait tisser, à la navette volante, des basins de deux mètres de lé ; MM. *Fouquet*, *Gillet-Dubec*, *Sanderson* et *France*, *Viel-Ansoult*, tous de Rouen, des basins rayés ; MM. *Nicole*, *Depeaux*, de Rouen, qui obtinrent l'un et l'autre une mention honorable à l'exposition de l'an 10, des nankins ; M. *Lavieille*, de Rouen, des nankins et des mouchoirs ; MM. *Angran*, *Anquetil-Desmarets*, de Rouen, des nankins, des mouchoirs, des toiles de coton ; MM. *Caruel-Duthuit*, *Voisin*, *Bienvenu-Pinel*, *Lefay*, *Larive* l'aîné, *Faine*, *Vallée*, *Coudray* frères, *Dauphin*, *Grenier*, tous de Rouen, des mouchoirs, des guinguans, de la rouennerie et des toiles de coton ; M. *Lambert*, de Darnetal, de l'indienne bleue, peinte à la réserve, remarquable par la perfection du travail ; M. *Legrand*, de

V 2

Rouen, des toiles de coton ; M. *Servais*, de Rouen, des mouchoirs de coton ; M. *David*, de Saint-Gilles-lès-Rouen, des indiennes ; MM. *le Marchand*, *Heutte*, *Lamblay*, veuve *Torcat* et fils, *Barbet*, *Beauchamps*, *Blanchemin*, *David* l'aîné, *Biard*, de Rouen, des indiennes, des mouchoirs, toiles de coton, siamoises imprimées et toiles quadrillées ;

M. *Biard*, qui a envoyé des toiles larges, de coton, a déjà été jugé digne des récompenses nationales pour ses procédés qu'on ne peut mieux apprécier que dans l'établissement qu'il a à Rouen, et où trente des métiers de son invention sont déjà en activité ;

MM. *Godet* et *de l'Épine*, de Rouen, des échantillons de velours de coton d'une grande beauté : ces fabricans ont obtenu une médaille d'or à l'exposition de l'an 9 ; Mme veuve *Charpentier*, *Godet* fils et compagnie, de Rouen, diverses étoffes de coton teint, et en toute couleur et nuance ;

MM. *Durecu* frères, *Vallet* et *le Rasle*, *Curmier*, *Demehabert*, *Jourdain*, de Darnetal, et *Lallemand* père, de Rouen, des draps, des espagnolettes, des castorines et des flanelles ;

MM. *Le Bouvier* père et fils, de Rouen, des cotons filés et des toiles de coton ; M. *Feret*, de la même ville, des bas de coton ;

M. *Clément*, de Rouen, des plumes apprêtées ; MM. *Delaunoy* frères, *Masse* frères, de Rouen, des bougies ; MM. *Prétrel*, *Décourt* de Rouen, des chandelles-bougies économiques ; M. *Dumoutier*, de Rouen, qui obtint une mention honorable à l'exposition de l'an 10, des ouvrages en corne, des cornes transparentes pour les lanternes de marine ; M. *Pouchet* fils, de Rouen, des cardes pour le coton ; M. *Pelletau*, de Rouen, du sel de soude ; M. *Savary*, de Rouen, de la soude artificielle pour teinture ;

MM. *Gautier, Leneveu, Fauquier d'Inglebert*, de Rouen ; le premier, des tarreaux carrés et vis à filets sur un corps conique ; le second, des rots d'acier armés de 950 dents, pour lesquels une médaille de bronze lui fut donnée à la dernière exposition ; le troisième, des peignes d'acier, de canne et de cuivre ; M. *Valery Baudouin*, de Rouen, des cotons filés, lilas bon teint, nuance qui n'était pas sortie des grands ateliers de teinture ; il n'a encore été teint que cent livres de cette couleur, qui paraît de toute solidité contre l'action du savon. M. *Bidault Milon*, de Rouen, des futaines, des basins cannelés et rayés ; M. *Valois*, même commune, un modèle de poêle économique ; M. *Périaux*, de Rouen, des essais typographiques de cartes, et des figures exécutées d'après un nouveau procédé de son invention ; MM. *Thomas, Colmiche-Baspré*, de Rouen, des mouchoirs de coton, des toiles de coton ouvragées ; M. *le Tellier*, de Rouen, 11 pièces de poterie noire et faïence ; M. *Bioche*, de Neubourg, département de l'Eure, fréquentant la halle de Rouen, des molletons de coton et des basins qui valent les plus beaux basins anglais ; M. *Pouchet* père, de Rouen,

V 3

une balance arithmétique, et un filoir imité d'Arkwright : cet artiste est connu par différentes inventions utiles ; il lui fut décerné une médaille d'or à la dernière exposition ; M. *Prevost*, de Rouen, des bonbonnières transparentes et de diverses couleurs, fabriquées avec l'ergot de bœuf ; M. *Lizé-Levalleux*, de Rouen, quatre échantillons de cardes ; M. *Thillage*, de Rouen, des pompes en cuivre, dont une avec son baquet.

Dix écheveaux de lin filé à la mécanique, pour tissage de toiles, ont été envoyés par M. *Goullé*, de Saint-Jean-de-Cardonnay ; des toiles de coton pour meubles, par M. *de la Marre*, de Rouen : cette toile est faite sur un métier de nouvelle construction, pour l'invention duquel l'auteur a pris un brevet ; des échantillons de sucre raffiné, par MM. *Huart* et compagnie, de Rouen : le procédé de cette raffinerie se compose de la manière française et de la manière anglaise ; des velours, basins et piqués, des nankins, des toiles quadrillées, par MM. *Sévenne* et *Boutigny*, de Rouen. Les velours et les piqués de M. *Sévenne*, qui obtint une médaille d'argent à l'exposition de l'an 9, avec son frère qui était alors son associé, sont les plus beaux qu'ait encore produits le département. On remarque dans les velours l'extrême finesse des envers, dans ceux sur-tout fabriqués par le procédé de la double navette, procédé pour l'invention duquel M. *Sévenne* a pris un brevet.

M. *de la Mettairie*, de Rouen, a envoyé treize pièces de faïence ; M. *Cheruel* fils, de Rouen, des perkales ;

M. *Duchesne* le jeune, de Rouen, des indiennes et des mouchoirs imprimés; M. *Vitalis*, professeur de chimie à Rouen, neuf échantillons de cotons teints; MM. *Liard* et compagnie, des pains de sucre raffiné; M. *Rouff*, de Rouen, des toiles de coton imprimées. M. *Descroizilles* l'aîné, domicilié à Lescure près Rouen, présente deux alambics, un aréométritype et un alcalimètre, nouveaux instrumens destinés, le premier à régler la construction et la marche des pèse-liqueurs, et le second indiquant la valeur comparative des divers alcalis du commerce. Il a envoyé en outre des molletons, finettes, calicots, basins, mousselines, bas et fils de coton, blanchis d'après les procédés *Bertholiens*, du muriate d'étain, de l'acide muriatique fumant, une masse de sulfate de soude, une autre de zinc. Pour donner une idée de l'intérêt que comportent les ateliers de M. *Descroizilles*, il suffira de dire qu'avant l'établissement de sa fabrique de muriate d'étain, ce produit chimique se vendait huit fois plus cher qu'aujourd'hui; aussi la consommation en est-elle plus que centuplée. M. *Descroizilles* obtint une médaille d'or à l'exposition de l'an 10.

Des mouchoirs, des cotons teints sont présentés par MM. *Lallemant* et *Lefay*, de Rouen.

MM. *Bourdon* et *Petou*, *Delacroix* et fils, *Flavigny-Gosset* le jeune, *Pierre Grandin* l'aîné, *Grandin* et compagnie, *Hayet* et fils, *Lefebvre*, qui obtint une médaille de bronze à la dernière exposition; *Lejeune* et *Devitry*, *Lefort*, *Le Prieur*, *Ménage-Delarue*, *Maille - Louvet*,

Jacques Grandin l'aîné, qui reçut une médaille d'argent à l'exposition de l'an 10; *Quesney* et fils, *Sévestre* père, d'Elbeuf, et M. *Prosper Delarue*, maire de la même ville, ont envoyé des échantillons de draps de toutes laines de toutes couleurs, quelques velours de laine pour culottes et gilets. Il serait inutile de faire l'éloge de ces fabricans et de leurs produits; chacun d'eux occupe depuis cent cinquante jusqu'à quatre et cinq cents ouvriers; plusieurs font usage des mécaniques du S.ʳ *Douglass*. Indiquer des draps d'Elbeuf, c'est dire qu'ils sont soignés et d'une qualité suivie.

Arrondissement du HAVRE.

MM. *Lemaître* et fils, de Bolbec-Lillebonne, qui obtinrent une médaille d'argent à la dernière exposition, et dont la filature occupe quatre cents personnes, parmi lesquelles sont beaucoup d'enfans abandonnés, MM. *Doulé* et *Mazza*, de Montivilliers; MM. *Fossard* et *Chaptois*, de Lillebonne, offrent des cotons filés pour fabrication de rouenneries, pour basins et piqués; MM. *Pouchet* et fils, veuve. *Pouchet*, *Jean-Baptiste Lecoq*, de Bolbec, des indiennes imprimées et des mouchoirs; MM. *Blondel* père, *Castaigne Blondel*, *Valle* aussi de Bolbec, des mouchoirs fil et coton; M. *Pertuzon*, de Gruchel, des mouchoirs et des toiles tout coton; MM. *Hébert*, *Léger*, *Daniel-Grégoire Lemaître*, de Bolbec, des mouchoirs fil et coton, des toiles de coton écrues, des siamoises fil et coton; M. *Pierre Lecoq*, de Bolbec, des toiles blanches pour impression , propres à remplacer celles de l'Inde ; MM. *Queval* et compagnie, de Fécamp, des toiles tout fil de lin, des toiles à voiles: M. *Queval* est inventeur d'un métier mécanique avec lequel il fabrique des toiles de plus de deux mètres de large ; M. *Decaen*, d'Harfleurs, douze echantillons de faïences façon anglaise, dont l'émail très-dur offre une résistance notable ; M. *Delavigne* le jeune, du Havre, des faïences façon anglaise, façon de Rouen, d'un bel émail ; M. *Boccage*, d'Ingouville près le Havre, douze échantillons de sa taillanderie. La confection, la qualité et les formes des outils, les font généralement estimer des cultivateurs des colonies. Des indiennes, des toiles tout coton écrues, des cotons pour chaîne, ont été adressés par Mme *Lévêque* veuve *Lemaître*, et par M. *Fouquet*, de Bolbec ; des biscuits de mer de bonne qualité, par M. *Guilbert*, d'Ingouville. M. *Engammar*, de Bolbec, présente sept échantillons de toiles de lin, dites de *Guibert* ou de *Fécamp :* ces toiles ont souvent un extrême degré de finesse, qui cependant n'altère pas la qualité du tissu ; on estime que la fabrication de ces toiles occupe trois mille individus, dont quinze cents enfans préparent les matières ;

M. *Cheramy*, forgeron-mécanicien, au Havre, une mécanique fort simple pour faire des vis en fer et en acier, plusieurs presses nouvelles pour l'impression d'un timbre sec, un étau d'un nouveau genre, propre à orner le laboratoire d'un amateur ; de la poudre à polir, ou rouge superfin ; un canon de marine, pièce de dix-huit réduite à douze pouces, montée sur son affût à coulisse, laquelle peut, suivant l'inventeur, être manœuvrée avec un tiers moins d'hommes ou de force que les canons ordinaires.

Arrondissement D'YVETOT.

M. *Benard* offre des toiles flammées pour meubles ; M. *Vincent*, des toiles flammées, des velventines teintes et des guinées écrues ; M. *Lefebvre*, des mousselines et calicots ; M. *Pouchin* fils aîné, des velventines et des guinées écrues ; M. *Duchéne* l'aîné, des siamoises en couleur, des basins, mousselines et calicots ; M. *Duchéne* et compagnie, des cotons filés : tous ces fabricans sont d'Yvetot ;

M. *Saillard*, de Veauville, des siamoises jaspées et des mousselinettes ; M. *Bonhomme*, de Saint-Clair, des siamoises en damier flammées ; MM. *Leplay* père et fils, d'Autretot, des basins et jains ; M. *Vasselin*, de Verbosc, des cotons filés ; M. *Lemarié*, de Touffreville, membre du conseil général du département, des laines de moutons races pures, races croisées : c'est à lui qu'on doit spécialement la multiplication des moutons espagnols dans la Seine-Inférieure ; MM. *Folope* et *Prevost*, de Caudebec, des cotons teints.

Arrondissement de NEUFCHÂTEL.

M. *Cacqueray*, du Landel, propriétaire de la verrerie de Bezancourt, a envoyé une foule d'échantillons de verre fin, de verre bleu, de vaisseaux de chimie, verre commun : sa verrerie ne fait point d'objets de luxe ; elle se borne aux articles essentiellement utiles à la chimie, et d'un usage habituel dans les ménages ; Mlle *Virgile Delavigogne*, propriétaire de la verrerie de la Grande-Vallée, commune de Guerville, des verres verts, des verres bruns, des bouteilles de Champagne, Bordeaux, &c. Mêmes articles sont présentés par M. *Grancourt*, propriétaire de la verrerie de Varimpré ; par M. *le Baron*, de la verrerie de Mont-Comble ; et par M. *Levarlet*, propriétaire de celle de Rétonval, nommée la Vieille-Verrerie, dont l'établissement remonte à cent trente ans et au-delà ;

M. *Petit*, de Saint-Saens, des échantillons de colle-forte d'excellente qualité ;

MM. *Bosquier, Lecoffre, Roynard* fils, *Havé, Avenel*, de Saint-Saens, des cuirs forts, bien tannés. *M. Bosquier* y a joint des veaux cirés et des tiges de bottes ; M. *Cuvelier*, de Blangi, des savons verts, de l'amidon ; M. *Ecureux*, contrôleur des contributions directes à Neufchâtel, des cotons filés, n.° 24 à 112 ; MM. *Troussé, Corroyer, Dubois, Vallois*, de la commune de Bully, des échantillons de poterie en grès, de toute espèce, de toute forme ; M. *Delesques*, de Saint-Germain-sur-Eaulne, des laines métisses pour les fabriques d'Elbeuf.

Arrondissement de DIEPPE.

M. *Morin Danvers*, de la commune de Breteville,

présente trente-six échantillons de laine de moutons mérinos; l'hospice de Dieppe, quatre échantillons de coton filé à la mécanique, pour la rouennerie ; enfin, M. *Scipion Perrier*, des cristaux produits par la verrerie de Romesnil. Cette verrerie, originairement construite pour des verres à manchon , est depuis trois ans la propriété de M. *Perrier*, qui , en peu de mois, l'a convertie en une fabrique de cristaux dont la parfaite diaphanéité, l'élégance des formes et la vivacité du poli égalent ce que la France et l'Angleterre ont de plus beau en ce genre.

Nota. Quinze fabricans du département de la Seine-Inférieure se proposent de tenir la foire dont l'exposition sera suivie : ce sont MM. *Bosquier , Roynard* fils, *Avenel*, tanneurs à Saint-Saens ; *Maille-Louvet*, drapier à Elbeuf; *Troussé, Corroyer*, fabricans de poterie de terre à Buly ; *Biard*, inventeur de nouveaux métiers à tisser; *Dumoutier*, fabricant de cornes transparentes et d'ouvrages en corne ; *Pouchet*, auteurs de nouveaux filoirs pour le coton, et d'une balance arithmétique; *Sevenne*, fabricant de velours, basins et piqués; *Descroisilles*, blanchisseur et inventeur de deux nouveaux alambics ; *Lefay*, teinturier ; *Enos*, bonnetier; *Dubosc*, fabricant de schals et cravates ; *Farin Haglon* , fabricant de mouchoirs de coton à Rouen.

DÉPARTEMENT DE SEINE-ET-MARNE.

M. *Raffy* occupe deux cents ouvriers à la papeterie

du Marais, commune de Jouy-sur-Morin. Ses ateliers pourraient fournir annuellement 180,000 kilogrammes de papier. Il a trouvé le moyen d'employer des chiffons de couleur, qui, par l'effet de la décoloration qu'il leur fait subir à peu de frais, en se servant du procédé de M. *Berthollet*, lui tiennent lieu de chiffons blancs. M. *Raffy* offre des échantillons de ses papiers, qui sont tous destinés au service du timbre.

MM. *Dubourget* fils, de Crecy, *Étienne* et compagnie, de Saint-Port, présentent des lacets de soie, de filoselle et de fil ; ils ont trente ouvriers chacun, et emploient des courans d'eau pour faire mouvoir leurs mécaniques ;

M. *Petremann*, de Château-Landon, du blanc de plomb pour la peinture, qu'il a su porter à une grande perfection ;

MM. *Poupardin* frères, de Moret, des échantillons de draps fabriqués dans l'établissement qu'ils ont récemment formé ;

M. *Jaucourt-Guignonnet*, de Provins, des échantillons de droguets propres à l'habillement de la classe indigente ;

MM. *Recardon* et *Rerbin*, de Nemours, des couvertures de laine, dont ils ont entrepris la fabrication l'année dernière ;

M. *Deronet*, propriétaire de la verrerie de Bagnaux, des produits de cette verrerie, qu'il a rendue à sa première activité.

Il existe à Fontainebleau une manufacture de porcelaine et deux fabriques de faïence brune, qui ont été jugées dignes d'être admises au concours. La première appartient à M. *Baruchweil* ; les deux faïenceries appartiennent, l'une à M. *Bougloux*, l'autre à M. *Dorner*. MM. *Baruchweil* et *Dorner* ont manifesté l'intention de tenir la foire dont l'exposition sera suivie.

La ville de Montreau possède trois établissemens du même genre, dont les productions figureront aussi au concours ; ils sont exploités par MM. *Merlin-Hall*, *Guerrier* et *Bécard*.

Celui de M. *Merlin-Hall*, qui emploie cent quatre-vingts ouvriers, est depuis très-long-temps connu. Ses faïences ont été distinguées aux précédentes expositions ; elles valurent à M. *Merlin-Hall*, une médaille d'or en l'an 9.

La faïence noire de M. *Guerrier* est propre, solide, et à l'épreuve du feu.

La poterie dite *cailloux*, dont M. *Bécard* est inventeur, a le mérite de la nouveauté.

L'acierie de Soupes, établie en 1775, appartenait en l'an 10 à M. *de Cancey*, qui reçut une médaille d'or à l'exposition de la même année, pour la perfection qu'il avait donnée aux cylindres de laminoirs. M. *Gosselin* en est devenu propriétaire ; et on jugera par les objets qu'il présente, qu'il n'a rien négligé pour augmenter la réputation que cette usine intéressante avait acquise. Ses cylindres de laminoirs sont plus parfaits

que ceux couronnés en l'an 10. A la dureté, au poli,
à la bonne soudure, ils joignent un redressement si
exact et si précis, que les lames qui en sortent sont,
dans toute leur étendue, de la plus parfaite égalité, et
fournissent par suite des flaons aussi parfaitement égaux
en poids ; la superficie des axes ou arbres est en outre
aciérée, ce qui, ne les rendant pas sujets à s'user comme
des axes de fer, décuple la durée des cylindres. Les
aciers de Soupes, sur-tout ceux pour ressorts de voiture, sont d'une excellente qualité, ainsi que les fers
ronds et carillons qui ne cassent pas, et que le beau
poli qu'ils reçoivent fait employer sans se servir de la
lime.

DÉPARTEMENT DE SEINE-ET-OISE.

M. *Oberkampf*, propriétaire de la superbe manufacture de Jouy, a envoyé trente-huit échantillons de toiles
peintes avec une perfection qui paraît ne laisser plus rien à
desirer. On admire sur-tout les pièces dites mignonettes
à petits dessins et filets, imprimées à la mécanique, des
impressions à l'enlevage, procédé au moyen duquel on
imprime sur des fonds unis, de petits objets très-délicats.
En général, tous ces échantillons sont dignes de la haute
réputation dont jouit depuis long-temps la manufacture
de Jouy, réputation qui a engagé tout récemment S. M.
à l'honorer de sa présence : on sait que l'Empereur,
après l'avoir visitée dans tous ses détails, a témoigné sa
satisfaction à celui qui a fondé ce bel établissement,

et l'a décoré, de sa propre main, de l'aigle de la légion d'honneur.

La fabrique de M. *Oberkampf* va acquérir une nouvelle importance par l'établissement des filatures et tissages dont elle s'occupe, pour remplacer les toiles qu'elle se procurait ci-devant de l'étranger.

MM. *Lombard* et compagnie, manufacturiers à Grillon, commune de Dourdan, qui obtinrent une médaille d'argent à l'exposition de l'an 9, offrent quatre-vingt-dix-huit dessins de basins satinés, une pièce de piqué ouvragé en couleur, formant seize filets de dessins différens ; cinq paires de bas pour femme à coins ouvragés. Les métiers sur lesquels les basins et piqués se fabriquent, ont un mécanisme si simple, que l'on peut en un instant changer de dessin. Les bas sont d'une grande finesse.

MM. *Gaud, Rigaut,* et *Travanet,* membre du Corps législatif, fabricans à Royaumont, présentent des échantillons de coton filature continue et mull - jenny, des échantillons de toiles blanches et écrues : ces toiles sont propres à remplacer celles de l'Inde, employées ci-devant par les fabriques de toiles peintes ;

M. *Rolland,* à Essone, huit paquets de cotons filés du n.° 49 au n.° 120, deux pièces de basins, deux de calicots ; M. *Rolland* occupe cent quatre-vingts ouvriers ;

M. *le Hoult,* de Versailles, deux cartes d'échantillons de basins, mousselinettes ; et un échantillon de coton filé du n.° 110 : ce manufacturier s'occupe avec

succès

succès des moyens de perfectionner le tissage et la filature.

M. *Megevand*, à Saint-Arnoud, des toiles de coton et des basins blanchis. Le procédé qu'il emploie pour le blanchiment, ne laisse ni odeur, ni indice qui puisse nuire à la qualité et à la durée du blanc.

MM. *Lavedan* et compagnie, à Versailles, des échantillons de coton très-bien filé, depuis le n.º 33 jusqu'au n.º 106.

M. *Bourgeois*, économe de l'établissement impérial de Rambouillet, produit une carte d'échantillons de laine provenant, tant de la première importation faite le 12 octobre 1786, que de l'importation *Gilbert*, et des laines d'expériences. Celle de la première importation n'a rien perdu de sa finesse depuis vingt ans ; quant aux laines d'expérience faite sur des moutons placés dans une île depuis le 15 vendémiaire an 12, elles ont paru tout aussi belles que les autres. M. *Bourgeois*, en sa qualité de propriétaire aux Tozeaux, commune du Perray, présente un échantillon de laine de son troupeau particulier. Il paraît que les laines des bêtes acclimatées ne le cèdent pas en finesse à celles des bêtes récemment arrivées d'Espagne, et que la laine est même plus longue, et par conséquent d'un produit plus considérable.

M. *Chapelle-de-Jumilhac*, propriétaire à Guigneville, canton de la Ferté-Aleps, offre des laines de son troupeau de race pure, aussi fines et d'aussi bonne qualité que les plus belles laines d'Espagne.

M. *Le Mesle*, cultivateur et maître de poste à Rambouillet, a envoyé des laines d'un belier espagnol acclimaté, et d'une brebis beauceronne, dont le produit depuis 1793 égale la race pure et même l'échantillon de laine provenant du belier donné par S. M. l'Impératrice.

M. *Goufier*, propriétaire à Gazeran, des échantillons de laine d'un troupeau composé de beliers de race pure et de brebis beauceronnes et bocagères.

M. *Benard*, cultivateur dans la même commune, des échantillons de laine d'un troupeau provenant du croisement de brebis françaises avec des beliers espagnols.

MM. *Grandmaison* & *Dumond*, à Épluches, près Pontoise, deux toisons en suin, de la plus grande beauté, et deux autres lavées; un schâl et des draps fabriqués avec la laine de leur magnifique troupeau.

M. de *Morant*, de Jouy, des échantillons sous verre de laines provenant de la tonte de son troupeau de mérinos.

M. *Cambefort*, de Pierre-Laye, une toison de race pure de mérinos, et une autre de métis de la cinquième génération.

M. *de Maistre*, à Vaujours, des laines provenant de ses troupeaux de race pure et de métis. Ces échantillons, bien classés, présentent les améliorations progressives de ces troupeaux depuis l'an 3 jusqu'à ce jour.

M. *Henin*, propriétaire à Longue-Toise, commune

de Chalo-Saint-Marc, membre du Corps législatif, trois beaux échantillons de laine de son troupeau de métis. La persévérance de M. *Henin*, qui depuis dix ans travaille à améliorer un troupeau de quatre cents bêtes, en les croisant chaque année par des beliers espagnols, lui a procuré des succès complets.

Mlle *d'Emé*, à S.-Germain-en-Laye, a envoyé à l'exposition différens petits ouvrages en carton et soieries, faits avec goût. Le produit en est destiné au soulagement des pauvres.

M. *Appert*, de Massy, trente-deux bouteilles contenant des viandes, bouillons, légumes et fruits conservés à l'aide d'un procédé qu'il a inventé.

Mme Ve *Chambry*, de Lardy, des échantillons de rubans, cordons et lacets de sa manufacture hydraulique. Les produits de cette manufacture, qui fournit du travail à vingt-cinq orphelins, remplacent les marchandises de même genre que l'on tirait jadis de l'Allemagne.

M. *Salleron*, tanneur à Longjumeau, deux paquets d'échantillons de cuirs parfaitement tannés et corroyés.

M. *Silvan*, à Limours, des échantillons de poterie en terre bronzée. Des formes heureuses et un prix de vente à la portée de la classe la moins aisée, distinguent cette fabrique.

Mme Ve *Dujoncquoy*, de Pussay, des bas et des chaussons de laine, d'un prix très-modique.

Mme Ve *Deslandes*, à Versailles, des échantillons de bougie et de cire blanche de sa fabrique.

M. *Houette* fils aîné, à S.-Germain-en-Laye, des peaux de veaux et de chevaux préparées à la manière anglaise, pour bottes et souliers. Sa fabrique prouve que la France égale ce que l'étranger produit de mieux fait dans ce genre.

MM. *Mittenhoff* et *Mount*, au Val-sous-Meudon, des échantillons de poterie de terre, dont les formes sont élégantes et les peintures soignées.

M. *Lambert*, à Sèvres, des poteries de terre coloriées, des échantillons d'émaux, genre de fabrique peu commun en France.

MM. *Cochin* et *Arselin*, de S.-Germain-en-Laye, ont envoyé le modèle d'une machine propre à monter ou descendre de l'eau, de la terre ou autres fardeaux. Ces messieurs ont pris un brevet pour l'invention de cette machine, qui peut être mue par une manivelle, par l'eau courante, ou par le feu.

M. *Sagniel*, à Marly, qui fut mentionné honorablement à l'exposition de l'an 10, des cotons filés, dont la filature a paru bonne et unie.

MM. *Delaitre* et *Noel*, qui obtinrent une médaille d'or à l'exposition de l'an 9, propriétaires de l'ancienne filature hydraulique de l'Épine, près Arpajon, où ils emploient beaucoup d'enfans tirés des hospices : des cardés et des cotons filés par le moyen des mécaniques dites continues, cardes et cotons filés pour chaîne, qui soutiennent la réputation de cette filature.

M. *Boutet*, entrepreneur de la manufacture d'armes

de Versailles, qui reçut une médaille d'argent à l'exposition de l'an 9, et une d'or à celle de l'an 10, des armes de chasse et de guerre, des armes de luxe de la plus grande beauté et de la première qualité.

M. *Bardel* fils, à   , des étoffes de crin pour meubles; il obtint une médaille de bronze au dernier concours, où il avait présenté des étoffes de la même nature. M. *Bardel* a manifesté l'intention de tenir la foire dont l'exposition sera suivie. Mme v.^e *Lainé-Bouvier* et compagnie, qui exploite une filature et une teinturerie de coton à Saint-Germain-en-Laye, se propose aussi d'y envoyer des marchandises.

Une lettre postérieure de M. le préfet du département de Seine-et-Oise, annonce que M. *Mollerat*, breveté d'invention pour un appareil propre à distiller le bois en grand, domicilié à Saint-Hubert, exposera,

1.° Des échantillons de teinture sur soie, laine, fil, coton et feutre, en diverses couleurs et nuances fixées au moyen du pyrale de fer en remplacement de la couperose;

2°. Du carbonate et de l'acétite de soude obtenus de l'acide pyro-ligneux;

3.° Du vinaigre radical tiré du même acide, sans aucun intermédiaire minéral qui puisse en rendre l'usage dangereux;

4.° Des échantillons de cuirs tannés dans la même matière;

5.° Des lambris peints avec le goudron extrait de toute

espèce de bois distillé, dans son appareil, soit employé seul en première couche, soit recouvert d'autres couleurs.

DÉPARTEMENT DE LA SÉSIA.

LE département de la Sésia est un de ceux formés du ci-devant Piémont, où l'on trouve le plus d'industrie. La fabrication des lainages y occupe au moins six mille ouvriers; celle des toiles de chanvre, un nombre à-peu-près égal; la chapellerie, trois cents. On y fait tous les ans trente mille douzaines de paires de bas de laine, et trente mille douzaines de faux, sans compter une grande quantité d'instrumens aratoires et d'outils pour les arts, qui sortent de quinze à vingt usines situées dans les communes de Mongrando et de Netro. C'est l'arrondissement de Bielle, pays montueux et stérile, qui possède presqu'exclusivement ces diverses manufactures.

Les communes de Petinengo et de Doglio ont envoyé des bas de laine; M. *Pierre Robiolio*, de la vallée inférieure de Mosso, des radins ou tricots forts, des frisons ou tricots ordinaires, des impériales, étamines, &c.; M. *Octave Lebole*, de Cacciorna; des draps bleus et noirs fabriqués avec la laine de ses troupeaux de race espagnole; M. *Guillaume Bagnafaco*, d'Andorno, des chapeaux communs, dont un, à l'usage des bergers, est remarquable par la modicité de son prix, et par son feutrage qui le rend propre à résister à la pluie et aux intempéries de l'air; M. *Vineis*, de Mongrando; des faux n.° 3; et M. *Vincent Serramoglia*, de Netro, des faux n.° 2 ; M. *Louis Gromo*, maire de Bielle, des échantillons de draperie et d'étoffes de laine et coton, provenant d'une manufacture qu'il a récemment établie : il a aussi adressé une boîte de potasse.

MM. *J. A. Balocco* et compagnie sont devenus propriétaires, en 1804, de la fabrique de basins et autres tissus de coton, et fil et coton, située à Verceil, et l'ont tirée de l'état de langueur où elle se trouvait : ils présentent divers produits de leurs ateliers.

DÉPARTEMENT DES DEUX-SÈVRES.

L'INDUSTRIE manufacturière est bien moins étendue dans ce département que l'industrie agricole ; seulement la chamoiserie et la ganterie y sont portées à un très-haut degré de perfection.

Les chamoiseurs et les gantiers de Niort, qui ont perdu les débouchés qu'ils avaient dans nos colonies, s'en sont ouvert de nouveaux en Italie et dans les États-Unis. Ils ont ranimé, par ce moyen, l'activité de leur fabrication, qui s'est élevée, en l'an 13, à 33,000 peaux de daim, 96,000 de mouton, 430 peaux de bœuf, 18,150 douzaines de gants, et 550 douzaines de culottes.

MM. *Main* frères, *Brière* aîné, *Christain* l'aîné, *Brillouet*, tous de Niort, qui furent mentionnés honorablement à l'exposition de l'an 10, ont remis des peaux de daim et de mouton préparées, des culottes de daim et de mouton, et des gants de toute espèce.

La chapellerie de la même ville s'est un peu améliorée. M. *Pierre Monnereau* offre un chapeau à grands bords, de laine du pays, propre pour les troupes.

Une papeterie assez considérable a été établie à Niort, en 1792 : M. *Jean-Baptiste Barré*, qui en est propriétaire, a envoyé divers échantillons de ses produits.

La ville de Saint-Maixent a fourni de la bonneterie en laine, provenant des ateliers de MM. *Boutin, Carsin, Griffier*; des draps de laine, de la fabrique de M. *Pierre Bourdon*; des veaux gris et noirs, de la tannerie de M. *Dupuy*.

Les habitans de l'arrondissement de Bressuire tirent du chef-lieu de leur arrondissement les basins, siamoises, toiles, mouchoirs, dans le genre de la manufacture de Cholet, les coutils et les tiretaines dont ils ont besoin. Les échantillons qui en ont été remis, sortent des manufactures de MM. *Lusson, Labrousse-Égron*.

Il se fabrique quelques lainages dans d'autres villes et bourgs du département des Deux-Sèvres; des serges, des croisés, des draps de petite largeur, à Parthenai; des serges et des croisés, des tiretaines, à Airvault; des tiretaines à Moncoutant et Secondigny; des draps étroits à Saint-Paul-en-Gâtine. La ville de Parthenai renferme aussi quelques tanneries. Tous ces petits ateliers présentent des échantillons de leurs produits, que l'on ne distinguera ni par la finesse, ni par l'éclat ou la richesse des matières, mais qui sont en général de bonne qualité, et d'un bon travail de fabrication.

DÉPARTEMENT DE LA SOMME.

QUAND le département de la Somme ne compterait au nombre de ses villes manufacturières que celles d'Amiens et d'Abbeville, il figurerait avec avantage dans le tableau des départemens où l'industrie et le commerce, pour s'élever au plus haut degré de splendeur, ne demandent que la paix extérieure. La seule ville d'Amiens, presque entièrement peuplée d'ouvriers, offre une foule de manufactures dont les produits variés doivent peser dans la balance du commerce national.

M. *Ghuys* a formé à Amiens un établissement pour rouir le chanvre et le lin, d'après les nouveaux procédés de M. *Bralle*. L'opération du rouissage s'y fait en très-peu de temps et d'une manière économique ; la filasse qui en résulte est plus parfaite que par la méthode ordinaire, et le déchet qu'elle éprouve est bien moins considérable.

La chambre de commerce d'Amiens estime que les chanvres de la Somme, ainsi rouis, pourront être employés avec avantage au service de la marine, qui les rejetait ; qu'ils sont susceptibles de prendre tous les degrés de finesse, même ceux qu'exigent les ouvrages les plus délicats, tels que les fils à dentelle et à batiste. Elle a trouvé la preuve de ces résultats dans les nombreux échantillons de chanvres et de lins que M. *Ghuys* a soumis à son examen.

MM. *Fleury* et compagnie, négocians à Amiens,

présentent deux pièces de toiles écrues, deux de toiles blanches et deux de toiles blanchies. Ces négocians achètent à Gand, où ils ont une maison de commerce, et font blanchir à Boves, près d'Amiens. Ils savent donner un blanc sans apprêt, dont le procédé est encore inconnu dans la ci-devant Belgique.

M. *Senard*, négociant à Amiens, entrepreneur de la manufacture de bas d'estaminerie du Plessis-Rosan-villers, près Montdidier, a adressé des bas d'hommes et de femmes de différentes couleurs, et des tricots blancs superfins. Ces bas et tricots reçoivent, dans la manufacture de M. *Senart*, les teintures et apprêts nécessaires.

MM. *Josse* père et fils, d'Amiens, ont aussi envoyé des bas qu'ils font fabriquer dans les communes rurales des arrondissemens d'Amiens, Montdidier, Péronne, &c. auxquels ils donnent l'apprêt dans leurs ateliers.

M. *Mabille*, d'Amiens, dix-neuf pièces de rubans de laine, dont le prix peu élevé prouve la modicité du prix de main-d'œuvre pour la filature et le tissage.

MM. *Demailly* frères, d'Amiens, qui furent mentionnés honorablement à l'exposition de l'an 10, des draps dits tiretaines, connus plus particulièrement sous le nom de *Beaucamps*, où ils se fabriquent : le bas prix de ces étoffes, et leur bonne exécution, en assurent le débit.

M. *Sellier*, d'Amiens, des draperies communes destinées à l'habillement des troupes et à la classe la plus nombreuse des consommateurs.

MM. *de la Haye, Pisson*, qui obtinrent une mention honorable à l'exposition de l'an 10, et M. *Laurent Morand*, fabricans à Amiens, des coupons de velours d'Utrecht, bien traités, et d'une consommation journalière : M. *Laurent Morand* y a joint une pièce de laurentine, étoffe inventée par son père, dont le fond est satiné, et qui a la chaîne en soie blanche, la trame en coton, et le duvet ou velouté de la fleur, en fil de chèvres.

MM. *Debray, Valfresne* et compagnie, d'Amiens, des pannes poil, long poil, unies, ciselées, &c. et des anacostes ou acostines en noir. Cette dernière étoffe se consommait à Naples ; les Napolitains la faisaient venir d'Angleterre ; ils pourront aujourd'hui s'adresser au commerce d'Amiens.

MM. *Soyez* père et fils, et *Retourné*, d'Amiens, une pièce prunelle de soie noire, et une pièce de velventine.

M. *Alexandre Verrier* et M. *Lenoir Palluard*, d'Amiens, des casimirs d'une fabrication très-soignée.

MM. *Gensse, Duminy* et compagnie, d'Amiens, qui obtinrent une médaille d'argent à la dernière exposition, pour la beauté de leurs casimirs, où ils employaient alors un fil étranger, qu'ils mariaient habilement avec la laine ; des casimirs double broche et autres, tout en laine, et des patencords façon française et façon anglaise. Le patencord façon anglaise a la chaîne en coton ; le patencord façon française est tout en laine. Ce dernier est préférable, en ce que l'étoffe reçoit la teinture en bon teint, qu'elle ne se graisse point comme le coton, qu'elle ne se froisse point, et qu'elle ne se pèle pas même à l'usage. La fabrication de cette étoffe peut devenir un objet de commerce intéressant entre les mains de MM. *Gensse*, *Duminy* et compagnie ; dont les talens sont connus par la perfection à laquelle ils ont porté leurs casimirs. Ils ont annoncé le dessein de tenir la foire dont l'exposition sera suivie.

MM. *Adeline* frères, à Saleux, près d'Amiens, des cotons filés bien tors, provenant de leur filature hydraulique continue.

MM. *Morgan* et *Delahaye*, d'Amiens, qui reçurent une médaille d'or à l'exposition de l'an 9, des cotons filés par mull-jennys et des velours de cotons fabriqués avec les fils de leur filature. C'est leur manufacture qui a donné naissance à la fabrication des velours de coton en Picardie.

MM. *Debray* et compagnie, et MM. *Soyez* frères, d'Amiens, des velventines, des cordelés, des draps de coton, des basins, des velours cannelés, des piqués. Toutes ces étoffes ont été bien soignées dans la fabrication.

M. *Cosserat*, d'Amiens, vingt coupes de velours.

M. *Debray Valfrêne*, de la même ville, vingt-trois coupes *idem*; dont cinq ont été fabriquées et teintes en dix-sept jours. M. *Cornet*, doyen des négocians d'Amiens, dix coupes *idem*. Ces étoffes, dans les qualités communes, se vendent à des prix inférieurs aux articles du même genre fabriqués en Angleterre.

M. *Massey*, Mme veuve *Fleury*, MM. *Patte* et *Faton*, d'Amiens, présentent six pièces de toiles de coton pour l'impression. Ces toiles, les premières qui aient été fabriquées à Amiens depuis le décret du 22. février dernier, suffisent pour convaincre que bientôt les Français atteindront la perfection vantée des toiles que les indienneurs tiraient de l'étranger. On ne saurait trop louer le zèle de MM. *Massey*, veuve *Fleury*, *Patte* et *Faton*, à faire germer dans leur pays une nouvelle branche d'industrie. Pour déterminer les fabricans à faire des toiles propres à l'impression, ils se sont obligés de prendre toutes les pièces d'essai pour leur compte et à leurs risques.

MM. *Rivery* père, d'Amiens, et *Rivery* fils, d'Escarbotin, ont adressé quinze serrures, un verrou de sûreté, deux cylindres de carderie, d'autres cannelés pour mull-jennys, le tout bien exécuté et d'un prix modéré.

M. *Joseph Olive*, d'Escarbotin, qui obtint une médaille de bronze à l'exposition de l'an 9, des cylindres pour les filatures de coton, des serrures, des verroux, des cadenas de sûreté.

La ville d'Abbeville a fourni des moquettes, tapis, velours en laine et en poil de chèvre, des draps, des étoffes pour gilets, des toiles de coton à poil et écrues, des couvertures pour chevaux, des bluteaux pour tamiser la poudre et la farine, des calmouks, des molletons, des baracans, des calicots, des cannelés, un sytème de cylindres pour mull-jennys, des carreaux de faïence.

Les moquettes, tapis, velours en laine et en poil de chèvre proviennent des ateliers de M. *Hecquel*, d'Orval, qui obtint une médaille de bronze à l'exposition de l'an 10; les draps, de MM. *Grandin* frères et neveux, et de M. *Gronincheld*; les étoffes pour gilets, du même M. *Gronincheld* et de M. *Saurel*; les toiles de coton à poil et écrues, ainsi que les couvertures pour chevaux, du même M. *Saurel*; les toiles pour bluteaux à tamiser la poudre et la farine, de M. *Vuidecoq*; les calmouks, molletons et baracans, de M. *Rochard*, qui fut mentionné honorablement à l'exposition de l'an 9; les calicots, de M. *Say*; les cannelés, de M. *Théophile Bailleul*; le système de cylindres pour mull-jennys, de M. *Thomas*, qui l'a fait exécuter par *Barnabé Mannequenchen*, habile ouvrier en serrurerie, d'Escarbotin; les carreaux de faïence, de la fabrique récemment établie à Uron, par M. *Verlingue*.

M. le préfet de la Somme a annoncé un envoi supplémentaire contenant treize coupes de velventines, cordelets, reps, turquoises, côte de jonc, &c., de la fabrique de MM. *Thuilier*, *Lequien* et compagnie, d'Amiens, que la chambre de commerce de la même ville a jugées d'une belle exécution.

DÉPARTEMENT DE LA STURA.

CE département fournit à l'exposition, des soies filées, des organsins, des cristaux, lainages, chapeaux, cuirs, papiers et chanvres.

Les soies filées blanches proviennent de la filature de M. *Viglietti*, de Beinette, laquelle est composée de douze fourneaux ; les organsins, de la fabrique de M. *Giani*, de Verzuola, qui occupe toute l'année cent vingt personnes, et de celle de M. *Brandi*, maire de Roccadebaldi ; les cristaux du bel établissement formé à la Chiusa par le Roi Charles-Emmanuel, et exploité aujourd'hui par MM. *Aroldi* et compagnie, de Turin ; les lainages, de la manufacture de draps de M. *Depaoli*, de Savigliano, qui donne du travail à plus de cinq cents ouvriers de tout âge et de tout sexe, et de celle de M. *Gervasio*, de Mondovi ; les chapeaux, de trois chapelleries établies dans la même ville de Mondovi, et appartenant, la première, à MM. *Mannera* frères, la seconde, à M. *Alessi*, la troisième, à M. *Valle* ; les cuirs, de la tannerie de M. *Ricolfi*, de Mondovi ; les papiers, de la papeterie de MM. *Lobetti* et *Molto*, de Beinette, et de la papeterie de la *Margarita*, appartenant à MM. *Gulino* : les chanvres dits *Molleto* sont présentés par M. *Capelli*, sous-préfet de l'arrondissement de Savigliano.

DÉPARTEMENT DU TARN.

LES fabricans de la ville de Castres ont signalé leur zèle par l'empressement qu'ils ont mis à présenter des échantillons de leurs manufactures. Ceux de draps dits *london*, de molleton, de ségovianne, de flanelle et de coton filé à la mécanique, ont été remis par MM. *Perier* frères, *Sauveur-Martel*, *Vila* et *Delpont*, *Anne Véant* et fils aîné, et *Guibal* le jeune, qui obtint une médaille d'argent à l'exposition de l'an 10. M. *François Benoît*, envoie des sargues, chaîne de filoselle et chaîne de fil; M. *Jean Fau*, des bas de coton et de laine mélangés.

Castres a fourni encore des bonnets de laine ou gasquets destinés pour la Turquie; des papiers et des cartons à lustrer les draps, fabriqués par MM. *Brieu*, *Grasset* et *Louis-François Falguerolles*.

Dans la commune de la Montéralié, existe la forge de Monsegon, dont le propriétaire, M. *Depins*, concourt à l'exposition.

Les communes de Labrugnière, de Dourgne, de Boissezon, et sur-tout celle de Mazamet, renferment dans leur sein un grand nombre de fabriques de lainages, qui presque toutes on adressé des échantillons. On distingue les articles provenant des ateliers de MM. *Olombel* père et fils, *Rives Élisée*, *François Cabibet*, *David Molinié*, *Étienne Guilhon*, *Marc Estrabant*, tous de Mazamet.

Cette

Cette fabrique procure des moyens d'existence à vingt mille individus.

La commune d'Alby s'est aussi empressée de concourir à l'exposition : il a été présenté des toiles fil et coton, des treillis, des siamoises, par M. *Gaujon*; des molletons, des couvertures de coton et des toiles à voiles, par MM. *Guilhaumon*, *Balard*, *Chipoulet* et *Lacombe*, et par MM. *Prunet* père et fils, qui obtinrent une médaille de bronze à l'exposition de l'an 10 ; des castorines, des tricots, des siamoises, par MM. *Carmes* frères ; des bougies et autres articles de ciergerie, par MM. *Andorre* père et fils ; des papiers, par *Baptiste Lacombe*. Ce dernier fabricant demeure à Saint-Jeury, dans l'arrondissement d'Alby.

Enfin M. *Joseph Bellegard*, chapelier à Gaillac, offre des chapeaux.

DÉPARTEMENT DU VAR.

LA parfumerie occupe habituellement, à Grasse, de trois à quatre cents ouvriers, et pendant quatre mois de l'année, trois mille environ : elle consomme les fruits et les fleurs de tous les jardins de cette ville et de ceux des communes limitrophes. Les échantillons qui en sont adressés, proviennent de M. *Fargeon*, habile parfumeur de Grasse.

MM. *Louis Garnier*, *Louis Gouin*, *Antoine Girard*, *Antoine Paul*, *Antoine Garnier*, *Jean-Baptiste Régis*, *Dominique Régis*, *Louis-Honoré Régis*, *André Templier*,

Thaneron et *Ripert*, *Antoine Vian*, tous de Cotignac; *Charles Jassand*, de Carcès; et *Joseph Mathieu*, de Brignoles, présentent des soies organsinées.

M. *Ferrand*, des bougies blanches; M. *Marcel Mathieu*, du papier; M. *Barthelemy*, un échantillon de laine; M. *Bernard*, des serviettes damassées : ces quatre fabricans sont aussi de Brignoles.

M. *Jean-François Mathieu*, de Barjols, a envoyé des papiers à impression et à écrire, des cartons servant à l'apprêt des draps, et des cartons pour la reliûre;

Les entrepreneurs de la verrerie établie près de Fayence, des verres blancs;

M. *Maillet*, de Sighes, un schakos de bonne qualité, et d'un prix modique;

M. *François Boyer*, de Camps, un autre schakos;

M. *Auzende*, de Toulon, des draps communs d'une fabrication bien soignée;

M. *Galle*, de la même ville, des savons d'excellente qualité.

DÉPARTEMENT DE VAUCLUSE.

M. *Roque Niel* a envoyé des échantillons de satinade, de brocatelle, de droguet, de gourgouran, de gros de Tours, de florence, de papeline, &c.;

M. *Bissardon*, des échantillons de double florence, gris, rose, glacé, blanc et ponceau;

MM. *Deleutre* fils et *Mantel*, des doubles florences,

des mi-florences, des sarsenettes, des soies grèses, des soies pour trame, des organsins;

MM. *Gudin* et *Soulier*, trois échantillons de serge de soie blanche, des échantillons de florence, et sept matteaux trame blanche;

M. *Igré*, des échantillons de bourrette, buratin, serge.

Tous ces fabricans sont établis à Avignon.

Les fabriques d'étoffes de soie, bourre de soie et filoselle, occupent plus de douze cents métiers dans cette ville, et font des envois non-seulement à l'intérieur, mais encore en Allemagne, en Russie, dans le Levant, en Italie et en Amérique.

Des fabricans de la même ville d'Avignon ont fourni différens objets, savoir:

Mme veuve *Séguin* et fils, imprimeurs-libraires, une caisse de livres contenant douze volumes;

M. *Requien*, une pièce cuir de Hongrie, et deux peaux de mouton;

MM. *Aymard*, *Picard* et *Courrat*, trois échantillons de garance moulue, un de kermès ou vermillon, un de sumac, un de fustel, et un de graine jaune d'Avignon;

MM. *Boyer*, *Martin* et *Bertrand*, des échantillons de garance, de vert-de-gris, et de kermès;

M. *Scisson*, un paquet de coton filé;

Le bureau de bienfaisance, un échantillon de toile d'emballage;

M. *Bouchet*, un échantillon d'arachide ou pistache de terre;

Y 2

M. *Capon*, des échantillons de cuivre laminé, cuivre martelé, cuivre coulé, fer laminé, fer coulé, fer battu et durci ; une planche très-mince de plomb laminé, et des clous à bordage. Cet entrepreneur emploie dans ses nombreux ateliers, de six à huit cents ouvriers, et étend ses relations jusqu'au Mexique et au Pérou : il fond des canons pour le service des armées de terre et de mer.

MM. *Courtet*, *Juge*, *Berton* et *Goudard* frères, de la commune de Lille, ont envoyé, le premier, des échantillons de soie trame et organsin ; le second, une couverture de laine pour les troupes ; le troisième, un échantillon de calmouck ; et MM. *Goudard* frères, des cotons filés bleus et blancs ;

M. *Jaumard*, de la commune d'Apt, un échantillon de cire vierge ;

Mme veuve *Arnoux*, M. *Bonnet*, de la même commune, des vases de faïence ;

M. *Roman*, de la commune de Lourmarin, deux échantillons de laine ;

M. *Carbonnel*, de la commune de Menesbes, de la soie pour trame ;

M. *Carme*, même commune, employé à la fonderie de M. *Capon* à Avignon, des échantillons de toile imperméable, un sacrifice au dieu Terme, et une arabesque, ouvrages en marqueterie ;

M. *Charbonnier*, aussi de Menesbes, une caisse contenant de la garance moulue, du sumac et du fustel.

DÉPARTEMENT DE LA VENDÉE.

QUELQUES échantillons de lainages communs, fabriqués dans l'arrondissement de Fontenai, consistant en serges, en étoffes appelées *charzais*, et grands et petits *carisés*, sont les seuls objets fournis par ce département, où presque tous les bras sont employés à la culture des terres et à l'éducation des bestiaux.

DÉPARTEMENT DE LA VIENNE.

L'HOSPICE général de Poitiers envoie divers articles de bonneterie ;

Le dépôt de mendicité de la même ville, des serges, droguets, revêches, tricots, des cotons blancs, filés à la mécanique, et des fils de coton, teints de différentes couleurs.

M. *Pelisson* fils, qui fut mentionné honorablement à la dernière exposition, présente des tricots blancs croisés et des calmoucks beiges ; M. *Claude Fouquet*, des serges drapées ; M. *Fruchard*, des peaux de chèvre apprêtées, et des tiges de botte ; M. *Creuzé Piolant*, des échantillons de laine en suint ; M. *Imbault*, une couverture de laine, des bas, des chaussons, des bonnets ; M. *René Dassier*, des chapeaux ; M. *Paul Grimaud*, une douzaine de peaux d'agneau et une douzaine de peaux de chevreau ; M. *Mauricheau-Beauchamps*, deux cartes d'échantillons de teinture ; M. *Antoine Lavigne*, des bas fins et des bas brochés.

Tous ces fabricans sont établis à Poitiers.

Des couteaux et jambettes ont été fournis par la ville de Chatelleraut : ils proviennent des ateliers de MM. *Briault-Dugaz*, *Briault-Garmond*, *Mignon-Garmond*, *Lourdault-Garmond*, *Labourdin-Briault*, *Dansac-Corchaud*, *Laglaine-Chevalier* et *Piault-Briault*.

M. *Lalande*, de Lusignan, a remis des ras ; M. *Lagrange*, de Loudun, des dentelles communes ; M. *Robert-Beauchamp*, de Verrières, deux échantillons de fer.

DÉPARTEMENT DE LA HAUTE-VIENNE.

Ce département présente à l'exposition les objets ci-après désignés :

1.° Du papier dit *carré fin raisin*, de la papeterie de M. *Chapouleau*, et de celles de MM. *George Pouyat* frères, et *Romanet du Cailleau*, commune d'Isle-sur-la-Vienne. Ce papier et ceux du même genre, fabriqués dans le ci-devant Limousin, ont toujours été recherchés par les imprimeurs : on les emploie souvent, lorsqu'ils sont faits avec soin, pour des éditions précieuses. Le département de la Haute-Vienne possède une quarantaine de cuves, d'où il sort tous les ans environ quarante-cinq mille rames de papier d'impression ; il n'y a que très-peu de temps qu'on s'y occupe de la fabrication du papier à écrire.

2.° Une botte de fil de fer, de la tréfilerie de MM. *George Pouyat*, de Limcges.

3.° Une peau de veau corroyée par *Audouin* jeune,

tanneur intelligent de Limoges , qui donne à ses cuirs des apprêts extrêmement soignés.

4.° Deux faux fabriquées par les taillandiers de la commune d'Oradour-sur-Vayres. Il y a dans cette commune une douzaine de taillandiers qui se livrent à la fabrication des faux; les paysans de la contrée les préfèrent à celles de Styrie, à cause de la modicité du prix.

5.° Des bougies, et une plaque de cire, de la fabrique de M. *Chaise-Martin*, de Limoges.

6.° Des cotons filés de la filature établie dans la même ville, il y a environ dix-huit mois, par MM. *Mourier* et *Constantin*, qui occupent quatre-vingts ouvriers, et filent du n.° 30 au n.° 120.

7.° Un paquet de safran, plante dont M. *Laforêt*, de Limoges, a introduit la culture dans le département de la Haute-Vienne.

8.° Un échantillon de racine de garance. C'est M. *Joubert* qui commença, en l'an 9, à cultiver la garance dans ce département : elle y réussit; et son exemple a déterminé M. *Alluaud* l'aîné, de Limoges, à continuer en grand la culture de cette plante précieuse pour la teinture.

9.° Un écheveau de laine filée à la main, et provenant du troupeau de race pure de M. *Ventenat*, de Château-Ponsad, qui est actuellement composé de cent soixante bêtes.

10.° Des ouvrages de tour, exécutés par M. *Devraux*, habile tourneur de Limoges.

11.° Des fers doux, des aciers corroyés et de cémentation, provenant des forges de M. *Judde - la - Rivière*, commune de Champagnac, qui conduit les travaux de son établissement avec beaucoup de zèle et de succès.

12.° Des fers doux, des forges de M. *Dechaufaillie*.

13.° L'enlèvement des Sabines et le cheval de Marly, en biscuit de porcelaine, de la fabrique de M. *Baignol*, de Limoges, dont l'industrieuse activité est digne d'éloges.

14.° Des vases et autres objets en porcelaine, de la fabrique de M. *Alluaud* aîné, de Limoges, qui occupe environ cent ouvriers. Une blancheur éclatante distingue la porcelaine de cet estimable fabricant, qui est propriétaire des carrières de kaolin de Saint-Yrier : il prépare cette matière à Limoges, dans des moulins établis sur la rivière de Vienne; et fournit le kaolin à la manufacture impériale de Sèvres, et à la plupart des manufactures du même genre exploitées en France.

15.° Un couteau à quinze pièces, fait par M. *Laporte*, coutelier à Limoges : cet ouvrage prouve l'habileté de M. *Laporte*.

16.° De l'antimoine préparé à Limoges par M. *Alluaud*, qui fait exploiter la mine qui le fournit, à Éteignac, département de la Charente.

17.° Des flanelles et basins fabriqués à la navette volante, dans les ateliers de MM. *Sennemand* et *Baudet*, de Limoges.

DÉPARTEMENT DES VOSGES.

LES fers, les fils de fer, les aciers, les fers-blancs; les papiers, les dentelles des Vosges, sans offrir d'éclat pour l'exposition, y figureront avec intérêt. Ce sont les produits les plus précieux de l'industrie de ce département; ils circulent dans toute la France, et la consommation en est considérable.

La manufacture de fer-blanc, de Bains, dont M. *Fallatieu* est propriétaire, est sur-tout très-importante.

Celle de La Hutte, appartenant à M. *Irroy*, l'est également par la quantité et la qualité des aciers qu'elle livre au commerce : elle l'est devenue bien davantage par la fabrication des faux que M. *Irroy* y a introduite, depuis dix-huit mois seulement, avec un succès complet.

Ces faux rivalisent de qualité avec celles de la Styrie et du Tyrol. L'expérience d'un an a suffi pour les faire apprécier, et déjà M. *Irroy* fournit à la consommation de plus de trois départemens.

M. *Chavanne* a joint des fils de fer de sa filerie de Tunimont, et des barres d'acier de son usine de Quenot, aux fers blancs, tôles, faux, scies, aciers, &c. que MM. *Irroy* et *Fallatieu* présentent. M. *Bastien*, de la Marche, y a ajouté des cuillers et fourchettes en fer étamé; M. *Grosjean*, de Saussures, une faux et une scie; MM. *Colombin* d'Autrey, *Viney* de Blanc - Murger, *Husson* de Plombières, des fils de fer; M. *Sautre*, de Rambervillers, des fers en barre et martinet; et

M. *Mougeot*, de Bruyères, des couteaux communs d'une bonne trempe et d'un prix très-modique.

Des papiers de diverses espèces et de divers formats, parmi lesquels il s'en trouve de propres à la gravure, sont adressés par MM. *Felet* et *Michaud*, de Laval ; *Desgranges* et *Hœner*, d'Arches et Archettes ; *Desgranges*, de Plombières ; *Roussel*, *Tardu*, de Rambervillers ; *Nicolas Courcier*, d'Etival ; *Brocard – Depinal*, de Docelles, et *Gamba*, du même lieu, qui a donné une activité nouvelle à la belle papeterie dont il est aujourd'hui propriétaire.

M. *Pellerin*, d'Épinal, envoie des échantillons de cartes à jouer.

Une amélioration sensible se fait remarquer dans la fabrication des dentelles de Mirecourt. Les dessins sont mieux choisis, plus variés et plus corrects. On en jugera par deux cartes d'échantillons qu'ont remis des négocians de cette ville, du nombre desquels est M. *Tassard*. A la fabrication des dentelles Mirecourt réunit celle des violons, basses, guitares, et autres instrumens de musique ; dont il se fait, en temps de paix, une assez grande exportation aux Indes occidentales. Un seul violon a été offert pour l'exposition ; il est de la fabrique de M. *Nicolas Lainé*.

La verrerie de Portieux ne fabriquait autrefois que des verres très-communs et en petite quantité. Son exploitation s'est étendue ; les objets qui en sortent actuellement, sont beaux et se perfectionnent tous les jours. Il sera facile de le reconnaître à l'inspection de ses produits.

MM. *Bour-Mongin* et *Lamy* dirigent cet établissement avec zèle et intelligence.

Quelques autres branches d'industrie sont encore cultivées dans le département des Vosges ; une de celles qui y occupent le plus de bras, est la fabrication des tissus et de la bonneterie de coton.

MM. *Lehr Huguenin* et *Schrember*, de Saint-Dié, qui fournissent du travail à treize cents personnes, offrent des mouchoirs et toiles de cette matière, ainsi que M. *Tessier*, de la même ville ; et M. *Dominique Phulpin*, de Gérardmer ; M. *Kœchlin*, de Remiremont, des siamoises et velours, &c. ; MM. *Lopinot, Gros*, établis également à Saint-Dié, de la bonneterie de coton ; M.ᵐᵉ *Scheideecker*, de Ban-de-la-Roche, du coton filé à la main ; et M. *Léonard Phulpin*, de Saint-Dié, des cotons filés à la mécanique ;

M. *Robinot*, d'Épinal, des fils plats, grenés et retors, qui sont très-recherchés pour les fabriques de Lyon, Sedan, et pour la Suisse ;

MM. *Perrin*, de Gérardmer, de la poix blanche, et *Mougeot*, de Bruyères, de la poix noire, extraite des racines de vieilles souches de sapin, et propre au service de la marine ;

La commune de Ban-la-Roche, des chapeaux et paniers de paille, fabriqués par des bergers ;

M. *Remmes*, de la Croix-aux-Mines, de la mine de plomb et argent, du phosphate de plomb et du manganèse ;

M. *Gros Demange*, de Saint-Dié, une canne et un étui dont le vernis ne s'écaille pas, même sous le choc du marteau, et qui n'est pas soluble à l'eau-forte;

MM. *Vautrin* de Raon - l'Étape, *Lebon* et *Mougeot* d'Épinal, divers objets en poterie;

M. *Decleck*, des granits de la manufacture de la Mouline, qui sont très-connus dans la capitale : on en emploie aux colonnes de la basilique de Sainte-Geneviève.

DÉPARTEMENT DE L'YONNE.

LES tanneries de Sens jouissent d'une réputation méritée. Cette ville renferme aussi des ateliers de bonneterie, de chapellerie, de filature et de fabrication de tissus de coton, de colle-forte, &c.

Les autres parties du département de l'Yonne n'offrent que quelques fabriques éparses, à l'exception, toutefois, de Seignelay, où l'on trouve plusieurs petits ateliers ; formés des débris de la manufacture de draps qu'y avait établie le grand *Colbert*, et de Toucy, qui fabrique, pour l'habillement des gens de la campagne, des étoffes appelées *poulangis*, dont la chaîne est de fil de chanvre et la trame de laine.

M. *Cornisset*, de Sens, et M. *Louis Cornisset-Beauregard*, qui forma à Avalon, il y a trois ans, une tannerie, dont les produits sont déjà recherchés, ont envoyé des cuirs. Ces deux fabricans se proposent d'en vendre à la foire dont l'exposition sera suivie.

MM. *Bouillat* aîné, *Rameau*, *Gruat*, *Étienne-Julien*

Duval, tous quatre bonnetiers à Sens, des bas et bonnets de coton; M. *Gruat* y a joint des cotons filés et mélangés; -

M. *François* et M. *Juhel*, aussi de Sens, des chapeaux de leurs fabriques;

M. *Collinet*, directeur d'une fabrique de colle-forte, établie à Sens il y a trente-cinq ans, et que le Gouvernement crut devoir encourager à sa naissance, des feuilles de colle-forte qui seront mises en vente après l'exposition;

MM. *Richard* le jeune, *Bazy* et compagnie, *Guillé*, de Sens, des échantillons de coton filé, de velours et autres étoffes de coton;

MM. *Maugé*, *Lenoir*, de Seignelay, des échantillons de draps;

MM. *Vincent Ansault*, *Guillemot*, *Philibert Ansault*, de Toucy, des échantillons de poulangis;

MM. *Chamereau* de Joigny, *Laisné* et *Soudais* de Sens, des pains de blanc d'Espagne ou de Troyes;

MM. *Mozer*, entrepreneurs de la verrerrie de Maulne, des bouteilles de verre noir;

M. *Humbert*, des échantillons de minérai des forges d'Aisy, avec lequel on fabrique des fers de demi-roche, qu'une manipulation nouvelle rend aussi bons qu'ils étaient mauvais autrefois.

F I N.

IMPRIMÉ

Par les soins de J. J. MARCEL, Directeur général
de l'Imprimerie impériale, Membre de la Légion
d'honneur.

www.ingramcontent.com/pod-product-compliance
Ingram Content Group UK Ltd.
Pitfield, Milton Keynes, MK11 3LW, UK
UKHW020122130726
13696UKWH00001B/162